普通高等教育"十一五"国家级规划教材配套用书

21世纪大学计算机基础规划教材

大学计算机基础实验教程

（第六版）

（Windows 7 + Office 2010）

柴 欣　武优西　主 编

曹新国　赵秀平　丁铁红　包 琳　副主编

林晓静　曹志萍　周海森　朱 昊　参 编

U0316840

中国铁道出版社有限公司

CHINA RAILWAY PUBLISHING HOUSE CO., LTD.

内 容 简 介

本书是与《大学计算机基础教程（第六版）》（柴欣、史巧硕主编，中国铁道出版社出版）一书配套使用的实践指导书，是编者多年教学实践经验的总结。全书共 7 章，包括：上机实验预备知识、Windows 7 操作系统、文字处理软件 Word 2010、电子表格处理软件 Excel 2010、演示文稿制作软件 PowerPoint 2010、因特网技术与应用、综合应用实验等。全书内容翔实，实验丰富，除第 1 章外，在第 2～6 章实验中还提供了上机练习系统典型试题讲解。第 3、4、5 章增加了相关知识点微课，读者可以扫描二维码获取相关视频。

本书适合作为"大学计算机基础"课程的配套教材，以帮助学生进行上机实验和课后练习，也可以作为计算机培训班的培训教材，还可作为初学者的辅导用书。

图书在版编目（CIP）数据

大学计算机基础实验教程/柴欣，武优西主编 . —6 版 .
—北京：中国铁道出版社，2014.7（2020.8 重印）
普通高等教育"十一五"国家级规划教材配套用书，
21 世纪大学计算机基础规划教材
ISBN 978-7-113-18347-9

Ⅰ. ①大…　Ⅱ. ①柴…　②武…　Ⅲ. ①电子计算机—
高等学校—教材　Ⅳ. ①TP3

中国版本图书馆 CIP 数据核字（2014）第 080616 号

书　　名：大学计算机基础实验教程（第六版）
作　　者：柴　欣　武优西

策　　划：魏　娜　孟　欣　　　　　　读者热线：（010）51873090
责任编辑：孟　欣
封面设计：付　巍
封面制作：白　雪
责任校对：王　杰
责任印制：樊启鹏

出版发行：中国铁道出版社有限公司（100054，北京市西城区右安门西街 8 号）
网　　址：http://www.tdpress.com/51eds/
印　　刷：北京虎彩文化传播有限公司
版　　次：2006 年 8 月第 1 版　　2008 年 6 月第 2 版　　2009 年 8 月第 3 版　　2010 年 8 月第 4 版
　　　　　2011 年 8 月第 5 版　　2014 年 7 月第 6 版　　2020 年 8 月第 24 次印刷
开　　本：880 mm×1 230 mm　1/16　印张：12.5　字数：392 千
书　　号：ISBN 978-7-113-18347-9
定　　价：29.80 元

第六版 前言 *Preface*

学习计算机非常重要的一点就是实践,通过上机实践的演练,一方面可以加深对计算机基础知识的理解;另一方面,在进行计算机基本操作的过程中,也锻炼了动手实践的能力。这也是计算机基础课程所具有的特点,即上机实践是学习计算机基础课程的重要环节,它有着极强的实践性。为此,我们编写了本书,本书是普通高等教育"十一五"国家级规划教材《大学计算机基础教程(第六版)》(柴欣、史巧硕主编,中国铁道出版社出版)一书的配套实验教材,同时也可以与其他计算机基础教材配合使用。

本书与主教材的内容相对应,共有 7 章内容,其中:第 1 章上机实验预备知识,帮助学生尽快熟悉计算机的基本操作,掌握浏览网络和收发电子邮件的基本方法,方便学生浏览、下载教学资源并通过网络提交作业;从第 2 章开始,内容与主教材相应章节对应,依次安排了 Windows 7 操作系统、文字处理软件 Word 2010、电子表格处理软件 Excel 2010、演示文稿制作软件 PowerPoint 2010、因特网技术与应用、综合应用实验等内容。

本书编者在再版过程中,根据计算机的发展状况,对软件操作环境的版本进行了全面升级,在此基础上,对全书的体系结构进行了重新梳理,对实验内容进行了精心选择。为了方便教师有计划有目的地安排学生上机操作,同时为引导初学者顺利掌握计算机基本操作,在每个实验案例中均给出了详细的操作步骤,并对规律性或常规性的操作进行了归纳,使读者不仅可以掌握基本操作,还能触类旁通,举一反三。另外,最后一章还提供了与实践应用紧密结合的综合性实验案例,教师可以以这些综合实验案例为范本,进行章节的总结或测试。

为了帮助学生更好地进行上机操作练习,我们还配合本套教材开发了计算机上机练习系统软件,学生上机时选择操作模块进行操作练习,操作结束后由系统给出分数评判。这样可以使学生在学习、练习、自测及综合测试等各个环节都可以进行有目的的学习,进而完成本课程的学习要求。教师也可以利用测试系统对教学的各个单元进行检查,随时了解教学情况,进行针对性的教学。

本书由柴欣、武优西主编,并负责全书的总体策划与统稿、定稿工作,曹新国、赵秀平、丁铁红、包琳任副主编,各章编写分工如下:第 1、7 章由柴欣编写,第 2 章由曹新国、林晓静编写,第 3 章由武优西编写,第 4 章由赵秀平、曹志萍编写,第 5 章由丁铁红、周海森编写,第 6 章由包琳、朱昊编写。

本书编写过程中,参考了大量文献资料,在此向这些文献资料的作者深表感谢。由于时间和水平所限,书中难免有不当和疏漏之处,敬请各位专家、读者不吝批评指正。

编　者
2014 年 6 月

目 录 *Contents*

第1章　上机实验预备知识

本章的学习目的是使学生初步了解计算机的使用,利用网络获取课程学习资料,并学会将自己的作业上传给教师的方法。本章的主要内容包括:计算机操作系统初步使用;访问网页并下载资料的基本方法;如何申请邮箱,并利用电子邮件发送作业;如何压缩自己的各种文件。

【实验 1-1】　认识 Windows 7 操作系统

一、实验目的

(1)掌握 Windows 7 操作系统的启动与退出方法。

(2)熟悉并掌握键盘的使用。

(3)熟悉并掌握鼠标的使用。

(4)了解 Windows 7 操作系统的桌面。

二、实验示例

【例 1.1】　正常启动 Windows 7,并进行与启动有关的以下操作:

(1)启动 Windows 7。

(2)与开机和登录有关的操作。

【解】　具体操作步骤如下:

(1)启动 Windows 7。

① 开启计算机。

② 计算机先执行硬件测试,即系统进行自检,并显示自检信息。自检无误后即开启引导系统,进入 Windows 7 桌面,如图 1-1 所示。

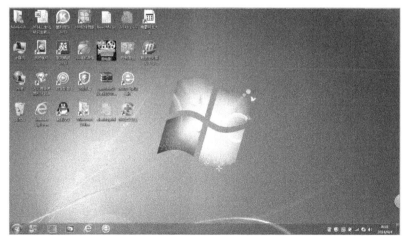

图 1-1　Windows 7 界面

（2）与开机和登录有关的操作。

单击 Windows 7 桌面左下角的"开始"按钮，在弹出的"开始"菜单中单击"关机"按钮右侧的箭头，在弹出的菜单中列有若干与开机和登录有关的命令，如图1-2所示。

① 选择"重新启动"命令，系统按正常程序关闭计算机，然后重新开启计算机。在计算机出现系统故障或死机时，可以考虑重新启动计算机。

② 选择"锁定"命令，系统将仅保持内存的供电，维持低耗状态。当从锁定态转为正常状态时，系统会从内存中保存的上一次的"状态"来继续运行。对于需要经常使用计算机的情况，可以不必关机，锁定计算机即可，这样可大大节省再次启动所需的时间。

图1-2 "开始"菜单

③ 选择"睡眠"命令，内存数据将保存到硬盘上，然后切断除内存以外所有设备的供电。如再次启动时内存未被断电，就和"锁定"状态后启动一样，速度很快；如再次启动时内存已断电，系统会将硬盘中保存的内存数据载入内存。可见"睡眠"是"锁定"的保险模式。

④ 选择"注销"命令，系统将清空当前用户的缓存空间和注册表信息，重新打开登录界面，以便其他用户登录系统。

⑤选择"切换用户"命令，则可以允许其他用户登录系统，之前用户的操作依然被保留在计算机中，一旦又切换回之前用户，该用户还可以继续操作。

【例1.2】 键盘基本操作。使用文字编辑软件（写字板或记事本）输入一定篇幅的文字并保存。

【解】 具体操作步骤如下：

① 选择"开始"→"所有程序"→"附件"→"写字板"（或"记事本"）命令，打开"写字板"窗口（或"记事本"窗口），如图1-3所示。此时，可在光标处输入字符。

图1-3 "写字板"窗口

② 节选一段文字内容进行输入，输入的内容可以是英文符号，也可以是汉字信息。

③ 输入完成后，单击"保存"按钮，在打开的"另存为"对话框中设置保存位置、文件名等，然后单击"确定"按钮即可完成保存操作。

【例1.3】 鼠标的基本操作。

【解】 具体操作步骤如下：

（1）鼠标的单击操作。

在 Windows 7 的桌面上移动鼠标将指针指向"计算机"图标，按鼠标左键一次（单击），该图标随即突出显示（即选中了"计算机"图标），如图1-4所示。

（2）鼠标的双击操作。

将鼠标指针指向"计算机"图标，快速按鼠标左键两次（双击），可打开"计算机"窗口。

（3）鼠标的拖动操作。

将鼠标指针指向"计算机"窗口的标题栏，按住鼠标左键不放，拖动鼠标至另一位置，释放鼠标左键，则"计算机"窗口被移动到指定位置。

选中的图标——

图 1-4　选中的图标

【例 1.4】　进行如下桌面基本操作：

（1）选择桌面上的对象。

（2）桌面上图标位置的调整及排序。

【解】　具体操作步骤如下：

（1）选择桌面上的对象。

① 选择单个对象。单击桌面上的"计算机"图标，选中该对象，选中对象将突出显示。

② 选择多个连续的对象。在桌面上某一角处按下并拖动鼠标，选择一个矩形区域，释放鼠标左键，区域内的图标被选中，选中对象将突出显示。

③ 选择多个不连续的对象。选中一个图标，按住【Ctrl】键并用鼠标选中其他图标，选中对象将突出显示。

（2）桌面上图标位置的调整及排序。

操作一：

① 将鼠标指针指向要调整位置的"回收站"图标。

② 按住鼠标左键并拖动到目的地，释放鼠标左键，可见"回收站"图标位置发生了改变。

操作二：

① 右击桌面的空白处，弹出快捷菜单，如图 1-5 所示。

② 在该快捷菜单中选择"排序方式"→"名称"命令，桌面上的图标按名字重新排列。也可以在级联菜单中选择其他排序方式。

【例 1.5】　关闭计算机的操作。

【解】　具体操作步骤如下：

① 保存正在做的工作。

② 关闭所有打开的应用程序。

③ 单击 Windows 7 桌面左下角的"开始"按钮，弹出"开始"菜单，如图 1-2 所示。

④ 在"开始"菜单中单击"关机"按钮。

图 1-5　桌面快捷菜单

【实验 1-2】 学习上网和下载资料

一、实验目的

(1)初步掌握上网的基本操作。

(2)初步掌握网页的浏览操作。

(3)了解从 WWW 网站下载文件的方法。

(4)了解从 FTP 网站下载文件的方法。

二、实验示例

【例 1.6】 启动 Internet Explorer(简称 IE)浏览器。

【解】 采用下面方法之一均可以启动 Internet Explorer 浏览器:

① 选择"开始"→"所有程序"→ Internet Explorer 命令。

② 在 Windows 7 桌面上双击 Internet Explorer 图标。

③ 在 Windows 7 任务栏的工具按钮区单击 Internet Explorer 图标。

在 Windows 7 中启动 Internet Explorer 浏览器后,打开如图 1-6 所示的窗口。

图 1-6 IE 浏览器窗口组成

【例 1.7】 浏览主页。

【解】 具体操作步骤如下:

① 在桌面双击(或在任务栏单击)Internet Explorer 图标,启动 Internet Explorer 浏览器。

② 在地址栏中输入要访问的地址,这里输入中国教育和科研计算机网的网址 http://www.edu.cn/,则打开的窗口如图 1-7 所示。

③ 在图 1-7 中,单击主页中的"教育信息化"链接,就可以打开其相关页面,如图 1-8 所示。

【例 1.8】 访问教学资源网站。

【解】 具体操作步骤如下:

① 在桌面上双击(或在任务栏单击)Internet Explorer 图标,启动 Internet Explorer 浏览器。

② 在地址栏中输入要访问的教学资源网址,这里输入网址 http://w.scse.hebut.edu.cn,则打开教学资源网首页,如图 1-9(a)所示。单击"文化基础练习文件"链接,则打开该目录,图 1-9(b)所示的窗口中显示了该目录下的文件项目。

通常教学资源网站的页面并不复杂,只是简洁地列出各种教学资源,需要时下载即可。

【例 1.9】 下载教学资源。

【解】 具体操作步骤如下:

图 1-7　中国教育和科研计算机网主页

图 1-8　"教育信息化"链接页面

（a）教学资源网首页

（b）"文化基础练习文件"目录

图 1-9　访问教学资源网站

① 在桌面上双击（或在任务栏单击）Internet Explorer 图标，启动 Internet Explorer 浏览器。

② 在地址栏中输入要访问的教学资源网址：http://w. scse. hebut. edu. cn，打开后单击"文化基础练习文件"链接，打开如图 1-9（b）所示的目录。

③ 右击需要下载的内容，在弹出的快捷菜单中选择"目标另存为"命令，打开"另存为"对话框，如图 1-10 所示。在该对话框中选择保存的位置（如 E：\chai），然后单击"保存"按钮，即可将教学资源网站中的教学资源（如"2008 文化基础练习（自解压版）. exe"）下载到本地计算机中。

④ 待全部下载完成后,就可以在 E 盘的 chai 文件夹中看到"2008 文化基础练习(自解压版).exe"文件,运行该文件即可使用该教学资源。

【例 1.10】 从 FTP 网站下载文件。

【解】 具体操作步骤如下:

① 在 Internet Explorer 浏览器的地址栏中输入 FTP 网站的地址:ftp://ftp.cec.hebut.edu.cn/,按【Enter】键后即可打开 FTP 站点,窗口中显示的是最高层的文件夹列表,如图 1-11 所示。

图 1-10 "另存为"对话框　　　　　图 1-11 FTP 服务器文件目录

② 依次展开"网络软件\网络浏览器"文件夹,找到一个名为 ie6.zip 的文件。

③ 选中 ie6.zip 文件并单击常用工具栏中的"复制"按钮(或直接按【Ctrl+C】组合键)。

④ 打开目的地文件夹窗口,单击常用工具栏中的"粘贴"按钮(或直接按【Ctrl+V】组合键),即可将 ie6.zip 文件下载至指定的文件夹。

【实验 1-3】 学习使用电子邮件

一、实验目的

(1)学习如何申请免费邮箱。

(2)了解在因特网上收发 E-mail 的方法。

二、实验示例

【例 1.11】 申请免费电子邮箱。

【解】 具体操作步骤如下:

① 启动 Internet Explorer 浏览器,在地址栏中输入 http:// mail.163.com,打开 163 网易免费邮箱登录窗口,如图 1-12 所示。

② 在图 1-12 所示的窗口中单击"注册"按钮,打开如图 1-13 所示的注册网易免费邮箱窗口。

③ 在图 1-13 所示注册免费邮箱界面中首先阅读并同意服务条款,然后设置用户名和密码,最后单击"立即注册"按钮,即可完成注册。

④ 提交注册后,会打开"邮箱申请成功"窗口,表明用户成功申请到一个免费的电子邮箱,此时可使用 Web 方式收发电子邮件了。

【例 1.12】 发送电子邮件。

【解】 具体操作步骤如下:

① 启动 Internet Explorer 浏览器,在地址栏中输入 http://mail.163.com,打开 163 网易免费邮箱登录窗口(见图 1-12)。

② 在"邮箱账号或手机"文本框中输入用户注册时所起的用户名,在"密码"文本框输入用户设置的密码。

③ 如果"用户名"和"密码"无误,单击"登录"按钮后则打开自己的邮箱,如图 1-14 所示。

④ 单击左侧的"写信"按钮,打开写信窗口,如图 1-15 所示。在"收件人"文本框中输入收件人的 E-mail 地址。在"主题"文本框中输入邮件的主题,相当于信件的标题。在邮件正文处输入信件的内容,信件完成以后,单击"发送"按钮,立刻发送该邮件。邮件发送成功后,根据提示可以返回到 163 邮箱主页面,继续进行其他操作。

图 1-12　网易免费邮箱登录

图 1-13　注册网易免费邮箱

图 1-14　个人网易邮箱

图 1-15　写邮件

【例 1.13】　发送带有附件的电子邮件。

在发送邮件时,如果需要将其他文件,如 Word 文件、Excel 电子表格、压缩文件或影像、图形、声音等多媒体资料作为邮件的一部分寄给其他人,可以在邮件中添加附件。

【解】　具体操作步骤如下:

① 登录邮箱,单击左侧的"写信"按钮,打开写信窗口(见图 1-15)。

② 输入收件人的 E-mail 地址、邮件的主题,并输入信件的内容(参见例 1.12)。

③ 在图 1-15 所示的写信窗口中单击"添加附件"链接,在打开的对话框中找到需要作为附件发送的文件。本例是发送 E:\chai 文件夹下的"作业1.docx",如图 1-16 所示。

④ 如果需要,可以继续添加附件。完成后,单击"发送"按钮,立刻发送该邮件。

【例 1.14】　将多个文件压缩后作为附件发送。

如果需要发送的文件很多,可以将文件先压缩

图 1-16　添加附件示例

成一个压缩文件,再作为附件进行发送。为了压缩文件,计算机中必须已经安装了 WinRAR 或其他压缩软件。

【解】 具体操作步骤如下:

① 在文件夹中选中需要压缩的文件并右击,在弹出的快捷菜单中选择"添加到 xxx.rar"命令,如图 1-17 所示。执行命令后,文件夹中会出现压缩好的文件,如图 1-18 中的"图片.rar"文件。

图 1-17　选择"添加到图片.rar"命令

图 1-18　压缩好的"图片.rar"文件

② 登录邮箱,单击窗口左侧的"写信"按钮,打开写信窗口。

③ 在该窗口中输入收件人的 E-mail 地址、邮件的主题,并输入信件的内容。

④ 在"写信"窗口中单击"添加附件"链接,在打开的对话框中,找到刚刚压缩好的"图片.rar"文件作为附件进行上传。

⑤ 附件上传完成后,单击"发送"按钮,立刻发送该邮件。

【例 1.15】 接收电子邮件。

【解】 具体操作步骤如下:

① 登录自己的邮箱,打开邮箱界面。

② 检查收件箱,查看是否有未阅读的邮件。如果有粗体字的邮件标题,说明是新的未阅读的邮件,如图 1-19 所示。

③ 如果邮件后面有回形针标记(图 1-19"写给×××同学"邮件),说明该邮件中有附件。

④ 单击要阅览的邮件的主题,则打开邮件并显示邮件的内容,如图 1-20 所示。

图 1-19　未阅读过的、带有附件的邮件

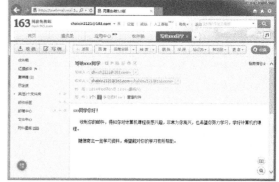

图 1-20　显示邮件的内容

⑤ 如果邮件中带有附件,会显示附件的名称(附件的文件名),如图 1-20 所示的"学习资料.rar"文件。

⑥ 在邮件下方有附件图标(学习资料.rar),鼠标靠近该图标会弹出下载提示框,如图 1-21 所示。单击"下载"按钮,打开"另存为"对话框。

⑦ 在"另存为"对话框中设置保存附件的位置和文件名,这里选择"E:\练习"文件夹,文件名使用原来的名字"学习资料.rar",如图 1-22 所示。单击"保存"按钮,即可将附件下载到磁盘中。

⑧ 打开"E:\练习"文件夹,找到"学习资料.rar"文件,右击该文件,在弹出的快捷菜单中选择"解压到学习资料\"命令,如图 1-23 所示。

⑨ 执行命令后,压缩的文件会解压到当前文件夹下的"学习资料"文件夹中,如图 1-24 所示。此时,可以对每一个文件进行操作。

图 1-21 附件下载提示框

图 1-22 "另存为"对话框

图 1-23 解压缩命令

图 1-24 解压的文件

第2章　Windows 7 操作系统

本章的目的是使学生掌握 Windows 7 的基本操作,熟练运用 Windows 7 进行文件管理及运行程序。本章的主要内容包括:文件管理、程序运行、Windows 系统环境与管理及 Windows 7 综合练习等。

【实验2-1】　文 件 管 理

一、实验目的

(1)理解文件、文件名和文件夹的概念。

(2)掌握文件和文件夹的基本操作。

(3)掌握剪贴板和回收站的使用方法。

二、实验示例

【例2.1】　在 Windows 实验素材库中建立了如图 2-1 所示的文件夹结构。从相应网站下载该实验素材文件夹中的 exercise 文件夹到 D 盘根目录下,然后按照要求完成以下操作:

(1)在 D 盘根目录下建立如图 2-2 所示的文件夹结构。

图 2-1　Windows 实验素材文件夹结构　　　　　图 2-2　自建文件夹结构

(2)将 exercise 文件夹下的所有文件和文件夹复制到 student 文件夹中。

(3)将 exercise 文件夹下的 document 文件夹移动到 student1 文件夹中。

(4)将 voice 文件夹重命名为 sound。

(5)删除 picture 和 tool 文件夹。

(6)恢复被删除的 picture 文件夹,彻底删除 tool 文件夹。

[解]　具体操作步骤如下:

(1)在 D 盘根目录下建立如图 2-2 所示的文件夹结构。

① 在桌面双击"计算机"图标,打开资源管理器窗口。

② 在该窗口中双击 D 盘图标,此时会显示 D 盘中所有的文件夹和文件。

③ 在空白处右击,在弹出的快捷菜单中选择"新建"→"文件夹"命令,如图 2-3 所示。

④ 此时窗口中出现"新建文件夹"图标,输入名字 student 并按【Enter】键,这样就在 D 盘建立了一个名为 student 的新文件夹。

⑤ 双击 student 文件夹,打开 student 文件夹。采用相同的方法在 student 文件夹下建立 student1、student2、student3 文件夹。

⑥ 双击 student1 文件夹,打开 student1 文件夹,按照同样的方法建立 word 和 excel 文件夹。

图 2-3　资源管理器窗口

(2)将 exercise 文件夹下的所有文件和文件夹复制到 student 文件夹中。

① 在资源管理器窗口中双击 D 盘图标,此时显示 D 盘中所有的文件夹和文件。

② 双击 exercise 文件夹图标,此时窗口中列出 exercise 文件夹下的所有文件和文件夹。

③ 按【Ctrl + A】组合键,选中该文件夹下的所有文件和文件夹。

④ 选择菜单栏中的"编辑"→"复制"命令,或按【Ctrl + C】组合键,将选中内容复制到剪贴板中。

⑤ 再回到 D 盘目录,双击 student 文件夹,打开 student 文件夹。

⑥ 选择菜单栏中的"编辑"→"粘贴"命令,或按【Ctrl + V】组合键,即可完成复制。

(3)将 exercise 文件夹下的 document 文件夹移动到 student1 文件夹中。

① 在 D 盘窗口中双击 exercise 文件夹,打开 exercise 文件夹。

② 单击 document 文件夹图标,选中该文件夹。

③ 选择菜单栏中的"编辑"→"剪切"命令,或按【Ctrl + X】组合键,将选中内容移动到剪贴板。

④ 再回到 D 盘目录,双击 student 文件夹,并继续双击 student1 文件夹,打开 student1 文件夹。

⑤ 选择菜单栏中的"编辑"→"粘贴"命令,或按【Ctrl + V】组合键,即可完成文件夹的移动。

(4)将 voice 文件夹重命名为 sound。

① 在 D 盘窗口中双击 exercise 文件夹,打开 exercise 文件夹。

② 右击 voice 文件夹,在弹出的快捷菜单中选择"重命名"命令。也可以用鼠标单击需要改名的文件或文件夹的名称,使其处于输入状态。

③ 输入 sound,单击其他位置,确认修改。

(5)删除 picture 和 tool 文件夹。

① 在 D 盘窗口中双击 exercise 文件夹,打开 exercise 文件夹。

② 单击 picture 文件夹,然后按住【Ctrl】键,再单击 tool 文件夹,使两个文件夹都被选中。

③ 按【Delete】键,打开"删除多个项目"对话框,如图 2-4 所示。单击"是"按钮,即可完成删除(将文件夹放入回收站)。

(6)恢复被删除的 picture 文件夹,彻底删除 tool 文件夹。

① 在桌面双击"回收站"图标,打开"回收站"窗口。

② 在"回收站"窗口中单击 picture 文件夹,然后单击工具栏中的"还原此项目"按钮,即可还原被删除的 picture 文件夹。

③ 在"回收站"窗口中单击 tool 文件夹,然后按【Delete】键,打开"删除文件夹(或文件)"对话框,提示是否永久删除该文件夹,单击"是"按钮,即可彻底删除该文件夹。

【例 2.2】 查看 student 文件夹的属性,并将其设置为"只读"属性。

【解】 具体操作步骤如下:

① 在 D 盘窗口中右击 student 文件夹,在弹出的快捷菜单中选择"属性"命令,打开如图 2-5 所示的"student 属性"对话框。

图 2-4 "删除多个项目"对话框　　　　　图 2-5 "student 属性"对话框

② "student 属性"对话框中显示了文件或文件夹的大小、创建时间及其他重要的信息。

③ 在"常规"选项卡中选中"只读(仅应用于文件夹中的文件)"复选框。

④ 单击"确定"按钮,关闭对话框。

三、实验内容

【练习 2.1】 在 Windows 实验素材库建立了如图 2-1 所示的文件夹结构。从相应网站下载该实验素材文件夹中的 exercise 文件夹到 D 盘根目录下,完成以下操作:

(1)在 D 盘根目录下建立如图 2-2 所示的文件夹结构。

(2)将 exercise 文件夹下除 tool 文件夹以外的文件夹复制到 student 文件夹下。

(3)将 exercise 文件夹下的 document 文件夹下的文件移动到 student1\word 文件夹下。

(4)将 exercise 文件夹下的 else 文件夹重命名为 win。

(5)删除 voice 和 user 文件夹。

(6)恢复被删除的 voice 文件夹,彻底删除 user 文件夹。

【实验 2-2】 程 序 运 行

一、实验目的

(1)了解运行程序和打开文档的含义。

(2)熟悉并掌握运行程序的方法。

(3)熟悉并掌握打开文档的方法。

(4)掌握创建快捷方式的方法。

二、实验示例

【例 2.3】 从"开始"菜单中运行如下程序:

(1)从"开始"菜单的"附件"中运行"记事本"程序。

(2)使用"运行"对话框来运行"计算器"程序。

【解】 具体操作步骤如下:

（1）从"开始"菜单的"附件"中运行"记事本"程序。

① 选择"开始"→"所有程序"命令，打开"所有程序"级联菜单。

② 在"所有程序"级联菜单中选择"附件"命令，展开"附件"下的所有程序。

③ 选择"记事本"命令，运行该程序。此时会打开"记事本"窗口。

（2）使用"运行"命令来运行"计算器"程序。

① 选择"开始"→"所有程序"→"运行"命令。

② 在打开的"运行"对话框中输入"calc"，如图 2-6 所示。

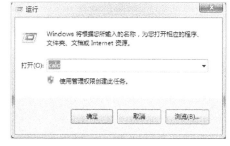

③ 单击"确定"按钮，打开"计算器"窗口。即通过"运行"命令直接启动了计算器程序。

④ 如果并不清楚运行文件的具体名字，可以在"运行"对话框中单击"浏览"按钮，在打开的"浏览"对话框中找到需要运行的文件即可。

图 2-6　"运行"对话框

【例 2.4】　在资源管理器中直接运行程序或打开文档。

【解】　具体操作步骤如下：

（1）运行"D：\exercise\tool\OCTS.exe"程序。

① 打开资源管理器窗口。

② 在资源管理器窗口中依次打开 D 盘、exercise、tool 文件夹窗口。

③ 在 tool 文件夹窗口中找到 OCTS.exe 文件并双击，运行该程序。

（2）打开"D：\exercise\document\个人简历一览表.docx"文档。

① 打开资源管理器窗口。

② 在资源管理器窗口中依次打开 D 盘、exercise、document 文件夹窗口。

③ 在 document 文件夹窗口中找到"个人简历一览表.docx"文件并双击，启动 Word 程序并打开该文档。

【例 2.5】　在"D：\exercise"文件夹中搜索 jpg 文件，然后打开"tnzhiwu03.jpg"文档。

【解】　具体操作步骤如下：

① 打开资源管理器窗口。

② 在资源管理器窗口中依次打开 D 盘、exercise 文件夹窗口。

③ 在搜索栏中输入"＊.jpg"，此时系统将在 exercise 文件夹下搜索到的所有 JPG 文件列在窗口中，如图 2-7 所示。

④ 找到"tnzhiwu03.jpg"文件并双击，打开该图片文档。

图 2-7　搜索结果

【例 2.6】 使用快捷方式来运行程序或打开文档。

【解】 具体操作步骤如下：

(1)"D:\exercise\tool"文件夹下有"xlight. exe"程序,在"D:\exercise\user"文件夹下建立该程序的快捷方式,将其命名为"设置 FTP 服务器"。

① 打开资源管理器窗口。

② 在资源管理器窗口中依次打开 D 盘、exercise、tool 文件夹窗口。

③ 在 tool 文件夹窗口中单击"xlight. exe"文件,按【Ctrl + C】组合键,将其复制到剪贴板中。

④ 在资源管理器窗口中依次打开 D 盘、exercise、user 文件夹窗口。

⑤ 在 user 文件夹窗口中右击,在弹出的快捷菜单中选择"粘贴快捷方式"命令。此时窗口中出现以"xlight. exe"命名的快捷方式。

⑥ 右击"xlight. exe"快捷方式,在弹出的快捷菜单中选择"重命名"命令,将其重命名为"设置 FTP 服务器"。

(2)在"D:\exercise\user"文件夹下建立"计算器"的快捷方式(不重命名)。

① 选择"开始"→"所有程序"→"附加"命令,展开"附件"下的所有程序。

② 右击"计算器"命令,在弹出的快捷菜单中选择"复制"命令。

③ 在资源管理器窗口中依次打开 D 盘、exercise、user 文件夹窗口。

④ 在 user 文件夹窗口中右击,在弹出的快捷菜单中选择"粘贴"命令。此时窗口中出现以"Calculator"为名的快捷方式,即计算器的快捷方式。

(3)运行"D:\exercise\user"文件夹下刚刚建立的"设置 FTP 服务器"快捷方式。

① 打开资源管理器窗口。

② 在资源管理器窗口中依次打开 D 盘、exercise、user 文件夹窗口。

③ 在 user 文件夹窗口中双击"设置 FTP 服务器"快捷方式,即可运行相应程序。运行的程序实际为"D:\exercise\tool"文件夹下的"xlight. exe"程序。

三、实验内容

【练习 2.2】 进行如下练习：

(1)选择"开始"→"运行"命令,在打开的"运行"对话框中运行"记事本"程序(notepad. exe)。

(2)选择"开始"→"所有程序"→"画图"命令。

(3)在"D:\exercise"文件夹中搜索 DOCX 文件,选择一个打开并编辑。

(4)"D:\exercise\tool"文件夹下有"OCTS. exe"程序,在"D:\exercise\user"文件夹下建立该程序的快捷方式,将其命名为"考试系统"。

(5)在"D:\exercise\user"文件夹下建立"画图"程序的快捷方式(不重命名)。

【实验 2-3】 Windows 7 系统环境与管理

一、实验目的

(1)掌握定制"任务栏"的方法。

(2)了解定制"开始"菜单的方法。

(3)了解磁盘的基本操作。

(4)掌握设置桌面背景的方法。

(5)了解 Windows 任务管理器的使用。

二、实验示例

【例 2.7】 任务栏的操作。

【解】 具体操作步骤如下：

（1）定制任务栏的外观。

右击任务栏，在弹出的快捷菜单中选择"属性"命令，打开"任务栏和「开始」菜单属性"对话框，在"任务栏"选项卡的"任务栏外观"栏中包含了任务栏的若干属性，如图 2-8 所示。

"任务栏外观"栏中的各属性如下：

① 锁定任务栏：选中该复选框，将锁定任务栏，此时不能通过鼠标拖动的方式改变任务栏的大小或移动任务栏的位置。如果取消选中此复选框，则可以用鼠标拖动任务栏的边框线，改变任务栏的大小；也可以用鼠标拖动任务栏到桌面的 4 个边上，即移动任务栏的位置。

② 自动隐藏任务栏：选中该复选框，系统将隐藏任务栏。如果想看到任务栏，只要将鼠标指针移到任务栏的位置，就会显示出来。移走鼠标后，任务栏又会重新隐藏。隐藏任务栏后可以为其他窗口腾出更多的空间。

③ 使用小图标：该属性使任务栏上的程序图标以小图标的形式显示。

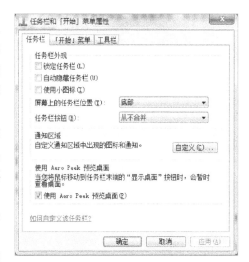

图 2-8　"任务栏"选项卡

④ 屏幕上的任务栏位置：默认任务栏位于底部，在其下拉列表中选择"顶部"、"左侧"或"右侧"选项，可以将任务栏放置在桌面的上方、左侧或右侧。

⑤ 任务栏按钮：通过在其下拉列表中的选取，可以将同一应用程序的多个窗口进行组合管理。

（2）任务栏快速启动区的操作。

① 如果需要将某个程序放置到快速启动区，可右击该程序图标，然后在弹出的快捷菜单中选择"将此程序锁定到任务栏"命令。

② 需要快速运行某程序时，在快速启动区单击此程序图标即可。

③ 如果需要将快速启动区中的程序快捷方式移除，只要右击程序图标，在弹出的快捷菜单中选择"将此程序从任务栏解锁"命令即可。

【例 2.8】　定制"开始"菜单。

【解】　具体操作步骤如下：

在"开始"菜单的空白处右击，在弹出的快捷菜单中选择"属性"命令，或者右击任务栏，在弹出的快捷菜单中选择"属性"命令，都可以打开"任务栏和「开始」菜单属性"对话框，在该对话框中选择"「开始」菜单"选项卡，如图 2-9 所示。

在"隐私"栏中选中"存储并显示最近在「开始」菜单中打开的程序"和"存储并显示最近在「开始」菜单和任务栏中打开的项目"两个复选框，可以在"开始"菜单中显示最近运行的程序和文件列表；如果取消选中这两个复选框，则不显示以保护自己的隐私。

单击"自定义"按钮，打开"自定义「开始」菜单"对话框，如图 2-10 所示，在该对话框中可以对"开始"菜单做进一步的设置：

● "自定义「开始」菜单"对话框的列表中列出了若干项目，选中其中的复选框或单选按钮，对应的项目会出现在"开始"菜单的"常用项目"列表中。据此，用户可以选取自己需要的项目，这些选中的项目就会出现在"开始"菜单的"常用项目"中，方便用户的使用。

● 在"「开始」菜单大小"栏中设置"开始"菜单中能显示的最近打开过的程序个数和项目个数。

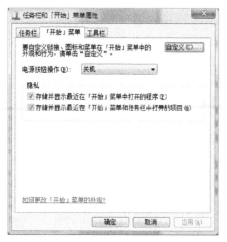

图 2-9 "任务栏和「开始」菜单属性"对话框

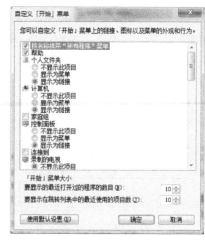

图 2-10 "自定义「开始」菜单"对话框

【例 2.9】 磁盘基本操作。

【解】 具体操作步骤如下:

(1)查看磁盘容量。

① 在桌面上双击"计算机"图标,打开资源管理器窗口。

② 单击需要查看的硬盘驱动器图标,窗口底部细节窗格中会显示出当前磁盘的总容量和可用的剩余空间信息。在"详细信息""平铺"和"内容"显示模式下,每个硬盘驱动器图标旁也会显示磁盘的总容量和可用的剩余空间信息。

③ 在资源管理器窗口中右击需要查看的磁盘驱动器图标,在弹出的快捷菜单中选择"属性"命令,打开该磁盘的属性对话框,在其中就可了解磁盘空间占用情况等信息,如图 2-11 所示。

(2)格式化磁盘。

① 在资源管理器窗口中右击 E 盘图标,在弹出的快捷菜单中选择"格式化"命令,打开"格式化 本地磁盘(E:)"对话框,如图 2-12 所示。

图 2-11 磁盘属性对话框

图 2-12 "格式化 本地磁盘(E:)"对话框

② 指定格式化分区采用的文件系统格式,系统默认是 NTFS。

③ 指定逻辑驱动器的分配单元的大小为 4 096 字节。

④ 为驱动器设置卷标名。

⑤ 如果选中"快速格式化"复选框,能够快速完成格式化工作,但这种格式化不检查磁盘的损坏情况,其实际功能相当于删除文件。

⑥ 单击"开始"按钮进行格式化,此时对话框底部的格式化状态栏会显示格式化的进程。

注意:

对磁盘的格式化操作将删除磁盘上的所有数据,一定要谨慎。

（3）磁盘清理。

① 选择"开始"→"所有程序"→"附件"→"系统工具"→"磁盘清理"命令,打开"磁盘清理:驱动器选择"对话框。

② 选择一个磁盘驱动器后单击"确定"按钮,此时系统会对指定磁盘进行扫描和计算工作,在完成扫描和计算工作之后,打开"磁盘清理"对话框,并在其中按分类列出指定磁盘上所有可删除文件的大小（字节数）,如图 2-13 所示。

③ 根据需要,在"要删除的文件"列表中选择需要删除的某一类文件。

④ 单击"确定"按钮,完成磁盘清理工作。

（4）磁盘碎片整理。

① 选择"开始"→"所有程序"→"附件"→"系统工具"→"磁盘碎片整理程序"命令,打开"磁盘碎片整理程序"窗口,如图 2-14 所示。

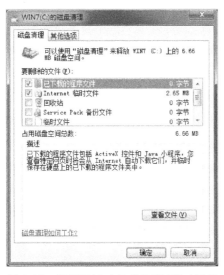

图 2-13　"WIN7（C:）的磁盘清理"对话框

图 2-14　"磁盘碎片整理程序"窗口

② 在窗口中选定具体的磁盘驱动器,然后单击"分析磁盘"按钮,对选定的磁盘进行分析。

③ 在对驱动器的碎片分析后,系统自动激活"查看报告"按钮,单击该按钮,打开"分析报告"对话框,系统将给出驱动器碎片分布情况及该卷的信息。

④ 单击"磁盘碎片整理"按钮,系统自动完成整理工作,同时显示进度条。

【例 2.10】　设置 Windows 防火墙。

【解】　具体操作步骤如下:

① 在资源管理器窗口左侧的导航窗格中选择"控制面板"选项,打开"控制面板"窗口。

② 在"控制面板"窗口中选择"系统和安全"选项,打开"系统和安全"窗口。

③ 选择"Windows 防火墙"选项,打开"Windows 防火墙"窗口,如图 2-15 所示。

④ 选择左窗格的"打开或关闭防火墙"选项,打开"Windows 防火墙设置"对话框,在该对话框中可以打开或关闭防火墙。

⑤ 选择左窗格的"允许程序或功能通过 Windows 防火墙"选项,打开"允许程序通过 Windows 防火墙通信"窗口,在"允许的程序和功能"栏中,选中信任的程序,单击"确定"按钮完成配置。

⑥ 如需手动添加程序,单击"允许运行另一程序"按钮,在打开的对话框中,单击"浏览"按钮,找到安装

的应用程序,单击"打开"按钮,即可添加到程序队列中。

⑦ 在程序队列中选择要添加的应用程序,单击"添加"按钮,即可将应用程序手动添加到信任列表中,单击"确定"按钮完成操作。

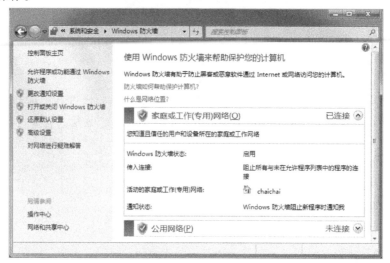

图 2-15 "Windows 防火墙"窗口

【例 2.11】 Windows 外观和个性化设置。

【解】 具体操作步骤如下:

(1)更改主题。

① 在"控制面板"窗口中选择"外观和个性化"选项,打开"外观和个性化"窗口,如图 2-16 所示。

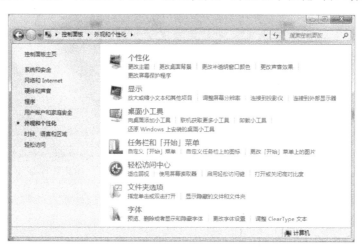

图 2-16 "外观和个性化"窗口

② 在窗口的"个性化"栏中选择"更改主题"选项,打开"个性化"窗口,如图 2-17 所示。

③ 在"个性化"窗口中列出了 Windows 7 系统提供的主题选项,选择某个主题选项,系统即可将该主题对应的桌面背景、操作窗口、系统按钮、活动窗口和自定义颜色、字体等设置到当前环境中。

(2)更改桌面背景。

① 在图 2-16 所示的"外观和个性化"窗口的"个性化"栏中选择"更改桌面背景"选项,打开"更改桌面背景"窗口,如图 2-18 所示。

② 在"图片位置"下拉列表中选择某一项图片位置,然后在下面的图片列表框中选择一个图片,快速配置桌面背景。也可以单击"浏览"按钮,在打开的对话框中选择指定的图片取代预设桌面背景。

③ 在下面的"图片位置"下拉列表中可以选择图片的显示方式,如果选择"居中"选项,则墙纸以原文件

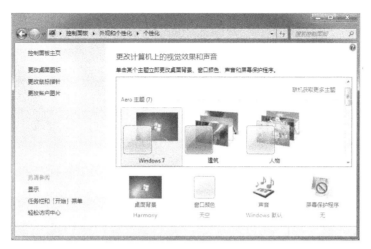

图 2-17　"个性化"窗口

尺寸显示在桌面中央;如果选择"平铺"选项,墙纸以原文件尺寸铺满桌面;如果选择"拉伸"选项,则墙纸拉伸至充满整个桌面。

(3)更改窗口颜色和外观。

① 在图 2-17 所示的"个性化"窗口中选择"窗口颜色"选项,打开"窗口颜色和外观"窗口,如图 2-19 所示。

图 2-18　"桌面背景"窗口

图 2-19　"窗口颜色和外观"窗口

② 在窗口中列出的各种颜色中选择一种配色方案进行快速配置。

③ 也可以选择"高级外观设置"选项,在打开的对话框中对"桌面"、"菜单"、"窗口"、"图标"、"工具栏"等项目逐一进行手动设置。

(4)更改屏幕保护程序。

① 在图 2-16 所示的"外观和个性化"窗口的"个性化"栏中选择"更改屏幕保护程序"选项,打开"屏幕保护程序设置"对话框,如图 2-20 所示。

② 在"屏幕保护程序"下拉列表中选择一种方案。

③ 在"等待"微调框中设置等待时间。

④ 如果选中"在恢复时显示登录屏幕"复选框,那么从屏幕保护程序回到 Windows 7 时,将弹出登录界面,若设置了登录密码则要求输入系统的登录密码。

⑤ 如需要进行电源管理,选择"更改电源设置"选项,在打开的"电源选项"窗口中可以设置关闭显示器时间、设置电源按钮的功能、唤醒时需要的密码等。

【例 2.12】 Windows 任务管理器的使用。

【解】 具体操作步骤如下：

① 首先启动若干应用程序，依次打开"资源管理器"、浏览器、Word 文档、Excel 文档等。

② 同时按【Ctrl + Alt + Del】组合键，出现锁屏界面，并出现若干选项，选择"启动任务管理器"选项，此时锁屏失效，并打开任务管理器，如图 2-21 所示。任务管理器中显示了当前已打开的应用程序的名称。

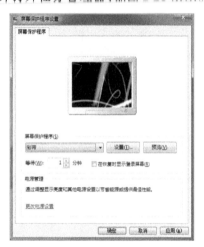

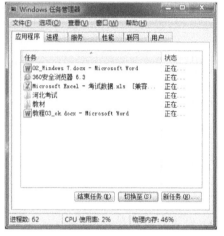

图 2-20 屏幕保护程序设置　　　　　　　图 2-21 任务管理器

③ 选中"教程 03_ok. docx -Microsoft Word"程序，单击"结束任务"按钮，将该程序结束。

三、实验内容

【练习 2.3】 进行如下练习：

(1)在屏幕上找到任务栏，将任务栏隐藏或取消隐藏，并且改变任务栏的大小。

(2)将自己喜爱的程序设置为屏幕保护程序。

(3)将自己喜爱的图片设置为桌面背景，并使图片平铺于桌面上。

(4)将桌面上的"计算机"图标拖动到任务栏的快速启动区。

(5)在桌面上创建"画图"程序的快捷方式。

【实验 2-4】 Windows 7 综合练习

一、实验目的

(1)理解文件、文件名和文件夹的概念。

(2)熟练掌握文件和文件夹的操作。

(3)熟练运用剪贴板进行相关操作。

(4)理解快捷方式的含义。

(5)熟练掌握创建快捷方式的方法。

二、实验示例

【例 2.13】 在 Windows 实验素材库有如图 2-1 所示的文件夹结构。从相应网站下载该实验素材文件夹中的 exercise 文件夹到 D 盘根目录下，然后在 exercise 文件夹下完成以下操作：

(1)在 user 文件夹下建立如图 2-22 所示的文件夹结构。

(2)将 document 文件夹复制到 user1 文件夹下。

(3)将 else 文件夹下文件大小大于 3KB 小于 13KB 的文件复制到 user 文件夹中。

图 2-22　user 文件夹结构

(4)将 else 文件夹下所有以".jpg"为扩展名的文件移动到 picture 文件夹中。

(5)将 document 和 tool 文件夹删除(放入回收站即可)。

（6）还原被删除的 document 文件夹,彻底删除 tool 文件夹。

（7）将 document 文件夹重新命名为 word。

（8）将 else 文件夹下 CONFIG. SYS 文件的属性设置为"只读"和"隐藏"。

（9）将 else 文件夹下具有隐藏属性的 LX. txt 文件去掉其隐藏属性。

（10）在 exercise 文件夹下查找 CALC. exe 程序文件,并在 user 文件夹下建立该程序的快捷方式,将其命名为"计算器"。

（11）在 user 文件夹下建立"写字板"程序的快捷方式(不改名)。

（12）将 else 文件夹下面所有以 w 开头、第 5 个字符为 e 的文件复制到 user 文件夹中。

【解】　具体操作步骤如下:

（1）在 user 文件夹下建立如图 2-22 所示的文件夹结构。

① 在资源管理器窗口中双击 D 盘图标,显示 D 盘中所有的文件夹和文件。

② 双击 exercise 文件夹图标,然后继续双击 user 文件夹图标,此时窗口中列出 user 文件夹下的所有文件和文件夹。

③ 在窗口空白处右击,在弹出的快捷菜单中选择"新建"→"文件夹"命令。

④ 此时窗口中出现"新建文件夹"图标,输入名字 user1 并按【Enter】键,这样就在 user 下建立了一个名为 user1 的新文件夹。采用相同的方法在 user 文件夹下建立 user2、user3 文件夹。

⑤ 双击 user1,打开 user1 文件夹,用同样方法在 user1 文件夹下建立 usera。

⑥ 双击 user2,打开 user2 文件夹,用同样方法在 user2 文件夹下建立 userb。

（2）将 document 文件夹复制到 user1 文件夹下。

① 在资源管理器窗口中双击 D 盘图标,打开 D 盘。

② 双击 exercise 文件夹图标,打开 exercise 文件夹。

③ 单击 document 文件夹。

④ 选择菜单栏中的"编辑"→"复制"命令,或按【Ctrl + C】组合键,将选中的内容复制到剪贴板。

⑤ 依次双击 user 和 user1 文件夹,打开 user1 文件夹。

⑥ 选择菜单栏中的"编辑"→"粘贴"命令,或按【Ctrl + V】组合键,完成复制。

（3）将 else 文件夹下文件大小大于 3 KB 小于 13 KB 的文件复制到 user 文件夹里。

① 在资源管理器窗口中依次双击 D 盘、exercise 文件夹和 else 文件夹,此时窗口中显示 else 文件夹中所有的文件夹和文件。

② 单击资源管理器工具栏右侧的"更改您的视图"下拉按钮,在打开的"视图模式"下拉菜单中选择"详细信息"命令,如图 2-23 所示。

③ 在资源管理器窗口中直接单击表头"大小",使文件按字节大小进行排列。此时文件以大小顺序详细地排列在窗口中。

④ 单击第 1 个符合条件的文件,按住【Shift】键,再单击最后一个符合条件的文件,选中符合条件的全部文件。

⑤ 选择菜单栏中的"编辑"→"复制"命令,或按【Ctrl + C】组合键,将选中的内容复制到剪贴板。

⑥ 打开 user 文件夹,选择菜单栏中的"编辑"→"粘贴"命令,或按【Ctrl + V】组合键,完成复制。

（4）将 else 文件夹下所有以". jpg"为扩展名的文件移动到 picture 文件夹中。

① 在资源管理器的工具栏的"组织"菜单中选择"文件夹和搜索选项"命令,打开"文件夹选项"对话框。

② 选择"查看"选项卡,如图 2-24 所示。在该对话框中的"高级设置"列表框中,取消选中"隐藏已知文件类型的扩展名"复选框。

图 2-23 "视图模式"下拉菜单

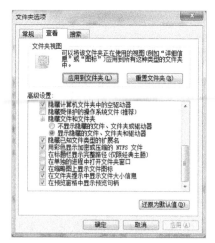

图 2-24 "文件夹选项"对话框

③ 单击"确定"按钮退出，在窗口中即可显示文件名的扩展名。

④ 打开 else 文件夹，使其处于"详细信息"的视图模式（参见步骤③的操作），在窗口中单击表头"类型"，使文件按类型进行排列。此时文件按照类型顺序排列在窗口中。

⑤ 单击第 1 个以".jpg"为扩展名的文件，按住【Shift】键，再单击最后一个以".jpg"为扩展名的文件，选中该文件夹下的所有以".jpg"为扩展名的文件。

⑥ 选择菜单栏中的"编辑"→"剪切"命令，或按【Ctrl + X】组合键，将选中的内容剪切到剪贴板。

⑦ 打开 picture 文件夹，选择菜单栏中"编辑"→"粘贴"命令，或按【Ctrl + V】组合键，完成移动。

（5）将 document 和 tool 文件夹删除（放入回收站即可）。

① 在 D 盘窗口中双击 exercise 文件夹，打开 exercise 文件夹。

② 在窗口中单击 document 文件夹，然后按住【Ctrl】键，再单击 tool 文件夹，选中这两个文件夹。

③ 按【Delete】键进行删除，打开"删除多个项目"对话框中，单击"是"按钮，即可完成删除（将文件夹放入回收站）。

（6）还原被删除的 document 文件夹，彻底删除 tool 文件夹。

① 在桌面双击"回收站"图标，打开"回收站"窗口。

② 在"回收站"窗口中单击 document 文件夹，然后单击工具栏中的"还原此项目"按钮，即可还原被删除的 document 文件夹。

③ 在"回收站"窗口中单击 tool 文件夹，然后按【Delete】键，打开"删除文件夹（或文件）"对话框，用来提示是否永久删除。单击"是"按钮，即可彻底删除该文件夹。

（7）将 document 文件夹重新命名为 word。

① 在 D 盘窗口中双击 exercise 文件夹，打开 exercise 文件夹。

② 在窗口中右击 document 图标，在弹出的快捷菜单中选择"重命名"命令。也可以单击需要重命名的文件或文件夹的名字处，突出显示名称。

③ 输入 word，单击其他位置，确认修改。

（8）将 else 文件夹下 CONFIG.SYS 文件的属性设置为"只读"和"隐藏"。

① 在资源管理器窗口中依次双击 D 盘、exercise 文件夹和 else 文件夹，此时窗口中显示 else 文件夹中所有的文件夹和文件。

② 在窗口中右击 CONFIG.SYS 文件，在弹出的快捷菜单中选择"属性"命令，打开"CONFIG.SYS 属性"对话框。

③ 在"常规"选项卡中，选中"只读"、"隐藏"复选框。

④ 单击"确定"按钮，关闭"属性"对话框。

（9）将 else 文件夹下具有隐藏属性的 LX.txt 文件去掉其隐藏属性。

① 在资源管理器工具栏中选择"组织"→"文件夹和搜索选项"命令,打开"文件夹选项"对话框。

② 选择"查看"选项卡,在该对话框的"高级设置"列表框中,选中"显示隐藏的文件、文件夹和驱动器"单选按钮,如图 2-24 所示。

③ 单击"确定"按钮退出,此时所有文件和文件夹均在窗口中显示。

④ 打开 else 文件夹,找到 LX. txt 文件。

⑤ 右击该文件,在弹出的快捷菜单中选择"属性"命令,在打开的对话框中取消选中"隐藏"复选框。

（10）在 exercise 文件夹下查找 CALC. exe 程序文件,并在 user 文件夹下建立该程序的快捷方式,将其命名为"计算器"。

① 打开资源管理器窗口。

② 在资源管理器窗口中依次打开 D 盘、exercise 文件夹。

③ 在搜索栏中输入"CALC. exe",此时系统在 exercise 文件夹下搜索到该文件并列在窗口中。

④ 单击"CALC. exe"文件,按【Ctrl + C】组合键,将其复制到剪贴板。

⑤ 在资源管理器窗口中依次打开 D 盘、exercise、user 文件夹。

⑥ 在 user 文件夹窗口中右击,在弹出的快捷菜单中选择"粘贴快捷方式"命令。即可建立以名为"CALC. exe"的快捷方式。

⑦ 右击"CALC. exe"快捷方式,在弹出的快捷菜单中选择"重命名"命令,并将其重命名为"计算器"。

（11）在 user 文件夹下建立"写字板"程序的快捷方式（不重命名）。

① 选择"开始"→"所有程序"→"附件"命令,展开"附件"下的所有程序。

② 右击"写字板"程序,在弹出的快捷菜单中选择"复制"命令。

③ 在资源管理器窗口中依次打开 D 盘、exercise、user 文件夹窗口。

④ 在 user 文件夹窗口中右击,在弹出的快捷菜单中选择"粘贴"命令,即可建立以"Wordpad"命名的快捷方式,即"写字板"程序的快捷方式。

（12）将 else 文件夹下面所有以 w 开头、第 5 个字符为 e 的文件复制到 user 文件夹中。

① 打开资源管理器窗口。

② 在资源管理器窗口中依次打开 D 盘、exercise、else 文件夹窗口。

③ 在搜索栏中输入"w???e * . * ",此时系统将 else 文件夹中搜索到的所有符合要求的文件列在窗口中。

④ 单击第 1 个符合条件的文件,按住【Shift】键,再单击最后一个符合条件的文件,选中符合条件的全部文件。

⑤ 选择菜单栏中的"编辑"→"复制"命令,或按【Ctrl + C】组合键,将选中的内容复制到剪贴板。

⑥ 打开 user 文件夹,选择菜单栏中的"编辑"→"粘贴"命令,或按【Ctrl + V】组合键,完成复制。

三、实验内容

【练习 2.4】　从相应网站下载 Windows 实验素材文件夹中的 exercise 文件夹到 D 盘根目录下,然后在 exercise 文件夹下完成以下操作:

（1）在 user 文件夹下建立如图 2-25 所示的文件夹结构。

（2）将 voice 文件夹下的文件移动到 else 文件夹下。

（3）将 tool 和 voice 文件夹删除（放入回收站）。

（4）将 else 文件夹下所有以 W 开头的文件复制到 usera 文件夹下。

（5）将 else 文件夹下文件大小小于 10KB 的文件复制到 user 文件夹下。

（6）还原被删除的 tool 文件夹,彻底删除 voice 文件夹。

（7）将 else 文件夹下所有以". exe"为扩展名的文件复制到 tool 文件夹下。

（8）将 tool 文件夹重命名为 program。

（9）设置 else 文件夹下 CONFIG. SYS 文件的属性为"只读"和"隐藏"。

图 2-25　user 文件夹结构

(10)将 else 文件夹下具有隐藏属性的 foundme. txt 文件删除。

(11)在 exercise 文件夹下查找 PBRUSH. exe 程序,并在 user 文件夹下建立该程序的快捷方式,将其命名为"画笔"。

(12)在 user 文件夹下面建立"记事本"程序的快捷方式(不改名)。

(13)将 else 文件夹下所有第 2 个字符为 h、第 5 个字符为 c、第 7 个字符为 n 的文件复制到 user 文件夹下。

【实验 2-5】 上机练习系统典型试题讲解

一、实验目的

(1)掌握上机练习系统中 Windows 7 操作典型问题的解决方法。

(1)熟悉 Windows 7 操作中各种综合应用的操作技巧。

(3)本实验的例题取自上机练习系统中的典型试题,读者若能配合使用与本书配套的上机练习系统,将会达到更好的效果。

二、实验示例

【模拟练习 A】 在 Winkt 文件夹下进行如下操作。

(1)在 Winkt 文件夹下面建立 2014QMKSA 文件夹。

(2)在 2014QMKSA 文件夹下建立一个名为"计算机的历史与发展. xlsx"的 Excel 文件。

(3)在 Winkt 文件夹范围内查找"game. exe"文件,并在 2014QMKSA 文件夹下建立它的快捷方式,名称为"竞赛"。

(4)在 Winkt 文件夹范围内查找所有扩展名为". bmp"的文件,并将其复制到 2014QMKSA 文件夹下。

(5)在 Winkt 文件夹范围内查找"个人总结. docx"文件,将其设置为仅有"只读"和"隐藏"属性。

具体操作步骤如下:

(1)建立文件夹。

① 打开"资源管理器"窗口,进入 Winkt 文件夹。

② 在 Winkt 文件夹窗口空白处右击,在弹出的快捷菜单中选择"新建"命令,并在其级联菜单中选择"文件夹"命令。

③ 在出现的"新建文件夹"图标处输入名字"2014QMKSA"并按【Enter】键。

(2)建立 Excel 文件。

① 双击 2014QMKSA 文件夹,进入该 2014QMKSA 文件夹窗口。

② 在 2014QMKSA 文件夹窗口空白处右击,在弹出的快捷菜单中选择"Microsoft Excel 工作表"命令,此时建立了 Excel 文件,并命名为"新建 Microsoft Excel 工作表. xlsx"。

③ 将建立的 Excel 文件重新命名为"计算机的历史与发展. xlsx"。

说明:

- 为文件重新命名时,要注意当前环境是否显示文件扩展名。如果处于隐藏扩展名状态,为文件命名时只输入文件名"计算机的历史与发展"即可,若处在显示扩展名状态,需要在命名文件时带有扩展名,即"计算机的历史与发展. xlsx"。

- 在"工具栏"的"组织"菜单中选择"文件夹和搜索选项"命令,在打开的文件夹选项对话框中可以对文件扩展名是否显示进行设置。

---

(3)建立快捷方式。

① 进入 Winkt 文件夹窗口。

② 在资源管理器的搜索栏中输入"game.exe",此时系统在 Winkt 文件夹下搜索到该文件并列在窗口中。

③ 在窗口中单击选中"game.exe"文件,按【Ctrl + C】组合键,将其复制到剪贴板。

④ 进入 2014QMKSA 文件夹窗口。

⑤ 在 2014QMKSA 文件夹窗口中右击,在弹出的快捷菜单中选择"粘贴快捷方式"。此时窗口中出现以"game.exe"为名的快捷方式。

⑥ 右击"game.exe"快捷方式,在弹出的快捷菜单中选择"重命名"命令,并将其改名为"竞赛"。

(4)文件复制。

① 进入 Winkt 文件夹窗口。

② 在资源管理器的搜索栏中输入"∗.bmp",此时系统在 Winkt 文件夹下搜索所有以 bmp 为扩展名的文件并显示在窗口中。

③ 在窗口中单击第 1 个.bmp 文件,按住【Shift】键,再单击最后一个.bmp 文件,选中所有.bmp 文件。

④ 选择"编辑"菜单中的"复制"命令,或按【Ctrl + C】组合键,将选中内容复制到剪贴板。

⑤ 进入 2014QMKSA 文件夹窗口,选择"编辑"菜单中的"粘贴"命令,或按【Ctrl + V】组合键,完成文件的复制操作。

(5)设置文件属性。

① 进入 Winkt 文件夹窗口。

② 在资源管理器的搜索栏中输入"个人总结.docx",此时系统在 Winkt 文件夹下搜索到该文件并列在窗口中。

③ 在窗口中右击"个人总结.docx"文件,在弹出的快捷菜单中选择"属性"命令,打开"个人总结.docx属性"对话框。

④ 在"常规"选项卡中选中"只读"和"隐藏"复选框。

⑤ 单击"确定"按钮,关闭"属性"对话框。

【模拟练习 B】　在 Winkt 文件夹下进行如下操作。

(1)在 Winkt 文件夹下面建立 2014QMKSB 文件夹。

(2)在 2014QMKSB 文件夹下建立一个名为"移动互联网的现状与展望.docx"的 Word 文件。

(3)在 Winkt 文件夹范围内查找"game.exe"文件,将其移动到 2014QMKSB 文件夹下,改名为"个人游戏.exe"。

(4)在 Winkt 文件夹范围内搜索 download.exe 应用程序,并在 2014QMKSB 文件夹下建立它的快捷方式,名称为"个人下载"。

(5)在 Winkt 文件夹范围查找 Exam3 文件夹,将其删除。

具体操作步骤如下:

(1)建立文件夹。

① 打开"资源管理器"窗口,进入 Winkt 文件夹。

② 在 Winkt 文件夹窗口空白处右击,在弹出的快捷菜单中选择"新建"命令,并在其级联菜单中选择"文件夹"命令。

③ 在出现的"新建文件夹"图标处输入名字 2014QMKSB 并按【Enter】键。

(2)建立 Word 文件。

① 双击 2014QMKSB 文件夹,进入该 2014QMKSB 文件夹窗口。

② 在 2014QMKSB 文件夹窗口空白处右击,在弹出的快捷菜单中选择"Microsoft Word 文档"命令,此时建立了 Word 文件,并命名为"新建 Microsoft Word 文档.docx"。

③ 将建立的 Word 文件重新命名为"移动互联网的现状与展望.docx"。

(3)文件移动。

① 进入 Winkt 文件夹窗口。

② 在资源管理器的搜索栏中输入"game.exe"，此时系统在 Winkt 文件夹下搜索到该文件并列在窗口中。

③ 在窗口中单击选中"game.exe"文件，按【Ctrl + X】组合键，将其剪切到剪贴板。

④ 进入 2014QMKSB 文件夹窗口，按【Ctrl + V】组合键，完成文件的移动操作。

⑤ 在 2014QMKSB 文件夹窗口中右击"game.exe"文件，在弹出的快捷菜单中选择"重命名"命令，并为其改名为"个人游戏.exe"。

（4）建立快捷方式。

① 进入 Winkt 文件夹窗口。

② 在资源管理器的搜索栏中输入"download.exe"，此时系统在 Winkt 文件夹下搜索到该文件并列在窗口中。

③ 在窗口中单击选中"download.exe"文件，按【Ctrl + C】组合键，将其复制到剪贴板。

④ 进入 2014QMKSB 文件夹窗口。

⑤ 在 2014QMKSB 文件夹窗口中右击，在弹出的快捷菜单中选择"粘贴快捷方式"命令。此时窗口中出现以"download.exe"为名的快捷方式。

⑥ 右击"download.exe"快捷方式，在弹出的快捷菜单中选择"重命名"命令，并为其改名为"个人下载"。

（5）删除文件夹。

① 进入 Winkt 文件夹窗口。

② 在资源管理器的搜索栏中输入"Exam3"，此时系统在 Winkt 文件夹下搜索到该文件夹并列在窗口中。

③ 在窗口中单击选中"Exam3"文件夹，按【Del】键将其删除。

【模拟练习 C】 在 Winkt 文件夹下进行如下操作。

（1）在 Winkt 文件夹下面建立 2014QMKSC 文件夹。

（2）在 2014QMKSC 文件夹下建立一个名为"计算机系统组成基本知识介绍.pptx"的 PowerPoint 文件。

（3）在 Winkt 文件夹范围查找"help.exe"文件，并在 2014QMKSC 文件夹下建立它的快捷方式，名称为"个人助手"。

（4）在 Winkt 文件夹范围查找 Exam2 文件夹，将其复制到 2014QMKSC 文件夹下。

（5）在 Winkt 文件夹范围查找所有以"us"开头的文件，将其移动到 Exam1 文件夹下。

具体操作步骤为：

（1）建立文件夹。

① 打开"资源管理器"窗口，进入 Winkt 文件夹。

② 在 Winkt 文件夹窗口空白处右击，在弹出的快捷菜单中选择"新建"命令，并在其级联菜单中选择"文件夹"命令。

③ 在出现的"新建文件夹"图标处输入名字 2014QMKSC 并按【Enter】键。

（2）建立 PowerPoint 文件。

① 双击 2014QMKSC 文件夹，进入该 2014QMKSC 文件夹窗口。

② 在 2014QMKSC 文件夹窗口空白处右击，在弹出的快捷菜单中选择"Microsoft PowerPoint 演示文稿"命令，此时建立了 PowerPoint 文件，并命名为"新建 Microsoft PowerPoint 演示文稿.pptx"。

③ 将建立的 PowerPoint 文件重新命名为"计算机系统组成基本知识介绍.pptx"。

（3）建立快捷方式。

① 进入 Winkt 文件夹窗口。

② 在资源管理器的搜索栏中输入"help.exe"，此时系统在 Winkt 文件夹下搜索到该文件并列在窗口中。

③ 在窗口中单击选中"help.exe"文件，按【Ctrl + C】组合键，将其复制到剪贴板。

④ 进入 2014QMKSC 文件夹窗口。

⑤ 在 2014QMKSC 文件夹窗口中右击,在弹出的快捷菜单中选择"粘贴快捷方式"命令。此时窗口中出现以"help.exe"为名的快捷方式。

⑥ 右击"help.exe"快捷方式,在弹出的快捷菜单中选择"重命名"命令,并为其改名为"个人助手"。

(4)文件夹复制。

① 进入 Winkt 文件夹窗口。

② 在资源管理器的搜索栏中输入"Exam2",此时系统在 Winkt 文件夹下搜索到该文件夹并列在窗口中。

③ 在窗口中单击选中"Exam2"文件夹,按【Ctrl + C】组合键,将选中内容复制到剪贴板。

④ 进入 2014QMKSC 文件夹窗口,按【Ctrl + V】组合键,完成文件夹的复制操作。

(5)文件移动。

① 进入 Winkt 文件夹窗口。

② 在资源管理器的搜索栏中输入"us＊.＊",此时系统在 Winkt 文件夹下搜索所有文件名以 us 开头的文件并显示在窗口中。

③ 在窗口中单击第 1 文件,按住【Shift】键,再单击最后一个文件,选中所有文件名以 us 开头的文件。

④ 按【Ctrl + X】组合键,将选中内容剪切到剪贴板。

⑤ 进入 Exam1 文件夹窗口,按【Ctrl + V】组合键,完成文件的移动操作。

【模拟练习 D】　在 Winkt 文件夹下进行如下操作。

(1)在 Winkt 文件夹下建立 2014QMKSD 文件夹。

(2)在 Winkt 文件夹范围查找 setup.exe 应用程序,并在 2014QMKSD 文件夹下建立它的快捷方式,名称为"设置"。

(3)在 Winkt 文件夹范围查找所有扩展名为".docx"的文件,将其复制到 Exam 文件夹下。

(4)在 Winkt 文件夹范围查找以"h"开头,扩展名".exe"的文件,将其设置为仅有"只读"和"隐藏"属性。

(5)在 Winkt 文件夹范围查找"Exam3"文件夹,将其删除。

具体操作步骤如下:

(1)建立文件夹。

① 打开"资源管理器"窗口,进入 Winkt 文件夹。

② 在 Winkt 文件夹窗口空白处右击,在弹出的快捷菜单中选择"新建"命令,并在其级联菜单中选择"文件夹"命令。

③ 在出现的"新建文件夹"图标处输入名字 2014QMKSD 并按【Enter】键。

(2)建立快捷方式。

① 进入 Winkt 文件夹窗口。

② 在资源管理器的搜索栏中输入"setup.exe",此时系统在 Winkt 文件夹下搜索到该文件并列在窗口中。

③ 在窗口中单击选中"setup.exe"文件,按【Ctrl + C】组合键,将其复制到剪贴板。

④ 进入 2014QMKSD 文件夹窗口。

⑤ 在 2014QMKSD 文件夹窗口中右击,在弹出的快捷菜单中选择"粘贴快捷方式"命令。此时窗口中出现以"setup.exe"为名的快捷方式。

⑥ 右击"setup.exe"快捷方式,在弹出的快捷菜单中选择"重命名"命令,并为其改名为"设置"。

(3)文件复制。

① 进入 Winkt 文件夹窗口。

② 在资源管理器的搜索栏中输入"＊.docx",此时系统在 Winkt 文件夹下搜索所有以 docx 为扩展名的

文件并显示在窗口中。

③ 在窗口中单击第 1 个.docx 文件,按住【Shift】键,再单击最后一个.docx 文件,选中所有.docx 文件。

④ 按【Ctrl + C】组合键,将选中内容复制到剪贴板。

⑤ 进入 Exam 文件夹窗口,按【Ctrl + V】组合键,完成文件的复制操作。

(4)设置文件属性。

① 进入 Winkt 文件夹窗口。

② 在资源管理器的搜索栏中输入"h＊.exe",此时系统在 Winkt 文件夹下搜索到该文件并列在窗口中。

③ 在窗口中右击该文件,在弹出的快捷菜单中选择"属性"命令,打开"属性"对话框。

④ 在"常规"选项卡中选中"只读"和"隐藏"复选框。

⑤ 单击"确定"按钮,关闭"属性"对话框。

(5)删除文件夹。

① 进入 Winkt 文件夹窗口。

② 在资源管理器的搜索栏中输入"Exam3",此时系统在 Winkt 文件夹下搜索到该文件夹并列在窗口中。

③ 在窗口中单击选中"Exam3"文件夹,按【Del】键将其删除。

【模拟练习 E】 在 Winkt 文件夹下进行如下操作。

(1)在 Winkt 文件夹下面建立 2014QMKSE 文件夹。

(2)在 Winkt 文件夹范围查找所有扩展名为".ini"的文件,并将其移动到 2014QMKSE 文件夹下。

(3)在 2014QMKSE 文件夹下建立一个名为"DataRecord.txt"的文本文件。

(4)在 Winkt 文件夹范围搜索"help.exe"文件,并在 2014QMKSE 文件夹下建立它的快捷方式,名称为"个人助手"。

(5)在 Winkt 文件夹范围查找以"s"开头,扩展名".exe"的文件,将其设置为仅有"只读"属性。

具体操作步骤如下:

(1)建立文件夹。

① 打开"资源管理器"窗口,进入 Winkt 文件夹。

② 在 Winkt 文件夹窗口空白处右击,在弹出的快捷菜单中选择"新建"命令,并在其级联菜单中选择"文件夹"命令。

③ 在出现的"新建文件夹"图标处输入名字 2014QMKSE 并按【Enter】键。

(2)文件移动。

① 进入 Winkt 文件夹窗口。

② 在资源管理器的搜索栏中输入"＊.ini",此时系统在 Winkt 文件夹下搜索所有以 ini 为扩展名的文件并显示在窗口中。

③ 在窗口中单击第 1 个.ini 文件,按住【Shift】键,再单击最后一个.ini 文件,选中所有.ini 文件。

④ 按【Ctrl + X】组合键,将选中内容剪切到剪贴板。

⑤ 进入 2014QMKSE 文件夹窗口,按【Ctrl + V】组合键,完成文件的移动操作。

(3)建立文本文件。

① 进入 2014QMKSE 文件夹窗口。

② 在 2014QMKSE 文件夹窗口空白处右击,在弹出的快捷菜单中选择"文本文档"命令,此时建立了文本文件,并命名为"新建文本文档.txt"。

③ 将建立的文本文件重新命名为"DataRecord.txt"。

(4)建立快捷方式。

① 进入 Winkt 文件夹窗口。

② 在资源管理器的搜索栏中输入"help.exe",此时系统在 Winkt 文件夹下搜索到该文件并列在窗口中。

③ 在窗口中单击选中"help. exe"文件,按【Ctrl + C】组合键,将其复制到剪贴板。

④进入 2014QMKSE 文件夹窗口。

⑤ 在 2014QMKSE 文件夹窗口中右击,在弹出的快捷菜单中选择"粘贴快捷方式"命令。此时窗口中出现以"help. exe"为名的快捷方式。

⑥ 右击"help. exe"快捷方式,在弹出的快捷菜单中选择"重命名"命令,并为其改名为"个人助手"。

（5）设置文件属性。

① 进入 Winkt 文件夹窗口。

② 在资源管理器的搜索栏中输入"s＊. exe",此时系统在 Winkt 文件夹下搜索到该文件并列在窗口中。

③ 在窗口中右击该文件,在弹出的快捷菜单中选择"属性"命令,打开"属性"对话框。

④ 在"常规"选项卡中选中"只读"复选框。

⑤ 单击"确定"按钮,关闭"属性"对话框。

【模拟练习 F】　在 Winkt 文件夹下进行如下操作。

（1）在 Winkt 文件夹下面建立 2014QMKSF 文件夹。

（2）在 Winkt 文件夹范围内查找"game. exe"文件,并在 2014QMKSF 文件夹下建立它的快捷方式,名称为"竞技"。

（3）在 Winkt 文件夹范围查找所有扩展名为". ini"的文件,并将其复制到 2014QMKSF 文件夹下。

（4）在 Winkt 文件夹范围查找以"g"开头,扩展名为". exe"的文件,将其设置为仅有"只读"和"隐藏"属性。

（5）在 Winkt 文件夹范围查找"Exam4"文件夹,将其删除。

具体操作步骤如下:

（1）建立文件夹。

① 打开"资源管理器"窗口,进入 Winkt 文件夹。

② 在 Winkt 文件夹窗口空白处右击,在弹出的快捷菜单中选择"新建"命令,并在其级联菜单中选择"文件夹"命令。

③ 在出现的"新建文件夹"图标处输入名字 2014QMKSF 并按【Enter】键。

（2）建立快捷方式。

① 进入 Winkt 文件夹窗口。

② 在资源管理器的搜索栏中输入"game. exe",此时系统在 Winkt 文件夹下搜索到该文件并列在窗口中。

③ 在窗口中单击选中"game. exe"文件,按【Ctrl + C】组合键,将其复制到剪贴板。

④ 进入 2014QMKSF 文件夹窗口。

⑤ 在 2014QMKSF 文件夹窗口中右击,在弹出的快捷菜单中选择"粘贴快捷方式"命令。此时窗口中出现以"game. exe"为名的快捷方式。

⑥ 右击"game. exe"快捷方式,在弹出的快捷菜单中选择"重命名"命令,并为其改名为"竞技"。

（3）文件复制。

① 进入 Winkt 文件夹窗口。

② 在资源管理器的搜索栏中输入"＊. ini",此时系统在 Winkt 文件夹下搜索所有以 ini 为扩展名的文件并显示在窗口中。

③ 在窗口中单击第 1 个. ini 文件,按住【Shift】键,再单击最后一个. ini 文件,选中所有. ini 文件。

④ 按【Ctrl + C】组合键,将选中内容复制到剪贴板。

⑤ 进入 2014QMKSF 文件夹窗口,按【Ctrl + V】组合键,完成文件的复制操作。

（4）设置文件属性。

① 进入 Winkt 文件夹窗口。

② 在资源管理器的搜索栏中输入"g＊.exe",此时系统在 Winkt 文件夹下搜索到该文件并列在窗口中。

③ 在窗口中右击该文件,在弹出的快捷菜单中选择"属性"命令,打开"属性"对话框。

④ 在"常规"选项卡中选中"只读"和"隐藏"复选框。

⑤ 单击"确定"按钮,关闭"属性"对话框。

(5)删除文件夹。

① 进入 Winkt 文件夹窗口。

② 在资源管理器的搜索栏中输入"Exam4",此时系统在 Winkt 文件夹下搜索到该文件夹并列在窗口中。

③ 在窗口中单击选中"Exam4"文件夹,按【Del】键将其删除。

【模拟练习 G】 在 Winkt 文件夹下进行如下操作。

(1)在 Winkt 文件夹下面建立 2014QMKSG 文件夹。

(2)在 2014QMKSG 文件夹下建立一个名为"移动互联技术的发展与应用.docx"的 Word 文件。

(3)在 Winkt 文件夹范围内查找"help.exe"文件,将其移动到 2014QMKSG 文件夹下,改名为"个人助手.exe"。

(4)在 Winkt 文件夹范围内搜索 setup.exe 应用程序,并在 2014QMKSG 文件夹下建立它的快捷方式,名称为"安装"。

(5)在 Winkt 文件夹范围查找 Exam3 文件夹,将其复制到 2014QMKSG 文件夹下。

具体操作步骤如下:

(1)建立文件夹。

① 打开"资源管理器"窗口,进入 Winkt 文件夹。

② 在 Winkt 文件夹窗口空白处右击,在弹出的快捷菜单中选择"新建"命令,并在其级联菜单中选择"文件夹"命令。

③ 在出现的"新建文件夹"图标处输入名字 2014QMKSG 并按【Enter】键。

(2)建立 Word 文件。

① 双击 2014QMKSG 文件夹,进入该 2014QMKSG 文件夹窗口。

② 在 2014QMKSG 文件夹窗口空白处右击,在弹出的快捷菜单中选择"Microsoft Word 文档"命令,此时建立了 Word 文件,并命名为"新建 Microsoft Word 文档.docx"。

③ 将建立的 Word 文件重新命名为"移动互联技术的发展与应用.docx"。

(3)文件移动。

① 进入 Winkt 文件夹窗口。

② 在资源管理器的搜索栏中输入"help.exe",此时系统在 Winkt 文件夹下搜索到该文件并列在窗口中。

③ 在窗口中单击选中"help.exe"文件,按【Ctrl + X】组合键,将其剪切到剪贴板。

④ 进入 2014QMKSG 文件夹窗口,按【Ctrl + V】组合键,完成文件的移动操作。

⑤ 在 2014QMKSG 文件夹窗口中右击"help.exe"文件,在弹出的快捷菜单中选择"重命名"命令,并为其改名为"个人助手.exe"。

(4)建立快捷方式。

① 进入 Winkt 文件夹窗口。

② 在资源管理器的搜索栏中输入"setup.exe",此时系统在 Winkt 文件夹下搜索到该文件并列在窗口中。

③ 在窗口中单击选中"setup.exe"文件,按【Ctrl + C】组合键,将其复制到剪贴板。

④ 进入 2014QMKSG 文件夹窗口。

⑤ 在 2014QMKSG 文件夹窗口中右击,在弹出的快捷菜单中选择"粘贴快捷方式"命令。此时窗口中出现以"setup.exe"为名的快捷方式。

⑥ 右击"setup. exe"快捷方式,在弹出的快捷菜单中选择"重命名"命令,并为其改名为"安装"。

(5)文件夹复制。

① 进入 Winkt 文件夹窗口。

② 在资源管理器的搜索栏中输入"Exam3",此时系统在 Winkt 文件夹下搜索到该文件夹并列在窗口中。

③ 在窗口中单击选中"Exam3"文件夹,按【Ctrl + C】组合键,将选中内容复制到剪贴板。

④ 进入 2014QMKSG 文件夹窗口,按【Ctrl + V】组合键,完成文件夹的复制操作。

【模拟练习 H】　在 Winkt 文件夹下进行如下操作。

(1)在 Winkt 文件夹下面建立 2014QMKSH 文件夹。

(2)在 Winkt 文件夹范围内查找所有扩展名为". bmp"的文件,并将其复制到 2014QMKSH 文件夹下。

(3)在 Winkt 文件夹范围查找"help. exe"文件,并在 2014QMKSH 文件夹下建立它的快捷方式,名称为"个人助手"。

(4)在 Winkt 文件夹范围查找 Exam3 文件夹,将其删除。

(5)在 Winkt 文件夹范围查找以"s"开头,扩展名". exe"的文件,将其设置为仅有"只读"和"隐藏"属性。

具体操作步骤如下:

(1)建立文件夹。

① 打开"资源管理器"窗口,进入 Winkt 文件夹。

② 在 Winkt 文件夹窗口空白处右击,在弹出的快捷菜单中选择"新建"命令,并在其级联菜单中选择"文件夹"命令。

③ 在出现的"新建文件夹"图标处输入名字 2014QMKSH 并按【Enter】键。

(2)文件复制。

① 进入 Winkt 文件夹窗口。

② 在资源管理器的搜索栏中输入" ∗ . bmp",此时系统在 Winkt 文件夹下搜索所有以 bmp 为扩展名的文件并显示在窗口中。

③ 在窗口中单击第 1 个. bmp 文件,按住【Shift】键,再单击最后一个. bmp 文件,选中所有. bmp 文件。

④ 按【Ctrl + C】组合键,将选中内容复制到剪贴板。

⑤ 进入 2014QMKSH 文件夹窗口,按【Ctrl + V】组合键,完成文件的复制操作。

(3)建立快捷方式。

① 进入 Winkt 文件夹窗口。

② 在资源管理器的搜索栏中输入"help. exe",此时系统在 Winkt 文件夹下搜索到该文件并列在窗口中。

③ 在窗口中单击选中"help. exe"文件,按【Ctrl + C】组合键,将其复制到剪贴板。

④ 进入 2014QMKSH 文件夹窗口。

⑤ 在 2014QMKSH 文件夹窗口中右击,在弹出的快捷菜单中选择"粘贴快捷方式"。此时窗口中出现以"help. exe"为名的快捷方式。

⑥ 右击"help. exe"快捷方式,在弹出的快捷菜单中选择"重命名"命令,并为其改名为"个人助手"。

(4)删除文件夹。

① 进入 Winkt 文件夹窗口。

② 在资源管理器的搜索栏中输入"Exam3",此时系统在 Winkt 文件夹下搜索到该文件夹并列在窗口中。

③ 在窗口中单击选中"Exam3"文件夹,按【Del】键将其删除。

(5)设置文件属性。

① 进入 Winkt 文件夹窗口。

② 在资源管理器的搜索栏中输入"s ∗ . exe",此时系统在 Winkt 文件夹下搜索到该文件并列在窗口中。

③ 在窗口中右击该文件,在弹出的快捷菜单中选择"属性"命令,打开"属性"对话框。

④ 在"常规"选项卡中选中"只读"和"隐藏"复选框。

⑤ 单击"确定"按钮,关闭"属性"对话框。

【模拟练习 I】 在 Winkt 文件夹下进行如下操作。

(1)在 Winkt 文件夹下建立 2014QMKSI 文件夹。

(2)在 Winkt 文件夹范围内查找"game.exe"文件,并在 2014QMKSI 文件夹下建立它的快捷方式,名称为"竞赛"。

(3)在 2014QMKSI 文件夹下建立一个名为"大学英语考试成绩统计表.xlsx"的 Excel 文件。

(4)在 Winkt 文件夹范围查找以"h"开头,扩展名".exe"的文件,将其设置为仅有"只读"和"隐藏"属性。

(5)在 Winkt 文件夹范围查找所有以"us"开头的文件,将其复制到 2014QMKSI 文件夹下。

具体操作步骤如下:

(1)建立文件夹。

① 打开"资源管理器"窗口,进入 Winkt 文件夹。

② 在 Winkt 文件夹窗口空白处右击,在弹出的快捷菜单中选择"新建"命令,并在其级联菜单中选择"文件夹"命令。

③ 在出现的"新建文件夹"图标处输入名字 2014QMKSI 并按【Enter】键。

(2)建立快捷方式。

① 进入 Winkt 文件夹窗口。

② 在资源管理器的搜索栏中输入"game.exe",此时系统在 Winkt 文件夹下搜索到该文件并列在窗口中。

③ 在窗口中单击选中"game.exe"文件,按【Ctrl + C】组合键,将其复制到剪贴板。

④ 进入 2014QMKSI 文件夹窗口。

⑤ 在 2014QMKSI 文件夹窗口中右击,在弹出的快捷菜单中选择"粘贴快捷方式"命令。此时窗口中出现以"game.exe"为名的快捷方式。

⑥ 右击"game.exe"快捷方式,在弹出的快捷菜单中选择"重命名"命令,并为其改名为"竞赛"。

(3)建立 Excel 文件。

① 进入 2014QMKSI 文件夹窗口。

② 在 2014QMKSI 文件夹窗口空白处右击,在弹出的快捷菜单中选择"Microsoft Excel 工作表"命令,此时建立了 Excel 文件,并命名为"新建 Microsoft Excel 工作表.xlsx"。

③ 将建立的 Excel 文件重新命名为"大学英语考试成绩统计表.xlsx"。

(4)设置文件属性。

① 进入 Winkt 文件夹窗口。

② 在资源管理器的搜索栏中输入"h*.exe",此时系统在 Winkt 文件夹下搜索到该文件并列在窗口中。

③ 在窗口中右击该文件,在弹出的快捷菜单中选择"属性"命令,打开"属性"对话框。

④ 在"常规"选项卡中选中"只读"和"隐藏"复选框。

⑤ 单击"确定"按钮,关闭"属性"对话框。

(5)文件复制。

① 进入 Winkt 文件夹窗口。

② 在资源管理器的搜索栏中输入"us*.*",此时系统在 Winkt 文件夹下搜索所有文件名以 us 开头的文件并显示在窗口中。

③ 在窗口中单击第一个文件,按住【Shift】键,再单击最后一个文件,选中所有文件名以 us 开头的文件。

④ 按【Ctrl + C】组合键,将选中内容复制到剪贴板。

⑤ 进入 2014QMKSI 文件夹窗口,按【Ctrl + V】组合键,完成文件的复制操作。

第 3 章　文字处理软件 Word 2010

本章的学习目标是使学生熟练掌握文字处理软件 Word 2010 的使用方法，并能够灵活地运用 Word 编排文档。本章的主要内容包括 Word 2010 基本操作、Word 2010 图文操作、Word 2010 表格操作及 Word 2010 综合实验等。

【实验 3-1】　Word 2010 基本操作

一、实验目的

（1）掌握 Word 2010 的基本操作，包括文档的创建、文字弹出的下拉列表、文本的编辑及保存、文本的查找与替换。

（2）正确设置字符格式、段落格式和页面格式。

（3）掌握页眉、页脚、页码的基本操作。

（4）学会在文档中插入公式。

（5）掌握分节、分栏、首字下沉、项目符号及段落编号的使用方法。

二、实验示例

【例 3.1】　打开 Word 实验素材库文件夹中的"多媒体.docx"，依次完成下列操作，然后将其以"Word 实验 1_1.docx"为名另存到自己所建的文件夹中。

（1）将 Word 实验素材库文件夹中的 Word11.docx 文件的内容插入到"多媒体.docx"文件的尾部。

（2）将文中的"多煤体"替换为蓝色的"多媒体"。

（3）删除文中所有的空行。

（4）将标题为"7、家庭信息中心"与"8、远程学习和远程医疗保健"的两部分内容互换位置，并修改编号。

（5）将文章标题"用多媒体系统能干什么"设置为水平居中，黑体、三号字、蓝色，段前距 0.5 行，段后距 0.5 行，并添加蓝色 0.5 磅双线方框和灰色 −10%（填充色）的底纹。

（6）将小标题（1、… 9、）所在行设置为悬挂缩进 2 字符，左对齐，1.5 倍行距，楷体、蓝色、小四号字，加粗。

（7）其余部分（除标题和小标题以外的部分）设置为首行缩进 2 字符，两端对齐，行距为最小值 20 磅。

（8）保存文件。

【解】　具体操作步骤为：

（1）将 Word 实验素材库文件夹中的 Word11.docx 文件的内容插入到"多媒体.docx"文件的尾部。

① 将插入点置于文档的末尾。

② 单击"插入"选项卡中"文本"选项组中的"对象"按钮，在弹出的下拉列表中选择"文件中的文字"命令，打开"插入文件"对话框，从中选择 Word11.docx 文件，而后单击"插入"按钮。

说明:

要将已有的文档内容插入到当前文档中,也可以先打开要插入的文档,然后选中要插入的内容,利用剪贴板将其插入到当前文档中。

(2)将文中的"多煤体"替换为蓝色的"多媒体"。

① 将插入点置于文档的最开始处(查找替换的范围为全文)。

② 单击"开始"选项卡中"编辑"选项组中的"替换"按钮,打开"查找和替换"对话框。在"查找内容"文本框和"替换为"文本框中分别输入"多煤体"和"多媒体"。单击"更多"按钮,可展开"查找和替换"对话框,显示更多选项。将光标移到"替换为"下拉列表中,而后单击"格式"按钮,在弹出的下拉列表中选择"字体"命令,如图3-1所示。此时打开"替换字体"对话框,在"字体颜色"下拉列表中选择"标准色"中的"蓝色"选项,如图3-2所示,而后单击"确定"按钮,返回"查找和替换"对话框。

图 3-1 "查找与替换"对话框

图 3-2 "替换字体"对话框

③ 此时在"查找和替换"对话框中"替换为"文本框下增加了"格式"的设定,如图3-3所示。单击"全部替换"按钮,可打开如图3-4所示的提示框,单击"确定"按钮,最后关闭"查找和替换"对话框。

图 3-3 设置字体格式后的"查找和替换"对话框

图 3-4 替换完成后的提示框

说明：

* 单击"查找和替换"对话框中的"更多"按钮，可展开"查找和替换"对话框，搜索选项包括搜索范围、是否区分大小写、是否使用通配符、字符的格式（如字体、段落及字符颜色）和特殊字符（如分节符、手动换行符、省略号等）。
* 在使用搜索选项时，一定要注意光标所处的位置，因为所有搜索选项的设置对象都以光标位置为准，其设置结果针对光标所在的下拉列表后面的内容。如例 3.1 中应将光标置于"替换为"文本框中，而后再单击"格式"按钮。

（3）删除文中所有的空行。

依次将光标放在每个空行起始处，按【Delete】按键即可删除空行。

（4）将标题为"7、家庭信息中心"与"8、远程学习和远程医疗保健"的两部分内容互换位置，并修改编号。

① 选中小标题"8、远程学习和远程医疗保健"及其所属内容并右击，在弹出的快捷菜单中选择"剪切"命令，或直接按快捷键【Ctrl + X】，完成剪切。

② 将光标放在小标题"7、家庭信息中心"前面并右击，在弹出的快捷菜单中选择"粘贴"命令；或直接按快捷键【Ctrl + V】，完成交换。

③ 更改序号，将小标题"7、家庭信息中心"的序号"7"改为"8"；小标题"8、远程学习和远程医疗保健"的序号"8"改为"7"。

说明：

* 对于局部文本的移动或复制，还可以用鼠标拖动的方法。如果只对选中的文本进行拖动，所执行的操作是移动；如果在拖动的同时按住【Ctrl】键，则执行复制操作。
* 对文本做小范围的移动、复制操作时，使用鼠标拖动的方法比较方便；如果执行的移动、复制操作是跨页进行的，则应采用剪贴板方式。
* 如果所选择的文本内容很多，可用手动方式，即按住【Shift】键的同时按【↑】、【↓】、【←】、【→】方向键。

（5）将文章标题"用多媒体系统能干什么"设置为水平居中，黑体、三号字、蓝色，段前距 0.5 行，段后距 0.5 行，并添加蓝色 0.5 磅双线方框和灰色 − 10%（填充色）的底纹。

① 设置字体格式。选中标题"用多媒体系统能干什么"，单击"开始"选项卡中"字体"选项组中的"字体"按钮，在弹出的下拉列表中选择"黑体"命令，单击"字号"下拉按钮，在弹出的下拉列表中选择"三号"命令，单击"字体颜色"按钮，在弹出的下拉列表中选择"标准色"栏的"蓝色"选项。单击"段落"选项组中的"居中"按钮▆，完成水平居中设置。

② 设置段落格式。将"页面布局"选项卡中"段落"选项组的"间距"栏中的"段前"、"段后"微调框的值分别调整为 0.5 行。

③ 设置边框和底纹。单击"开始"选项卡中"段落"选项组的"下框线"按钮▦，在弹出的下拉列表中选择"边框和底纹"命令，打开"边框和底纹"对话框，如图 3-5 所示。选择"边框"选项卡（见图 3-5（a）），首先选择"设置"栏的"方框"选项，而后在"样式"列表框中选择双线，在"颜色"下拉列表中选择"蓝色"选项，在"宽度"下拉列表中选择 0.5 磅，选择"应用于"下拉列表中的"文字"选项。

④ 选择"底纹"选项卡（见图 3-5（b）），在"图案"栏的"样式"下拉列表中选择"10%"选项，在"应用于"下拉列表中选择"文字"选项，而后单击"确定"按钮。

（6）将小标题（1、… 9、）所在行设置为悬挂缩进 2 字符，左对齐，1.5 倍行距，楷体、蓝色、小四号字，加粗。

① 选中小标题。首先选中小标题"1、多媒体出版"，而后按住【Ctrl】键，分别选择小标题"2、多媒体办公

自动化和计算机会议系统"…,将9个小标题全部选中,最后释放【Ctrl】键。

（a）"边框"选项卡　　　　　　　　　　　（b）"底纹"选项卡

图 3-5　"边框和底纹"对话框

② 设置字体格式。单击"开始"选项卡下"字体"选项组中的"字体"和"字号"按钮设置小标题的格式为楷体、小四号,单击"加粗"按钮 **B** 进行加粗设置,单击"字体颜色"按钮,在弹出的下拉列表中选择"标准色"栏的"蓝色"选项。

③ 设置段落格式。单击"段落"选项组右下角的 按钮,打开"段落"对话框,如图 3-6 所示。在"对齐方式"下拉列表中选择"左对齐"选项,在"特殊格式"下拉列表中选择"悬挂缩进"选项,将"磅值"设置为"2字符",单击"行距"下拉按钮,在弹出的下拉列表中选择"1.5 倍行距"选项,最后单击"确定"按钮完成设置。

（7）其余部分（除标题和小标题以外的部分）设置为首行缩进 2 字符,两端对齐,行距为最小值 20 磅。

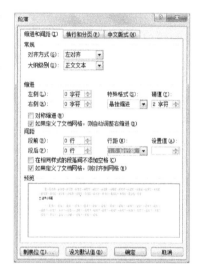

图 3-6　"段落"对话框

① 选中除标题和小标题外的段落。将光标移动至文档左侧选定栏,首先选中除标题和小标题外的第一个段落,然后按住【Ctrl】键,分别选择其他段落,最后松开【Ctrl】键。

② 设置段落格式。单击"段落"选项组右下角的 按钮,打开"段落"对话框。在"对齐方式"下拉列表中选择"两端对齐"选项,在"特殊格式"下拉列表中选择"首行缩进"选项,将"磅值"微调框内的值调整为"2 字符",单击"行距"下拉按钮,在弹出的下拉列表中选择"最小值"选项,将"设置值"微调框内的值调整为"20 磅",最后单击"确定"按钮完成设置。

> 说明:
> - 对于字体的设置,可右击选中文本,在弹出的快捷菜单中选择"字体"命令,或者单击"开始"选项卡中"字体"选项组右下角的 按钮,打开"字体"对话框进行设置。
> - 对于段落对齐方式的设置,可在"段落"对话框完成,也可通过"开始"选项卡中"段落"选项组的"对齐方式"按钮进行设置。
> - 对于重复设置格式的操作,还可以使用格式刷,但一定要注意以下事项:若格式刷只使用一次,只要单击"格式刷"按钮即可;若要多次使用,则需双击"格式刷"按钮,但一定记住,不使用格式刷时应及时将格式刷取消。"格式刷"按钮位于"开始"选项卡下的"剪贴板"选项组中。

（8）保存文件。

选择"文件"→"另存为"命令,打开"另存为"对话框,更改保存的位置,并将文件名修改为"Word 实验1_1. docx",而后单击"保存"按钮。

说明：

若文件不需要更改保存的位置、文件名和文件类型，则可直接单击"快速访问工具栏"上的"保存"按钮 █ 进行保存，或直接单击标题栏右端的"关闭"按钮，在打开的对话框中单击"是"按钮，完成文档的保存。

[例 3.2]　打开"Word 实验 1_1.docx"文件，依次完成下列操作，而后以"Word 实验 1_2.docx"文件名保存。

（1）设置页边距：上、下为 3cm；左、右为 2cm；页眉、页脚距边界均为 1.5cm；纸张为自定义大小（21cm×29cm）。

（2）设置页眉为"多媒体系统"，字体为楷体、五号、右对齐。在文档的页面底端右侧添加页码，形式为："第 X 页 共 Y 页"。其中，X 是当前页码，Y 是总页数。

（3）将标题为"9、媒体空间、赛博空间"的整段内容（包含标题）分为两栏。

（4）对文章中的第一段（"我们通过感觉、视觉…"）设置首字下沉，下沉行数为 3。

（5）保存文件。

[解]　具体操作步骤为：

（1）设置页边距：上、下为 3cm；左、右为 2cm；页眉、页脚距边界均为 1.5cm；纸张为自定义大小（21cm×29cm）。

① 单击"页面布局"选项卡中"页面设置"选项组右下角的 █ 按钮，打开"页面设置"对话框。

② 选择"页边距"选项卡，设置上、下页边距为 3cm，设置左、右页边距为 2cm。

③ 选择"纸张"选项卡，在"纸张大小"下拉列表中选择"自定义大小"选项，而后将"宽度"微调框的值调整为 21cm，"高度"微调框的值调整为 29cm。

④ 选择"版式"选项卡，设置"页眉"、"页脚"微调框的值分别为 1.5cm。

⑤ 单击"确定"按钮，完成页面设置。

（2）设置页眉为"多媒体系统"，字体为楷体、五号、右对齐。在文档的页面底端右侧添加页码，形式为："第 X 页 共 Y 页"。其中，X 是当前页码，Y 是总页数。

① 进入页眉和页脚编辑状态。单击"插入"选项卡中"页眉和页脚"选项组中的"页眉"按钮，在弹出的下拉列表中选择"编辑页眉"命令，光标停在页眉编辑区，同时在功能区中显示页眉和页脚工具的"设计"选项卡。

② 设置页眉。在页眉编辑区的光标处直接输入页眉文字"多媒体系统"。选中页眉文字，单击"开始"选项卡中"字体"选项组中的"字体"和"字号"按钮分别设置字体为楷体、五号字；单击"段落"选项组中的"文本右对齐"按钮 ▤，设置为右对齐。

③ 设置页脚。在页眉和页脚工具的"设计"选项卡中，单击"导航"选项组中的"转至页脚"按钮，使光标切换到页脚编辑区。单击"页眉和页脚"选项组中的"页码"下拉按钮，在弹出的下拉列表中选择"页面底端"命令，而后选择"X/Y"栏的"加粗显示的数字 3"选项。而后将其修改为"第 X 页 共 Y 页"的形式即可。

④ 退出页眉和页脚的编辑状态。双击页眉页脚区域以外的任意位置，完成页眉和页脚的设置。

说明：

● 页眉、页脚和正文分别处于两个不同的层面，因此，在设置页眉、页脚时，正文内容是不可操作的，其显示为灰色。

● 双击页眉、页脚区，也可进入页眉和页脚编辑状态。

● 同一篇文档可以有不同的页面设置，也就是说可以有多个节，而且每一节都有自己的版面设置。因此，可以在同一篇文档中设置不同的页眉和页脚。

● 设置该形式页脚的另一种方法为：在页脚编辑区的光标处直接输入页脚文字"第页 共页"。而后将插入点置于"第页"之间，单击"插入"选项组中的"文档部件"按钮，在弹出的下拉列表中选择"域"命令，打开"域"对话框。在"域名"下拉列表中选择"Page"选项，单击"确定"按钮，可插入当前页码。将插入点置于"共页"之间，再次打开"域"对话框，在"域名"下拉列表中选择"NumPages"选项，单击"确定"按钮插入当前文档的页数。单击"开始"选项卡中"段落"选项组中的"文本右对齐"按钮 ▤。

- 页码一般是阿拉伯数字。要改变页码格式,可单击"页眉和页脚"选项组中的"页码"按钮,在弹出的下拉列表中选择"设置页码格式"选项,将打开"页码格式"对话框,如图3-7所示。在"编号格式"下拉列表中选择一种数字格式,如"1,2,3,…""a,b,c,…""A,B,C,…""i,ii,iii,…""Ⅰ,Ⅱ,Ⅲ,…"等。

图 3-7 "页码格式"对话框

- 默认情况下,多章节的文档是连续编号的。如果要使文档的每章都从1开始编号(例如1-1、1-2、1-3和2-1、2-2、2-3),首先要确保文档已经按章分节,然后在"页码编号"栏中选中"续前节"单选按钮,页码将延续前一节的页码,如果选中"起始页码"单选按钮,还可以指定起始页码。

(3)将标题为"9、媒体空间、赛博空间"的整段内容(包含标题)分为两栏。

选中标题为"9、媒体空间、赛博空间"的整段内容,而后单击"页面布局"选项卡中"页面设置"选项组中的"分栏"下拉按钮,在弹出的下拉列表中选择"两栏"命令。

说明:

- 利用水平标尺可以调整栏宽或栏间距,操作步骤为:将鼠标指针置于水平标尺的分栏标记上,此时鼠标指针变成一个双向箭头。按住鼠标左键不放,向左或向右拖动分栏标记,即可改变栏宽与栏间距。
- 利用"分栏"对话框也可以改变栏宽与栏间距,方法是单击"页面设置"选项组中的"分栏"下拉按钮,在弹出的下拉列表中选择"更多分栏"命令,打开"分栏"对话框,可在"宽度"和"间距"微调框中指定或输入合适的数值。

(4)对文章中的第一段("我们通过感觉、视觉…")设置首字下沉,下沉行数为3。

将光标置于第一段中的任意位置,单击"插入"选项卡中"文本"选项组中的"首字下沉"按钮,在弹出的下拉列表中选择"首字下沉选项"命令,打开"首字下沉"对话框,如图3-8所示。选择"位置"栏的"下沉"选项,并将"下沉行数"设置为3,而后单击"确定"按钮。

(5)保存文件。

选择"文件"→"另存为"命令,打开"另存为"对话框,将文件名修改为"Word 实验1_2. docx",而后单击"保存"按钮。

图 3-8 "首字下沉"对话框

【例 3.3】 新建 Word 文档,输入如下数学公式,而后以"Word 实验1_3. docx"文件名保存。

$$S_{ij} = \sum_{k-1}^{n} \alpha_{ik} \times \beta_{kj}$$

【解】 具体操作步骤如下:

① 单击"插入"选项卡中"符号"选项组中的"公式"按钮,则在插入点处出现显示文字为"在此处键入公式"的公式编辑框,功能区中显示公式工具的"设计"选项卡。

② 单击"结构"选项组中的"上下标"按钮,在弹出的下拉列表中选择"下标"命令,此时公式编辑框中出现两个虚线框,在左侧框中输入"S",在右侧的下标框内输入"ij";单击公式右侧结束处,将光标定位到公式右侧位置,然后输入" = "。

③ 单击"结构"选项组中的"大型运算符"下拉按钮,在弹出的下拉列表中选择上、下带虚框的求和符号,然后将光标置于相应的文本框中,分别输入"n"、"k − 1";将光标置于右侧虚框内,单击"结构"选项组中

的"上下标"按钮,在弹出的下拉列表中选择"下标"命令。

④ 单击"符号"选项组中的"其他"按钮，弹出"基础数学"下拉列表,单击"基础数学"下拉按钮,弹出如图 3-9 所示的下拉列表,从中选择"希腊字母"命令,此时在"符号"选项组中即显示希腊字母符号,从中选择 α,在其右侧的下标框内输入"ik",而后单击公式右侧结束处,将光标定位到公式右侧位置。

⑤ 在如图 3-9 所示的下拉列表中选择"运算符"命令,而后选择"常用二元运算符"栏中的乘号。同样,再插入 β 及其下标,完成公式的输入,如图 3-10 所示。

⑥ 单击公式编辑器以外的任意位置,退出公式编辑环境,返回到 Word。

⑦ 将编辑好的文档以"Word 实验 1_3. docx. docx"为文件名存盘。

图 3-9　"基础数学"下拉列表

图 3-10　公式编辑状态

三、实验内容

【练习 3.1】　打开 Word 实验素材库文件夹中的"牡丹花 . docx"文件,按如下要求进行编辑,而后将其以"Word 作业 1_1. docx"为文件名另存到自己所建的文件夹中:

(1)将 Word 实验素材库文件夹中的"Word21. docx"文件的内容复制到"牡丹花 . docx"文件的尾部。

(2)在第一段前插入一行,添加标题为"牡丹花"。

(3)将文中各段落前后的所有空行删除。

(4)将文中所有的手动换行符"↓"替换为段落标记"↵"。

(5)将文中"2.光照与温度"与"3.浇水与施肥"两部分内容互换位置(包括标题及内容),并更改序号。

(6)将文中所有的"穆旦"替换为红色的"牡丹"。

(7)将文中所有英文的"."替换为中文的"。"。

(8)将文中所有英文的"( )"替换为中文的"（）"。(提示:应将左、右括号分别进行替换)

(9)将该文件以"Word 作业 1_1. docx"为文件名另存到自己所建的文件夹中。

【练习 3.2】　对"Word 作业 1_1. docx"文件继续进行下列操作,最后将其以"Word 作业 1_2. docx"为文件名另存在自己所建的文件夹中。

(1)将文章标题"牡丹花"设置为隶书、红色、小初号字、粗体,水平居中,段前、段后间距为 1 行。

(2)设置页边距:上、下、左、右均为 2.5cm;纸张大小为 A4。

(3)将文中小标题（"1.栽植 2.浇水与施肥……5.花期控制"）设为黑体、小四号、加粗、蓝色字,段前 0.3 行、段后 0.3 行,左缩进 2 字符。

(4)其余部分(除标题和小标题以外的部分)设置为宋体、小四号字,1.5 倍行距,首行缩进 2 字符,左对齐。

(5)设置页眉为"牡丹花",字体为宋体、五号、水平居中。

(6)在页面底端插入页码,居中对齐,页码样式为:X/Y,其中 X 为当前页码,Y 为总页数。

(7)将文中小标题"4. 整形修剪"和"5.花期控制"两个段落(包括小标题和内容)分为两栏,形式为左宽右窄,带分隔线。

(8)对文章正文的第一个段落设置首字下沉,下沉行数为 2,字体为隶书。

(9)将编辑好的文档存盘。

【练习 3.3】 新建 Word 文档,输入如下数学公式,而后将该文档以"Word 作业 1_3.docx"为文件名保存在自己所建的文件夹内。

$$(u^{(n)}v)(n) = \sum_{k=0}^{n} C_n^k u^{(n-k)} v^{(k)}$$

$$= u^{(n)}v + nu^{(n-1)}v' + \frac{n(n-1)}{2!}u^{(n-2)}v'' + \cdots + \frac{n(n-1)\cdots(n-k+1)}{k!}u^{(n-k)}v^{(k)} + \cdots + uv^{(n)}$$

【实验 3-2】 Word 2010 图文操作

一、实验目的

(1)正确掌握文本框的使用。

(2)掌握图片的插入和图形格式的设置。

(3)了解如何创建和编辑图形对象。

(4)掌握艺术字的使用。

(5)了解图形对象的修饰。

二、实验示例

【例 3.4】 新建 Word 文档,创建如图 3-11 所示的文本框,并将该文件以"Word 实验 2_1.docx"为名保存在自己建立的文件夹中。

【解】 具体操作步骤如下:

(1)文本框的插入。

① 新建 Word 文档,单击"插入"选项卡中"文本"选项组中的"文本框"下拉按钮,在弹出的下拉列表中选择"绘制文本框"命令,此时鼠标指针变成"+"形状,按住鼠标左键拖动到适当大小后释放鼠标,即可绘制一个文本框。

② 在文本框中输入文本框样例中的文字。

(2)编辑文本及更改文字方向。

① 单击"开始"选项卡中"字体"选项组中的相应按钮分别将文章主标题设置为三号、黑体、加粗;副标题设置为五号、宋体;正文设置为四号、隶书。

图 3-11 例 3.4 样图

② 单击文本框边框选中文本框,单击"绘图工具"的"格式"选项卡中"文本"选项组中的"文字方向"下拉按钮,在弹出的下拉列表中选择"垂直"命令。

说明:
- 在插入文本框时,也可选择"绘制竖排文本框"命令,从而可插入一个文字方向为竖排的文本框。
- 将光标置于文本框内,右击,在弹出的快捷菜单中选择"文字方向"命令,可打开"文字方向 - 文本框"对话框,从中也可对文字的方向进行修改。

---

(3)设置文本框格式。

① 选中文本框,将"绘图工具"的"格式"选项卡中的"大小"选项组中的"形状高度"和"形状宽度"微调框内的值分别调整为 4.68cm 和 8.94cm。

② 右击文本框边框,在弹出的快捷菜单中选择"设置形状格式"命令,打开"设置形状格式"对话框。

③ 在左侧窗格中选择"填充"选项卡,在右侧窗格中选择"纯色填充"单选按钮,将"颜色"设置为"白色",如图 3-12(a)所示。

④ 在左侧窗格中选择"线条颜色"选项卡,在右侧窗格中选择"实线"单选按钮,将"颜色"设置为"标准

色"栏的"深红"选项,如图 3-12(b)所示。

⑤ 在左侧窗格中选择"线型"选项卡,在右侧窗格中将"宽度"设置为 4.5 磅,单击"复合类型"下拉按钮,在弹出的下拉列表中选择"由粗到细"选项,如图 3-12(c)所示。

⑥ 在左侧窗格中选择"文本框"选项卡,在右侧窗格中设置"内部边距"下左、右分别为 0.25 cm,上、下分别为 0.2 cm,如图 3-12(d)所示。设置完成后,单击"关闭"按钮。

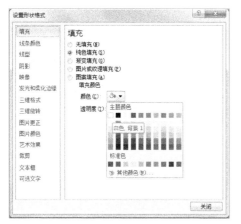

（a）"填充"选项卡

（b）"线条颜色"选项卡

（c）"线型"选项卡

（d）"文本框"选项卡

图 3-12　"设置形状格式"对话框

（4）将文本框中文字的底纹设置为自定义颜色:红色:255、绿色:255、蓝色:153。

① 选中文本框中的文字内容。

② 单击"开始"选项卡中"段落"选项组中的"下框线"下拉按钮 ,在弹出的下拉列表中选择"边框和底纹"命令,打开"边框和底纹"对话框,如图 3-13 所示。选择"底纹"选项卡,在"填充"下拉列表中选择"其他颜色"选项,打开"颜色"对话框,选择"自定义"选项卡,分别将"红色"、"绿色"和"蓝色"微调框的值调整为 255、255 和 153,如图 3-14 所示。单击"确定"按钮返回"边框和底纹"对话框,而后单击"确定"按钮完成设置。

（5）保存文档。

单击"快速访问工具栏"中的"保存"按钮 ,在打开的"另存为"对话框中选择保存位置,并将文件名命名为"Word 实验 2_1. docx",而后单击"保存"按钮。

图 3-13　"边框和底纹"对话框

图 3-14　"颜色"对话框

说明:

- 插入文本框还可通过单击"插入"选项卡下"插图"选项组中的"形状"按钮,在其下拉列表中选择"基本形状"→"文本框"或"垂直文本框"命令来完成。
- 两个以上的文本框可以链接在一起,不管它们的位置相差多远,如果文字在上一个文本框中排满,则可在链接的下一个文本框中继续排列。要创建文本框的链接,可以按如下方法进行:首先创建一个以上数量的文本框,注意不要在文本框中输入内容,接着选中第 1 个文本框,其中内容可以空,也可以非空,最后单击"文本"选项组中的"创建链接"按钮,把鼠标指针移到空文本框上单击即可创建链接。如果要继续创建链接,可以继续在空的文本框上单击即可完成创建。按【Esc】键可结束链接的创建。注意:横排文本框与竖排文本框之间不能创建链接。

【例 3.5】　打开 Word 实验素材库文件夹中的"神舟十号飞船 .docx"文档,然后依次完成下列操作,而后将其以文件名"Word 实验 2_2.doc"另存到自己所建的文件夹中(见图 3-15)。

图 3-15　例 3.5 样图

　　(1)在文章中插入 Word 实验素材库文件夹中的图片文件"神舟十号.jpg",设置图片宽度、高度均为原来的 60%。

　　(2)为图片添加图注"神舟十号"(使用文本框),文字为楷体、小三号字、加粗、蓝色字,文本框宽度为 3cm,高度为 1.1cm,文字相对文本框水平居中对齐,文本框无填充颜色,无线条颜色。

　　(3)将图片和图注水平居中对齐、垂直底端对齐后组合。将组合后的图形环绕方式设置为"四周型",文字两边和图片距正文左、右两侧均为 0.5cm,上、下均为 0.2cm。组合图形水平距页面右侧 5cm,垂直距段落下侧 2cm。

　　(4)将标题文字"神舟十号飞船"设置成艺术字效果,选择第 3 行第 1 列的艺术字样式,艺术字形状为"双波形 2",填充效果为"碧海青天",类型为"线性",方向为"线性向上"。艺术字版式为"上下型",水平居中。

　　(5)保存文档。

　　[解]　具体操作步骤为:

　　(1)在文章中插入 Word 实验素材库文件夹中的图片文件"神舟十号.jpg",设置图片宽度、高度均为原来的 60%。

　　① 将光标置于文档中合适位置,单击"插入"选项卡中"插图"选项组中的"图片"按钮,打开"插入图片"对话框,选择 Word 实验素材库文件夹中的图片文件"神舟十号.jpg",而后单击"插入"按钮,可将图片插入到文档中。

　　② 右击刚刚插入的图片,在弹出的快捷菜单中选择"大小和位置"命令,打开"布局"对话框。选择"大小"选项卡,设置"缩放"栏的"高度"为 60%(见图 3-16(a));选择"文字环绕"选项卡,将"环绕方式"设置为"四周型"(见图 3-16(b)),而后单击"确定"按钮。

(a)"大小"选项卡

(b)"文字环绕"选项卡

图 3-16　"布局"对话框

　　说明:

　　　刚插入的剪贴画或图片为嵌入方式,在这种方式下对象被看成一个普通字符,不能与其他对象(如文本框、自选图形或其他图片)一起选中进行组合、叠放或对齐的操作。要进行这些操作,必须先更改文字环绕方式。

　　(2)为图片添加图注"神舟十号"(使用文本框),文字为楷体、小三号字、加粗、蓝色字,文本框宽度为 3cm,高度为 1.1cm,文字相对文本框水平居中对齐,文本框无填充颜色,无线条颜色。

　　① 创建一个文本框,输入文字"神舟十号"。

　　② 选中文本框,分别单击"开始"选项卡中"字体"选项组中的"字体"和"字号"按钮,将文字设置为楷体、小三号,单击"加粗"按钮 B 设置加粗效果,单击"字体颜色"下拉按钮 A·,在弹出的下拉列表中选择"蓝色"选项;单击"段落"选项组中的"居中"按钮 ≡ 设置水平居中效果。

③ 选中文本框,选择"绘图工具"下的"格式"选项卡,调整"大小"选项组中的"形状高度"和"形状宽度"微调框的值分别为1.1cm、宽3cm。

④ 右击文本框边框,在弹出的快捷菜单中选择"设置形状格式"命令,打开"设置形状格式"对话框,从中设置"填充"为"无填充","线条颜色"为"无线条"。

(3)将图片和图注水平居中对齐、垂直底端对齐后组合。将组合后的图形环绕方式设置为"四周型",文字两边和图片距正文左、右两侧均为0.5cm,上、下均为0.2cm。组合图形水平距页面右侧5cm,垂直距段落下侧2cm。

① 同时选中文本框和图片,选择"绘图工具"的"格式"选项卡,单击"排列"选项组中的"对齐"下拉按钮,在弹出的下拉列表中选择"左右居中"命令,设置两对象的水平居中对齐,而后再次单击"对齐"下拉按钮,在弹出的下拉列表中选择"底端对齐"命令,设置两对象的垂直底端对齐方式。

② 同时选中文本框和图片,选择"绘图工具"的"格式"选项卡,单击"排列"选项组中的"组合"按钮,在弹出的下拉列表中选择"组合"命令,完成组合的设置。

③ 右击组合后的对象,在弹出的快捷菜单中选择"其他布局选项"命令,打开"布局"对话框,如图3-17所示。选择"文字环绕"选项卡,设置"环绕方式"为"四周型",选中"两边"单选按钮,而后将"上"、"下"、"左"、"右"微调框的值分别调整至0.2cm、0.2cm、0.5cm、0.5cm(见图3-17(a))。选择"位置"选项卡,选择"水平"栏的"绝对位置"单选按钮,设置其值为5cm,在"右侧"下拉列表中选择"页面"选项;选择"垂直"栏的"绝对位置"单选按钮,设置其值为2cm,在"下侧"下拉列表中选择"段落"选项(见图3-17(b))。设置完成后,单击"确定"按钮。

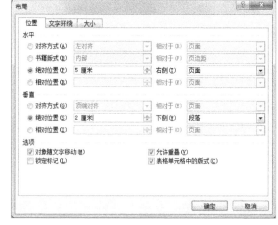

(a) "文字环绕"选项卡 　　　　　　　　(b) "位置"选项卡

图3-17 "布局"对话框

(4)将标题文字"神舟十号飞船"设置成艺术字效果,选择第3行第1列的艺术字样式,艺术字形状为"双波形2",填充效果为"碧海青天",类型为"线性",方向为"线性向上"。艺术字版式为"上下型",水平居中。

① 选中标题文字,单击"插入"选项卡中"文本"选项组中的"艺术字"下拉按钮,在弹出的艺术字库下拉列表中选择第3行第1列的样式。

②右击艺术字,在弹出的快捷菜单中选择"其他布局选项"命令,打开"布局"对话框。选择"文字环绕"选项卡,选择环绕方式为"上下型";选择"位置"选项卡,选中"水平"栏的"对齐方式"单选按钮,并从其下拉列表中选择"居中"选项,选择"相对于"下拉按钮,在弹出的下拉列表中选择"页面"选项,如图3-18所示,而后单击"确定"按钮。

③ 选中艺术字,选择"绘图工具"的"格式"选项卡,单击"艺术字样式"选项组中的"文本效果"下拉按钮,在弹出的下拉列表中选择"转换"选项,而后选择"弯曲"栏的"双波形2"选项。

④ 单击"艺术字样式"选项组右下角的 按钮,打开"设置文本效果格式"对话框,如图3-19所示。在左侧窗格中选择"文本填充"选项卡,在右侧窗格中选中"渐变填充"单选按钮,选择"预设颜色"下拉按钮,在弹出的下拉列表中选择"碧海青天"选项,在"类型"下拉列表中选择"线性"选项,在"方向"下拉列表中选择"线性向上"选项,设置完成后单击"关闭"按钮。

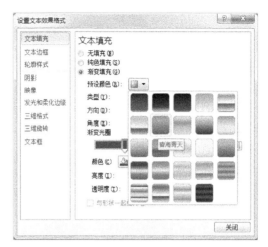

图 3-18　"位置"选项卡设置　　　　　图 3-19　"设置文本效果格式"对话框

（5）保存文档。

选择"文件"→"另存为"命令,在打开的"另存为"对话框中选择保存位置,并将文件名命名为"Word 实验 2_2. docx",最后单击"保存"按钮。

三、实验内容

【练习 3.4】　创建一个文本框,输入样图 3-20 所示的内容,并按如下要求进行操作,最后将其保存为"Word 作业 2_1. doc"文件。

（1）文本框格式设置。

① 填充颜色为紫色;线条颜色设置为深蓝;线型设置为三线边框,即中间粗线,两边细线;粗细为 6 磅。

② 大小的设置。高度为 8cm,宽度为 14cm。

③ 文本框内部边距的设置。左、右边距为 0.25 cm,上、下边距为 0.2 cm。

（2）文字格式设置。

① 大标题设置为二号、加粗、水平居中、单倍行距。

② 副标题设置为四号、加粗、水平居中、单倍行距。

③ 正文设置为小三号、加粗、行距为固定值 18 磅。

④ 所有文字均为华文行楷、深红色。

⑤ 文本的底纹为图案样式中的 10%。

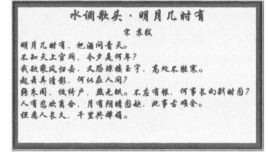

图 3-20　练习 3.4 样图

【练习 3.5】　创建新文档,并按图 3-21 所示的样式操作。

① 在文档中插入文本框。位置任意;高度为 2.1cm,宽度为 5cm;内部边距均为 0;无填充颜色,无线条颜色。

② 在文本框中输入文本"发展体育运动、增强人民体质",字体为楷体、加粗、小二号、红色,单倍行距、水平居中。

③ 在文档中插入剪贴画图片。插入"运动"类别中的击剑图片。位置任意,锁定纵横比,高度为 5cm。

④ 绘制圆形,直径为 5cm,填充浅黄色,无线条颜色。

图 3-21　练习 3.5 样图

⑤ 将文本框置于顶层,圆形置于底层,3 个对象在水平与垂直方向上相互居中,然后进行组合。

⑥ 调整组合对象的位置。水平距页边距为 4.5cm,垂直距页边距为 1cm。

⑦ 将此文档以"Word 作业 2_2. docx"为文件名另存到自己所建的文件夹中。

【实验 3-3】 Word 2010 表格操作

一、实验目的

(1)掌握创建表格的多种方法。

(2)熟练掌握表格的调整和格式设置。

(3)学会表格和文本的转换。

(4)熟悉表格中的公式计算与排序操作。

二、实验示例

【例 3.6】 表格的基本操作。新建一个空白 Word 文档,创建如图 3-22 所示的表格,而后将其以"Word 实验 3_1. docx"为文件名保存在自己创建的文件夹中。

星期/时间		一	二	三	四	五
上午	1 2	高等数学	英语	高等数学	体育	大学计算机
	3 4	工程图学	物理	工程图学	英语	高等数学
下午	5 6	物理	法学	听力	实验	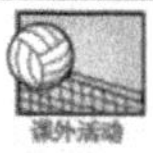 课外活动
	7 8			大学计算机		

图 3-22 例 3.6 样表

【解】 具体操作步骤如下:

(1)创建一个 6 行 7 列的空白表格。

① 新建一个空白的 Word 文档。

② 单击"表格"选项卡中"表格"选项组中的"表格"按钮,在弹出的下拉列表中选择"插入表格"命令,打开图 3-23 所示的"插入表格"对话框,在"列数"微调框中输入或选择 7,在"行数"微调框中输入或选择 6。

③ 单击"确定"按钮,则生成一个 6 行 7 列的空白表格。

说明:

- 生成一个表格可以使用多种方法,除上述方法外,还可以单击"插入"选项卡中"表格"选项组的"表格"按钮,在弹出的下拉列表中选择"绘制表格"命令,可以根据需要自行选择。
- 为了适应 Web 版式视图的需要,Word 允许在已生成的表格的单元格中再嵌入一个表格、图形或图片。

(2)设置第 1 行"行高"为固定值 1.6cm,第 4 行"行高"为固定值 0.2cm,其余所有行"行高"为固定值 1.4cm;设置第 1、2 列"列宽"为 0.8cm,其余列"列宽"为 2cm。

① 单击表格左上角的表格移动图柄⊞,选中整个表格。

② 选择"表格工具"的"布局"选项卡,单击"表"选项组中的"属性"按钮,打开"表格属性"对话框,如图 3-24所示。在"行"选项卡中设置"行高值是"为"固定值","指定高度"为 1.4cm;用同样的方法在"列"选项卡中设置"列宽"为 2cm,最后单击"确定"按钮。

③ 选中第 1 行,再次打开"表格属性"对话框。在"表格属性"对话框的"行"选项卡中修改其行高为固定值 1.6cm,连续单击 3 次"下一行"按钮,选中第 4 行,修改第 4 行行高为固定值 0.2cm。

④ 选择"列"选项卡,单击"后一列"按钮,可选中第 1 列,在"列"选项卡中设置"列宽"为 0.8cm,而后再次单击"后一列"按钮,选中第 2 列,设置"列宽"为 0.8cm,最后单击"确定"按钮。

图 3-23 "插入表格"对话框

图 3-24 "表格属性"对话框

说明：

- 选中表格的方法有很多种,选择"表格工具"的"布局"选项卡,单击"表"选项组中的"选择"下拉按钮,在弹出的下拉列表中选项"选择表格"命令;或在任一单元格内右击,在弹出的快捷菜单中选择"选择"→"表格"命令。
- 在选中的表格上右击,在弹出的快捷菜单中选择"表格属性"命令,或在"表格工具"的"布局"选项卡下,单击"单元格大小"选项组右下角的 按钮,均可打开"表格属性"对话框。
- 设置表格行高值时,有"固定值"和"最小值"的区别。"固定值"表示无论输入文字有多少、字体大小,或调整表格大小时,其行高值始终保持不变;"最小值"为表格行高自动调整的下限值,会随输入内容或调整表格大小时自行调整。
- 设置表格列宽时,选择"表格属性"对话框的"列"选项卡,与行高设置类似。

（3）合并单元格。合并第 1 行的第 1、2 个单元格,第 1 列的第 2、3 个单元格,第 1 列的第 5、6 个单元格,第 7 列的第 5、6 个单元格和第 4 行的全部单元格。

① 选中第 1 行的第 1、2 个单元格,而后右击选中的单元格,在弹出的快捷菜单中选择"合并单元格"命令,将两个单元格合并为一个单元格。

② 用同样的方法合并第 1 列的第 2、3 个单元格,第 1 列的第 5、6 个单元格,第 7 列的第 5、6 个单元格和第 4 行的全部单元格。

（4）拆分单元格。将第 2 列的第 2、3 个单元格,第 5 个单元格和第 6 个单元格分别拆分为两行。

① 右击第 2 列的第 2 个单元格,在弹出的快捷菜单中选择"拆分单元格"命令,打开图 3-25 所示的"拆分单元格"对话框,设置"列数"为 1、"行数"为 2,单击"确定"按钮,即可将第 2 列的第 2 个单元格拆分为两行。

② 用同样的方法拆分第 2 列的第 3 个单元格、第 5 个单元格和第 6 个单元格。

图 3-25 "拆分单元格"对话框

说明：

选择"表格工具"下的"布局"选项卡,单击"合并"选项组中的"合并单元格"或"拆分单元格"按钮,也可完成对单元格的合并与拆分。

（5）绘制斜线表头(在第 1 行第 1 列),0.5 磅单线,蓝色,并设置行标题为"星期"、列标题为"时间"、小五号字。

① 将光标移至表格左上角的单元格中。

② 选择"表格工具"下的"设计"选项卡,单击"绘图边框"选项组中的"笔样式"下拉按钮,选择线型为单线;单击"笔画粗细"下拉按钮,在弹出的下拉列表中选择"0.5 磅"选项;单击"笔颜色"下拉按钮,在弹出的下拉列表中选择"标准色"栏中的"蓝色"选项。

③ 单击"表格样式"选项组中的"边框"下拉按钮,在弹出的下拉列表中选择"斜下框线"选项,如图 3-26 所示。

④ 输入行标题"星期",而后按【Enter】键换行,输入列标题为"时间"。选中输入的文字,单击"开始"选项卡中"字体"选项组中的"字号"下拉按钮,设置字号为"小五"。

⑤ 选中行标题"星期",而后单击"开始"选项卡中"段落"选项组中的"文本右对齐"按钮 ≡,而后选中列标题"时间",单击"段落"选项组中的"文本左对齐"按钮 ≡。

图 3-26 "边框"下拉列表

（6）将表格的外边框线设置为双细线、1.5 磅、蓝色。

① 选中整个表格,选择"表格工具"的"设计"选项卡,单击"绘图边框"选项组中的"笔样式"下拉按钮,在弹出的下拉列表中选择线型为双细线;单击"笔画粗细"下拉按钮,在弹出的下拉列表中选择"1.5 磅"选项;单击"笔颜色"下拉按钮,在弹出的下拉列表中选择"标准色"栏中的"蓝色"选项。

② 单击"表格样式"选项组中的"边框"下拉按钮,在弹出的下拉列表中选择"外侧框线"选项,即可完成外部框线的设置。

（7）将其余内部框线设置为 0.5 磅单线、蓝色。

① 选中整个表格,选择"表格工具"的"设计"选项卡,单击"绘图边框"选项组中的"笔样式"下拉按钮,要弹出的下拉列表中选择线形为单线;单击"笔画粗细"下拉按钮,在弹出的下拉列表中选择"0.5 磅"选项;单击"笔颜色"下拉按钮,在弹出的下拉列表中选择"标准色"栏中的"蓝色"选项。

② 单击"表格样式"选项组中的"边框"下拉按钮,在弹出的下拉列表中选择"内部框线"选项,则先取消当前的内部框线,再次选择"内部框线"选项即可完成内部框线的设置。

（8）按照样表在相应单元格中添加文字,格式为宋体、五号,水平居中、垂直居中。

① 将光标移动至需输入文字的单元格中,按照样表提供的信息,依次输入文字。

② 选中表格中除斜线表头外的所有文字,单击"开始"选项卡中"字体"选项组中的"字体"下拉按钮,在弹出的下拉列表中选择"宋体"选项;同样在"字号"下拉列表中选择"五号"选项。

③ 选中表格中除斜线表头外的所有文字,选择"表格工具"下的"布局"选项卡,单击"对齐方式"选项组中的"水平居中"按钮 ≡。

（9）将整个表格相对于页面水平居中对齐。

① 选中整个表格。

② 右击选中表格,在弹出的快捷菜单中选择"表格属性"命令,打开"表格属性"对话框。选择"表格"选项卡,选中"对齐方式"栏的"居中"单选按钮,而后单击"确定"按钮,如图 3-27 所示。

图 3-27 "表格属性"对话框

说明：

　　选中表格后，选择"开始"选项卡，单击"段落"选项组中的"居中"按钮 ≡，也可将表格设置为水平居中。

（10）将表格的第 1 行填充为"白色，背景 1，深色 15%"，将第 4 行填充为蓝色。

① 选中表格的第 1 行。

② 选择"表格工具"的"设计"选项卡，单击"表格样式"选项组中的"底纹"下拉按钮，在弹出的下拉列表中选择"主题颜色"栏中的"白色，背景 1，15%"选项，完成表格第 1 行的填充。

③ 用同样的方法完成表格第 4 行的蓝色填充。

说明：

　　设置表格的边框和填充底纹还可以通过"边框和底纹"对话框来实现。打开"边框和底纹"对话框的方法为：在选中的表格上右击，在弹出的快捷菜单中选择"边框和底纹"命令；或选择"绘图工具"下的"设计"选项卡，而后单击"绘图边框"选项组右下角的 ▣ 按钮。

（11）在右下角单元格中插入 Word 实验素材库文件夹下的"课外活动.jpg"图片，其大小为原尺寸的 90%。

① 将光标移到表格右下角的单元格中。

② 单击"插入"选项卡中"插图"选项组中的"图片"按钮，在打开的"插入图片"对话框中选择 Word 实验素材库文件夹下的"课外活动.jpg"，而后单击"插入"按钮。

③ 右击插入的图片，在弹出的快捷菜单中选择"大小和位置"命令，打开"布局"对话框。选择"大小"选项卡，将"缩放"栏的"高度"和"宽度"微调框的值调整为 90%，而后单击"确定"按钮。

（12）保存文件。

选择"文件"→"另存为"命令，将编辑好的表格以文件名"Word 实验 3_1.docx"另存到自己所建的文件夹中。

【例 3.7】 打开 Word 实验素材库文件夹下的"电视销量.docx"文件，完成如下操作后以文件名"Word 实验 3_2.docx"另存到自己所建的文件夹中（见图 3-28）。

品　　牌	一季度 （台）	二季度 （台）	三季度 （台）	四季度 （台）	平均销量
海信	1 000	901	930	950	945
三星	911	1 058	974	1 102	1.011
创维	855	785	821	782	811
东芝	1 030	912	1 051	910	976
康佳	1 120	853	1 250	800	1.006
长虹	1 140	930	1 060	951	1.020
合计	8 040	5 170	5 930	4 990	5.553

图 3-28　例 3.7 样表

（1）在表格最后一列的右侧插入一空列，输入列标题"平均销量"。在最后一行的下方插入一个空行，输入行标题为"合计"。

(2)在"合计"行右侧的各单元格中计算其上方相应 6 项的总和。

(3)在"平均销量"列下的各单元格中计算其左侧相应 4 项的平均值,数字格式为"#,##0"。

(4)保存文件。

【解】 具体操作步骤为:

(1)在表格最后一列的右侧插入一空列,输入列标题"平均销量"。在最后一行的下方插入一个空行,输入行标题为"合计"。

① 选中最后一列,而后选择"表格工具"下的"布局"选项卡,单击"行和列"选项组中的"在右侧插入"按钮,则在最后一列的右侧插入了一个新列,最后输入列标题"平均销量"。

② 选中最后一行,而后选择"表格工具"下的"布局"选项卡,单击"行和列"选项组中的"在下方插入"按钮,则在最后一行的下方插入了一个新行,输入行标题"合计"。

> 说明:
>
> 插入行或列的另一种方法:选中某一行或某一列,而后右击,在弹出的快捷菜单中选择"插入"命令,在其级联菜单中可选择相应命令完成在左侧或右侧插入列或在上方或下方插入行。

(2)在"合计"行右侧的各单元格中计算其上方相应 6 项的总和。

① 将光标置于"合计"行右侧下的第 1 个单元格内,选择"表格工具"下的"布局"选项卡,单击"数据"选项组中的"公式"按钮,打开"公式"对话框,如图 3-29 所示。

② 在"公式"文本框内显示的公式为" = SUM(ABOVE)",其中,"SUM"为求平均值函数,"ABOVE"表示求和项为当前单元格之上的数值型数据。单击"确定"按钮,即可完成公式的计算。

③ 按照同样方法填充其他单元格。

(3)在"平均销量"列下的各单元格中计算其左侧相应 4 项的平均值,数字格式为"#,##0"。

① 将光标置于"平均销量"列下的第 1 个单元格内,选择"表格工具"下的"布局"选项卡,单击"数据"选项组中的"公式"按钮,打开"公式"对话框。

② 在"公式"文本框内输入" = AVERAGE(LEFT)",其中"AVERAGE"为求平均值函数,"LEFT"表示计算项为当前单元格左侧的各个数值型数据。

③ 单击"编号格式"下拉按钮,在弹出的下拉列表中选择"#,##0",如图 3-30 所示,而后单击"确定"按钮。

④ 按照同样方法填充其他单元格。

(4)保存文件。

选择"文件"→"另存为"命令,在打开的"另存为"对话框中选择保存的位置,并输入文件名"Word 实验 3_2. docx",而后单击"保存"按钮。

图 3-29 "公式"对话框 1   图 3-30 "公式"对话框 2

【例 3.8】 打开 Word 素材库文件夹下的"职工信息表 . docx"文件,将其按照"年龄"升序排序,若年龄相同,则按照"职称"降序排列,完成后以文件名"Word 实验 3_3. docx"另存到自己所建的文件夹中。

【解】 具体操作步骤为:

① 将光标置于表格中的任一单元格内,选择"表格工具"下的"布局"选项卡,单击"数据"选项组中的"排序"按钮,打开"排序"对话框,如图 3-31 所示。

② 单击"主要关键字"下拉按钮,在弹出的下拉列表中选择"年龄"选项,单击"类型"下拉按钮,在其下拉列表中选择"数字"选项,选中"升序"单选按钮;在"次要关键字"下拉列表中选择"职称"选项,在"类型"下拉列表中选择"拼音"选项,选中"降序"单选按钮,选中"列表"栏的"有标题行"单选按钮,单击"确定"按钮。

③ 保存文件。选择"文件"→"另存为"命令,在打开的"另存为"对话框中选择保存的位置,并输入文件名"Word 实验 3_3. docx",单击"保存"按钮。

三、实验内容

【练习 3.6】　新建 Word 空白文档,创建一个 9 行 7 列的表格,按下述要求进行操作(样表如图 3-32 所示):

图 3-31　"排序"对话框　　　　　　　　　　　　　　图 3-32　练习 3.6 样图

(1)第 1 行行高为固定值 1.06 cm,其余各行行高均为固定值 0.8 cm。

(2)第 1、2 列列宽为 1 cm,其余各列列宽为 2 cm。

(3)按样表所示合并单元格,并在左上角的第 1 个单元格中添加 1 磅的左斜线。并添加相应文本,文本格式为宋体,五号字,第 1 行文本设为红色字体。

(4)按样表所示设置表格线:双细线 0.5 磅,蓝色。

(5)设置表格第 1 行为浅绿底纹。

(6)整个表格水平居中,除左上角第 14 个单元格外其他文字的对齐方式为水平垂直都居中。

(7)最后将此文档以"Word 作业 3_1. doc"另存到自己所建的文件夹中。

【练习 3.7】　打开 Word 实验素材库文件夹下的"成绩表. docx"文件,按如下要求进行操作:

(1)在表格第 1 行的上方插入一个空行作为标题行,而后依次输入"姓名"、"语文"、"英语"、"数学"、"计算机"。

(2)在表格最后一列的右侧插入一空列,输入列标题"平均成绩",在这一列下面的各单元格中计算其左边相应 4 项成绩的平均值,数字格式为"0.00"。

(3)将表格中的所有文字设置为黑体、五号,水平、垂直居中。

(4)将标题行的底纹颜色设置为浅黄色。

(5)将表格按照"平均成绩"进行降序排序。

(6)将此文档以"Word 作业 3_2. doc"另存到自己所建的文件夹中。

【实验 3-4】　上机练习系统典型试题讲解

一、实验目的

(1)掌握上机练习系统中 Word 2010 操作典型问题的解决方法。

(2)熟悉 Word 2010 操作中各种综合应用的操作技巧。

(3)本实验的例题取自上机练习系统中的典型试题,读者若能配合使用与本书配套的上机练习系统,将会达到更好的效果。

二,实验示例

【模拟练习 A】

（一）编辑、排版

打开 Wordkt 文件夹下的 Word14A. docx 文件,按如下要求进行编辑、排版。

1. 基本编辑

A. 将 Wordkt 文件夹下的 Word14A1. docx 文件的内容插入到 Word14A. docx 文件的尾部。

B. 将"2. 过程控制"和"3. 信息处理"两部分内容互换位置(包括标题及内容),并修改序号。

C. 将文中所有的"空置"替换为"控制"。

具体操作步骤如下:

（1）插入已有文件的内容。

① 打开 Wordkt 文件夹下的 Word14A1. docx 文件,按【Ctrl + A】组合键,或单击"开始"选项卡"编辑"选项组中的"选择"下拉按钮,从打开的下拉列表中选择"全选"命令,均可将文档中的内容全部选中。

② 单击"剪贴板"选项组中的"复制"按钮,或按【Ctrl + C】组合键,将选中的内容复制到剪贴板。

③ 将光标置于 Word14A. docx 文件的末尾,单击"剪贴板"选项组中的"粘贴"按钮,或按【Ctrl + V】组合键完成粘贴。

（2）段落互换。

① 选中小标题"3. 信息处理"及其所属内容,单击"剪贴板"选项组中的"剪切"按钮,或按【Ctrl + X】组合键,完成剪切。

② 将光标放在小标题"2. 过程控制"前面,单击"剪贴板"选项组中的"粘贴"按钮;或按【Ctrl + V】组合键,完成交换。

③ 更改序号,将小标题"3. 信息处理"的序号"3"改为"2";小标题"2. 过程控制"的序号"2"改为"3"。

（3）查找与替换。

① 单击"开始"选项卡"编辑"选项组中的"替换"按钮,打开"查找和替换"对话框。在"查找内容"文本框中输入"空置",在"替换为"文本框中输入"控制",如图 3-33 所示。

图 3-33 "查找和替换"对话框

② 单击"全部替换"按钮,在弹出的提示框中单击"确定"按钮,返回"查找和替换"对话框,而后将"查找和替换"对话框关闭。

（4）保存文件。

单击"快速访问工具栏"上的"保存"按钮，保存文件。

2. 排版

A. 页边距:上、下为 2. 5 cm;左、右为 2 cm;页眉、页脚距边界均为 1. 3 cm;纸张大小为 A4。

B. 将文章标题"计算机的应用领域"设置为隶书、二号字,加粗,标准色中的红色,水平居中,段前和段后均为 0. 5 行。

C. 将小标题(1. 科学计算、2. 过程控制……6. 多媒体应用)设置为黑体、小四号字,标准色中的蓝色,左对齐,段前和段后均为 0. 3 行。

D. 其余部分(除上面两标题以外的部分)设置为楷体、小四号字,首行缩进 2 字符,两端对齐。

将排版后的文件以原文件名存盘。

具体操作步骤如下：

（1）页面设置。

① 单击"页面布局"选项卡"页面设置"选项组右下角的 按钮，打开"页面设置"对话框，如图 3-34 所示。

② 单击"页边距"选项卡，设置上、下页边距为 2.5 cm，设置左、右页边距为 2 cm，如图 3-34（a）所示。

③ 单击"纸张"选项卡，在"纸张大小"下拉列表框中选择 A4 选项。

④ 单击"版式"选项卡，设置页眉、页脚距边界 1.3 cm，如图 3-34（b）所示。

⑤ 单击"确定"按钮，完成页面设置。

 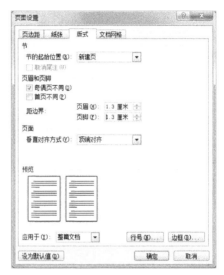

（a）"页边距"选项卡　　　　　　　　（b）"版式"选项卡

图 3-34　"页面设置"对话框

（2）设置标题格式。

① 选中文章标题"计算机的应用领域"。

② 设置字体格式。

单击"开始"选项卡"字体"选项组右侧的下拉按钮，选择"隶书"；单击"字号"框右侧的下拉按钮，在打开的下拉列表中选择"二号"；单击"字体颜色"下拉按钮，在打开的下拉列表中选择"标准色"下的"红色"；单击"加粗"按钮 。

③ 设置标题的段落格式。

单击"段落"选项组中的"居中"按钮 设置水平居中。单击"段落"选项组右下角的 按钮，打开"段落"对话框，分别将"段前"框和"段后"框设置为 0.5 行，而后单击"确定"按钮完成设置。

（3）设置小标题格式。

① 选中小标题。

首先选中小标题"1. 科学计算"，而后按住【Ctrl】键，再分别选择小标题"2. 信息处理"、……、"6. 多媒体应用"，将 6 个小标题全部选中，最后释放【Ctrl】键。

② 设置字体格式。

分别单击"开始"选项卡"字体"选项组中的"字体""字号""字体颜色"按钮设置小标题的格式为黑体、小四号、标准色蓝色。

③ 设置段落格式。

单击"段落"选项组右下角的按钮 ，打开"段落"对话框。设置"段前"为 0.3 行、"段后"为 0.3 行；在"对齐方式"下拉列表框中选择"左对齐"选项，单击"确定"按钮完成设置。

(4)设置正文格式。

① 选中除标题和小标题外的段落。

将光标移动至文档左侧选定栏,首先选中除标题和小标题外的第一个段落,然后按住【Ctrl】键,分别选择其他段落,最后释放【Ctrl】键。

② 设置字体格式。

单击"开始"选项卡"字体"选项组中的相应按钮设置字体格式为楷体、小四号字。

③ 设置段落格式。

单击"段落"组右下角的▣按钮,打开"段落"对话框。在"特殊格式"下拉列表框中选择"首行缩进",设置"磅值"框的值为"2 字符",单击"对齐方式"下拉按钮,在打开的下拉列表中选择"两端对齐",而后单击"确定"按钮。单击"开始"选项卡"段落"选项组中的"两端对齐"按钮▤也可完成对齐设置。

④ 单击"快速访问工具栏"上的"保存"按钮▣,保存文件,而后关闭该文档。

(二)表格操作

新建 Word 空白文档,制作一个 4 行 5 列的表格,并按如下要求调整表格(样表参见 Wordkt 文件夹下的"bg14a. jpg")。

A. 设置第 1 列和第 3 列的列宽为 2 cm,其余各列列宽为 3.5 cm。

B. 设置第 1 行和第 2 行的行高为固定值 1 cm,第 3 行和第 4 行的行高为固定值 2 cm。

C. 参照样表合并单元格,并添加文字。

D. 设置字体为宋体、小四号字。

E. 所有单元格对齐方式为水平、垂直均居中,整个表格水平居中。

F. 按样表所示设置表格框线:外边框为 2.25 磅实线,内边框为 1 磅实线。

图 3-35 "插入表格"对话框

最后将此文档以文件名"bg14a. docx"另存到 Wordkt 文件夹中。

具体操作步骤如下:

(1)插入表格。

① 打开 Word 应用程序,创建空白文档。

② 单击"插入"选项卡"表格"选项组中的"表格"按钮,在打开的下拉列表中选择"插入表格"命令,打开"插入表格"对话框,在"列数"微调框中输入或选择5,在"行数"微调框中输入4,如图3-35 所示。

③ 单击"确定"按钮,则创建一个 4 行 5 列的空白表格。

(2)设置行高与列宽。

① 单击表格左上角的⊞图标选中表格,单击"表格工具"的"布局"选项卡,单击"表"选项组中的"属性"按钮,打开"表格属性"对话框,如图 3-36 所示。

② 设置列宽。

单击"列"选项卡,在"指定宽度"微调框中设置第 1 – 5 列的列宽均为 3.5 cm,如图 3-36(a),而后通过单击"后一列"按钮,分别选中第 1 列和第 3 列,将宽度值设置为 2 cm。

③ 设置行高。

单击"行"选项卡,选中"指定高度"复选框,设置值为 1 cm,设置"行高值是"为"固定值"选项,这样可先将所有行的行高均设置为 1 cm,如图 3-36(b)所示;而后通过单击"下一行"按钮分别选中第 3 行和第 4 行,将"指定高度"设置为 2 cm。

④ 单击"确定"按钮,完成行高与列宽的设置。

(3)合并单元格。

同时选中第 1 行的第 3、4、5 个单元格,单击"表格工具"的"布局"选项卡,选择"合并"选项组中的"合并单元格"命令,或右击选中的单元格,在弹出的快捷菜单中选择"合并单元格"命令。

参考样表,用同样的方法设置其他需要合并的单元格,并在相应单元格中输入文字。

（a）"列"选项卡　　　　　　　　　　（b）"行"选项卡

图 3-36　"表格属性"对话框

（4）设置文字字体格式。

选中表格，单击"开始"选项卡，在"字体"选项组中设置文字的字体为宋体、字号为小四号字。

（5）设置单元格对齐方式和表格的对齐方式。

① 设置单元格对齐方式。

选中表格，单击"表格工具"的"布局"选项卡，单击"对齐方式"组中的"水平居中"按钮▤。

② 设置表格在文档中的对齐方式。

选中表格，单击"开始"选项卡"段落"选项组中的"居中"按钮▤，将表格的对齐方式设置为"居中"。

（6）设置表格框线。

① 设置外侧框线。

单击表格左上角的⊞图标选中表格，单击"表格工具"的"设计"选项卡，单击"绘图边框"选项组中的"笔划粗细"下拉按钮，选择 2.25 磅，单击"表格样式"选项组中的"边框"下拉按钮，在打开的下拉列表中选择"外侧框线"按钮▣，完成外边框的设置。

② 设置内边框。

单击"绘图边框"选项组中的"笔划粗细"下拉按钮，选择 1 磅，单击"表格样式"组中的"边框"下拉按钮，在打开的下拉列表中选择"内部框线"按钮⊞，完成内边框的设置。

（7）保存文件。

单击"快速访问工具栏"上的"保存"按钮█，打开"另存为"对话框，选择文件保存的位置，并以 bg14a.docx 为名进行保存，而后关闭文件并退出 Word 应用程序。

[模拟练习 B]

（一）编辑、排版

打开 Wordkt 文件夹下的 Word14B.docx 文件，按如下要求进行编辑、排版。

1. 基本编辑。

A. 删除文章中的所有空行。

B. 将文中所有的"◆"替换为"※"。

C. 将"医药价值"和"食用价值"两部分内容互换位置（包括标题及内容）。

具体操作步骤如下：

（1）删除空行。

依次将光标放在空行起始处，按【Del】按键即可删除空行。

（2）特殊符号的查找与替换。

① 单击"开始"选项卡"编辑"选项组中的"替换"按钮，打开"查找和替换"对话框。在"查找内容"文本框中输入"◆"，在"替换为"文本框中输入"※"，如图 3-37 所示（符号的输入可使用软键盘中的"特殊符号"）。

图 3-37　"查找和替换"对话框

② 单击"全部替换"按钮,在弹出的提示框中单击"确定"按钮,返回"查找和替换"对话框,而后将"查找和替换"对话框关闭。

(3)段落互换。

① 选中标题为"食用价值"及其所属内容,单击"剪贴板"选项组中的"剪切"命令,或按【Ctrl + X】组合键,完成剪切。

② 将光标放在标题"医药价值"前面,单击"剪贴板"选项组中的"粘贴"命令;或按【Ctrl + V】组合键,完成交换。

(4)保存文件。

单击"快速访问工具栏"上的"保存"按钮，保存文件。

2. 排版

A. 页边距:上、下、左、右均为 2 cm;装订线为左 0.5 cm;纸张大小为自定义大小,宽 21 cm,高 26 cm。

B. 将文章标题"茉莉"设置为华文新魏、二号字,标准色中的红色,水平居中,段后距 1 行。

C. 将小标题(1. 生长环境,2. 主要价值)设置为隶书、四号字、加粗,标准色中的绿色,左对齐,1.5 倍行距,并添加双下划线。

D. 将其余部分(除上面两标题以外的部分)设置为楷体、五号字,首行缩进 2 字符,两端对齐,行距为固定值 16 磅。

将排版后的文件以原文件名存盘。

具体操作步骤如下:

(1)页面设置。

① 单击"页面布局"选项卡"页面设置"选项组右下角的按钮,打开"页面设置"对话框,如图 3-38 所示。

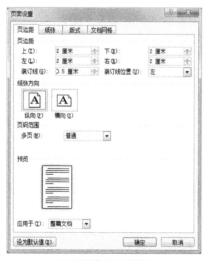　

(a)"页边距"选项卡　　　　　(b)"纸张"选项卡

图 3-38　"页面设置"对话框

② 单击"页边距"选项卡,设置上、下、左、右框的值均设置为 2 cm,将"装订线"框的值设置为 0.5 cm,"装订线位置"框设置为"左",如图 3-38(a)所示。

③ 单击"纸张"选项卡,在"纸张大小"下拉列表框中选择"自定义大小"选项,将"宽度"微调框的值设置为 21 cm,将"高度"微调框的值设置为 26 cm,如图 3-38(b)所示。

④ 单击"确定"按钮,完成页面设置。

(2)设置标题格式。

① 选中文章标题"茉莉"。

② 设置字体格式。

单击"开始"选项卡"字体"选项组"字体"框右侧的下拉按钮,选择"华文新魏";单击"字号"框右侧的下拉按钮,在打开的下拉列表中选择"二号";单击"字体颜色"下拉按钮,在打开的下拉列表中选择"标准色"下的"红色"。

③ 设置标题的段落格式。

单击"段落"选项组中的"居中"按钮 ▤ 设置水平居中,单击"段落"选项组右下角的 ▣ 按钮,打开"段落"对话框,将"段后"微调框设置为 1 行,而后单击"确定"按钮完成设置。

(3)设置小标题格式。

① 选中小标题。

首先选中小标题"1. 生长环境",而后按住【Ctrl】键,再选择小标题"2. 主要价值",将两个小标题全部选中后,释放【Ctrl】键。

② 设置字体格式。

分别单击"开始"选项卡"字体"选项组中的"字体""字号""字体颜色"按钮设置小标题的格式为隶书、四号字、标准色蓝色,单击"加粗"按钮 ▣ 进行加粗设置,单击"下划线"下拉按钮 ▣ ,在打开的下拉列表中选择"双下划线"。

③ 设置段落格式。

单击"段落"选项组右下角的按钮 ▣ ,打开"段落"对话框。在"对齐方式"下拉列表框中选择"左对齐"选项,将"行距"框设置为"1.5 倍行距",如图 3-39 所示,而后单击"确定"按钮完成设置。

(4)设置正文格式。

① 选中除标题和小标题外的段落。

将光标移动至文档左侧选定栏,首先选中除标题和小标题外的第一个段落,然后按住【Ctrl】键,分别选择其他段落,最后释放【Ctrl】键。

② 设置字体格式。

单击"开始"选项卡"字体"选项组中的相应按钮设置字体格式为楷体、五号字。

③ 设置段落格式。

单击"段落"选项组右下角的 ▣ 按钮,打开"段落"对话框。在"特殊格式"下拉列表框中选择"首行缩进"选项,设置"磅值"框的值为"2 字符",单击"对齐方式"下拉按钮,在打开的下拉列表中选择"两端对齐"选项,单击"行距"下拉按钮,从中选择"固定值"选项,而后在"设置值"框内输入"16 磅",最后单击"确定"按钮。单击"开始"选项卡"段落"选项组中的"两端对齐"按钮 ▤ 也可完成对齐设置。

④ 单击"快速访问工具栏"上的"保存"按钮 ▣ ,保存文件,而后关闭该文档。

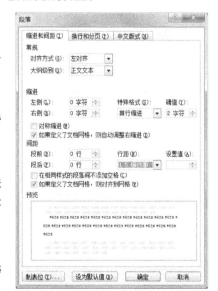

图 3-39　"段落"对话框

(二)表格操作

打开 Wordkt 文件夹下的 bg14b. docx 文件,按如下要求调整表格(样表参见 Wordkt 文件夹下的

"bg14b. jpg")。

A. 设置第 1 列和第 6 列的列宽为 2.8 cm,其余各列列宽为 2 cm。

B. 设置第 1 行的行高为固定值 1.5 cm,其余各行的行高为 0.8 cm。

C. 按样表所示在左上角的第一个单元格中添加斜下框线,并添加相应文本。

D. 在列标题为"合计"列下面的各单元格中计算其左边相应数据的总和。

E. 除左上角的第一个单元格外,表格中的其余文字的对齐方式为水平垂直都居中。

F. 按样表所示设置表格框线:粗线为 2.25 磅实线,细线为 1 磅实线。

G. 第一行的底纹设置为标准色中的黄色。

最后将此文档以原文件名存盘。

具体操作步骤如下:

(1)设置行高与列宽。

① 双击 Wordkt 文件夹下的 bg14b. docx 文件,将其打开。

② 单击表格左上角的⊞图标选中表格,单击"表格工具"的"布局"选项卡,单击"表"选项组中的"属性"按钮,打开"表格属性"对话框,如图 3-40 所示。

③ 设置列宽。

单击"列"选项卡,在"指定宽度"微调框中设置第 1－6 列的列宽均为 2 cm,如图 3-40(a),而后通过单击"后一列"按钮,分别选中第 1 列和第 6 列,将宽度值设置为 2.8 cm。

④ 设置行高。

单击"行"选项卡,选中"指定高度"复选框,设置值为 1.5 cm,设置"行高值是"为"固定值"选项,这样可先将所有行的行高均设置为 1.5 cm,如图 3-40(b)所示;而后通过单击"下一行"按钮选中第 1 行,将"指定高度"设置为 1.5 cm。

⑤ 单击"确定"按钮,完成行高与列宽的设置。

(a) "列"选项卡　　　　　(b) "行"选项卡

图 3-40 "表格属性"对话框

(2)设置左上角单元格的格式。

① 将光标置于左上角单元格内,单击"表格工具"的"设计"选项卡,单击"绘图边框"选项组中的"笔划粗细"下拉按钮,选择 1 磅,而后单击"表格样式"选项组中的"边框"下拉按钮,在打开的下拉列表中选择"斜下框线"按钮◥,可为该单元格添加 1 磅的斜下框线。

② 首先输入文字"品牌",而后按【Enter】键进行换行,再输入文字"种类"。

(3)公式计算"合计"列数据。

① 将光标置于"合计"列下的第一个空白单元格内,单击"表格工具"的"布局"选项卡,单击"数始"组中的"公式"按钮,打开"公式"对话框,如图 3-41 所示。此时"公式"框下自动显示求和公式" = SUM

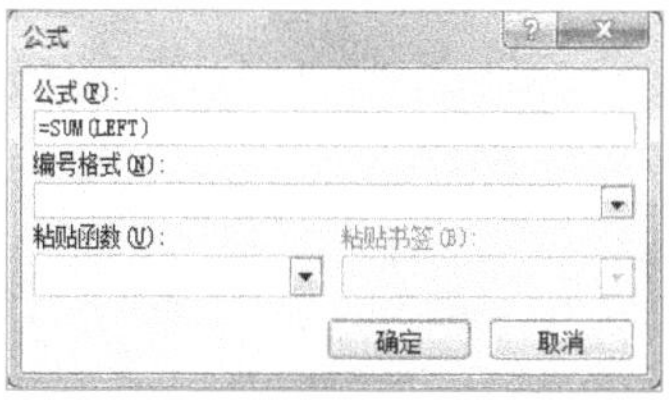

（LEFT）"，单击"确定"按钮进行确认。

②　将光标置于"合计"列下的第二个空白单元格内，再次将"公式"对话框打开，此时"公式"框内显示"＝SUM（ABOVE）"，将其中的"ABOVE"修改为"LEFT"，即对该单元格左侧的各单元格内的数据进行求和计算，最后单击"确定"按钮进行确认。

③　按步骤②的方法，依次计算"合计"列下的其他单元格。

（4）设置单元格的对齐方式。

图 3-41　"公式"对话框

①　选中表格，单击"表格工具"的"布局"选项卡，单击"对齐方式"选项组中的"水平居中"按钮，可将所有单元格的对齐方式均设置为水平、垂直均居中。

②　选中斜上角单元格内的文字"品牌"，单击"开始"选项卡，单击"段落"选项组中的"文本右对齐"按钮。选中文字"种类"，单击"段落"选项组中的"文本左对齐"按钮。

（5）设置表格框线。

①　绘制细线。

单击表格左上角的田图标选中表格，单击"表格工具"的"设计"选项卡，单击"绘图边框"选项组中的"笔划粗细"下拉按钮，选择 1 磅，单击"表格样式"选项组中的"边框"下拉按钮，在打开的下拉列表中选择"内部框线"按钮，完成内部边框的设置。

②　绘制粗线。

选中表格，选择"表格工具"的"设计"选项卡，单击"绘图边框"选项组中的"笔划粗细"下拉按钮，选择 2.25 磅，单击"表格样式"选项组中的"边框"下拉按钮，在打开的下拉列表中选择"外侧框线"按钮，完成外边框的设置。选中第一列，单击"表格样式"选项组中的"边框"下拉列表中的"右框线"按钮，再选中第一行，单击"表格样式"选项组中的"边框"下拉列表中的"下框线"按钮。

（6）设置底纹。

选中第一行，单击"表格工具"的"设计"选项卡，单击"表格样式"选项组中的"底纹"下拉按钮，在打开的下拉列表中选择标准色中的黄色。

（7）保存文件

单击"快速访问工具栏"上的"保存"按钮，保存文件，而后关闭该文档退出 Word 应用程序。

【模拟练习 C】

（一）编辑、排版

打开 Wordkt 文件夹下的 Word14C.docx 文件，按如下要求进行编辑、排版。

1. 基本编辑

A. 将文章中的所有空行删除。

B. 将文章中的所有"雾 X 天气"替换为"雾霾天气"（其中"X"为任意字符）。

具体操作步骤如下：

（1）删除空行

依次将光标放在空行起始处，按【Del】按键即可删除空行。

（2）查找与替换

①　单击"开始"选项卡"编辑"选项组中的"替换"按钮，打开"查找和替换"对话框。在"查找内容"文本框中输入"雾? 天气"，在"替换为"文本框中输入"雾霾天气"，而后单击"更多"按钮，将该对话框展开，选中"使用通配符"复选框，如图 3-42 所示。

②　单击"全部替换"按钮，在弹出的提示框中单击"确定"按钮，返回"查找和替换"对话框，而后将"查找和替换"对话框关闭。

（3）保存文件

单击"快速访问工具栏"上的"保存"按钮，保存文件。

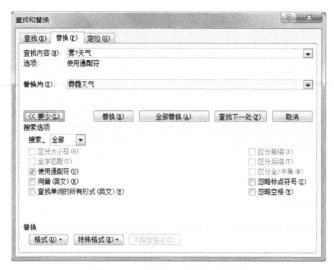

图 3-42　"查找和替换"对话框

2. 排版

A. 页边距：上、下为 2.2 cm，左、右为 3 cm；纸张大小为 A4。

B. 将文章标题"雾霾天气的防治"设置为华文行楷、一号字，加粗，标准色中的深红色，水平居中，段后 1 行。

C. 将小标题（一．雾霾天气的防治措施，二．如何改善雾霾天气）设置为隶书、四号字，标准色中的深蓝色，左对齐，段前、段后均为 0.2 行。

D. 将其余部分（除上面两标题以外的部分）设置为楷体、小四号字，首行缩进 2 字符，两端对齐，行距为固定值 15 磅。

将排版后的文件以原文件名存盘。

具体操作步骤如下：

（1）页面设置。

① 单击"页面布局"选项卡"页面设置"选项组右下角的 ▣ 按钮，打开"页面设置"对话框。

② 单击"页边距"选项卡，设置上、下框的值设置为 2.2 cm，将左、右框的值均设置为 3 cm，如图 3-43 所示。

③ 单击"纸张"选项卡，在"纸张大小"下拉列表框中选择"A4"选项。

④ 单击"确定"按钮，完成页面设置。

（2）设置标题格式。

① 选中文章标题"雾霾天气的防治"。

② 设置字体格式。

单击"开始"选项卡"字体"选项组中"字体"框右侧的下拉按钮，选择"华文行楷"；单击"字号"框右侧的下拉按钮，在打开的下拉列表中选择"一号"；单击"字体颜色"下拉按钮，在打开的下拉列表中选择"标准色"下的"深红色"。

③ 设置标题的段落格式。

单击"段落"选项组中的"居中"按钮 ▤ 将其设置为水平居中，单击"段落"选项组右下角的 ▣ 按钮，打开"段落"对话框，将"段后"框的值设置为"1 行"，而后单击"确定"按钮完成设置。

（3）设置小标题格式。

① 选中小标题。

首先选中小标题"一．雾霾天气的防治措施"，而后按住【Ctrl】键，再选择小标题"二．如何改善雾霾天气"，将两个小标题全部选中后，释放【Ctrl】键。

② 设置字体格式。

分别单击"开始"选项卡"字体"选项组中的"字体""字号""字体颜色"按钮设置小标题的格式为隶书、四号字、标准色深蓝色。

③ 设置段落格式。

单击"段落"选项组右下角的按钮，打开"段落"对话框。在"对齐方式"下拉列表框中选择"左对齐"选项，将"段前"框与"段后"框的值均设置为"0.2 行"，将"行距"框设置为"1.5 倍行距"，如图 3-44 所示，而后单击"确定"按钮完成设置。

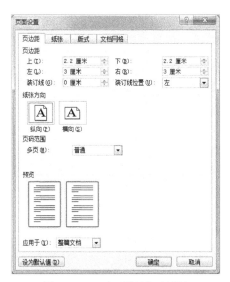

图 3-43　"页面设置"对话框

图 3-44　"段落"对话框

（4）设置正文格式。

① 选中除标题和小标题外的段落。

将光标移动至文档左侧选定栏，首先选中除标题和小标题外的第一个段落，然后按住【Ctrl】键，分别选择其他段落，最后释放【Ctrl】键。

② 设置字体格式。

单击"开始"选项卡"字体"选项组中的相应按钮设置字体格式为楷体、小四号字。

③ 设置段落格式。

单击"段落"选项组右下角的按钮，打开"段落"对话框。在"特殊格式"下拉列表框中选择"首行缩进"选项，设置"磅值"框的值为"2 字符"，单击"对齐方式"下拉按钮，在打开的下拉列表中选择"两端对齐"选项，单击"行距"下拉按钮，从中选择"固定值"，而后在"设置值"框内输入"15 磅"，最后单击"确定"按钮。

④ 单击"快速访问工具栏"上的"保存"按钮，保存文件，而后关闭该文档。

（二）表格操作

新建 Word 空白文档，制作一个 5 行 7 列的表格，并按如下要求调整表格（样表参见 Wordkt 文件夹下的"bg14c.jpg"）：

A. 设置第 1、2、4、6 列列宽为 1.3 cm，其余各列列宽为 2.2 cm。

B. 设置第 1 行的行高为固定值 1.2 cm，其余各行行高为固定值 0.8 cm。

C. 参照样表合并单元格。

D. 所有单元格对齐方式为水平、垂直均居中，整个表格水平居中。

E. 按样表所示设置表格框线：外边框为 2.25 磅实线，标准色中的浅蓝色，内边框为 0.75 磅实线，标准色中的红色。

F. 设置第一行的底纹为其他颜色，RGB 值分别为：255，255，153。

最后将此文档以文件名"bg14c. docx"另存到 Wordkt 文件夹中。

具体操作步骤如下:

(1)插入表格。

① 打开 Word 应用程序,创建空白文档。

② 单击"插入"选项卡"表格"选项组中的"表格"按钮,在打开的下拉列表中选择"插入表格"命令,打开"插入表格"对话框,在"列数"微调框中输入或选择 7,在"行数"微调框中输入 5,如图 3-45 所示。

图 3-45 "插入表格"对话框

③ 单击"确定"按钮,则创建一个 5 行 7 列的空白表格。

(2)设置行高与列宽。

① 单击表格左上角的 ⊞ 图标选中表格,单击"表格工具"的"布局"选项卡,单击"表"选项组中的"属性"按钮,打开"表格属性"对话框,如图 3-46 所示。

(a) "列"选项卡 (b) "行"选项卡

图 3-46 "表格属性"对话框

② 设置列宽。

单击"列"选项卡,在"指定宽度"微调框中设置第 1 – 7 列的列宽均为 2.2 cm,如图 3-46(a)所示,而后通过单击"后一列"按钮,分别选中第 1、2、4、6 列,将宽度值设置为 1.3 cm。

③ 设置行高。

单击"行"选项卡,选中"指定高度"复选框,设置值为 0.8 cm,设置"行高值是"为"固定值"选项,这样可先将所有行的行高均设置为 0.8 cm,如图 3-46(b)所示;而后通过单击"下一行"按钮选中第 1 行,将"指定高度"设置为 1.2 cm。

④ 单击"确定"按钮,完成行高与列宽的设置。

(3)合并单元格。

同时选中第 1 行的第 1、2 个单元格,单击"表格工具"的"布局"选项卡,单击"合并"选项组中的"合并单元格"命令,或右击选中的单元格,在弹出的快捷菜单中选择"合并单元格"命令。

参考样表,用同样的方法设置其他需要合并的单元格。

(4)设置单元格对齐方式和表格的对齐方式。

① 设置单元格对齐方式。

选中表格,单击"表格工具"的"布局"选项卡,单击"对齐方式"选项组中的"水平居中"按钮 ⊞。

② 设置表格在文档中的对齐方式。

选中表格,单击"开始"选项卡"段落"选项组中的"居中"按钮 ▤,将表格的对齐方式设置为"居中"。

(5)设置表格框线。

① 设置外侧框线。

单击表格左上角的 ▤ 图标选中表格,单击"表格工具"的"设计"选项卡,单击"绘图边框"选项组中的

"笔划粗细"下拉按钮,选择 2.25 磅;单击"笔颜色"下拉按钮,在打开的下拉列表中选择标准色下的浅蓝;单击"表格样式"选项组中的"边框"下拉按钮,在打开的下拉列表中选择"外侧框线"按钮⊞,完成外边框的设置。

② 设置内边框。

单击"绘图边框"选项组中的"笔划粗细"下拉按钮,选择 1 磅,单击"笔颜色"下拉按钮,在打开的下拉列表中选择标准色下的红色;单击"表格样式"选项组中的"边框"下拉按钮,在打开的下拉列表中选择"内部框线"按钮⊞,完成内边框的设置。

(6)设置底纹。

选中第一行,单击"表格样式"选项组中的"底纹"下拉按钮,在打开的下拉列表中选择"其他颜色",打开"颜色"对话框,选择"自定义"选项卡,将"红色""绿色""蓝色"框的值分别设置为 255、255、153,如图 3-47 所示,而后单击"确定"按钮。

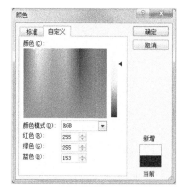

图 3-47　"颜色"对话框

(7)保存文件。

单击"快速访问工具栏"上的"保存"按钮⊟,打开"另存为"对话框,选择文件保存的位置,并以 bg14c.docx 为名进行保存,而后关闭文件并退出 Word 应用程序。

【模拟练习 D】

(一)编辑、排版

打开 Wordkt 文件夹下的 Word14D.docx 文件,按如下要求进行编辑、排版。

1. 基本编辑

A 将 Wordkt 文件夹下的 Word14D1.txt 文件中的内容插入到 Word14D.docx 文件的末尾。

B 删除文章中的所有空行。

C 将文章中所有的"( )"替换为"【 】"。

具体操作步骤如下:

(1)插入已有文件的内容。

① 打开 Wordkt 文件夹下的 Word14D1.txt 文件,按【Ctrl + A】组合键,或单击"开始"选项卡"编辑"选项组中的"选择"下拉按钮,从打开的下拉列表中选择"全选"命令,均可将该文本文件中的内容全部选中。

② 单击"剪贴板"选项组中的"复制"命令按钮,或按【Ctrl + C】组合键,将选中的内容复制到剪贴板。

③ 将光标置于 Word14D.docx 文件的末尾,单击"剪贴板"选项组中的"粘贴"按钮,或按下【Ctrl + V】组合键完成粘贴。

(2)删除空行。

依次将光标放在空行起始处,按【Del】按键即可删除空行。

(3)查找与替换。

① 单击"开始"选项卡"编辑"选项组中的"替换"按钮,打开"查找和替换"对话框。在"查找内容"文本框中输入"(",在"替换为"文本框中输入"【",如图 3-48(a)所示。

② 单击"全部替换"按钮,在弹出的提示框中单击"确定"按钮,返回"查找和替换"对话框。

③ 在"查找内容"文本框中输入")",在"替换为"文本框中输入"】",如图 3-48(b)所示。

(a)　　　　　　　　　　　　　　　(b)

图 3-48　"查找和替换"对话框

④ 单击"全部替换"按钮,在弹出的提示框中单击"确定"按钮,返回"查找和替换"对话框。而后将"查找和替换"对话框关闭。

(4)保存文件。

单击"快速访问工具栏"上的"保存"按钮 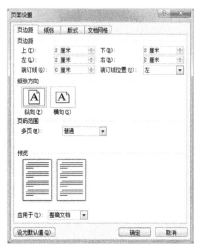,保存文件。

2. 排版

A. 页边距:上、下、左、右为 2 cm;纸张大小 A4;页眉距边界 1 cm,页脚距边界 1.5 cm。

B. 将文章标题"IPV6:让每粒沙子都能连上网"设置为仿宋、小二号字,加粗,标准色中的绿色,水平居中,段后距 1 行。

C. 将小标题((一)IPV4:5 亿中国网民用 3 亿地址,(二)IPV6:每一粒沙子都有地址)设置为黑体、小四号字,加下划线,标准色中的红色,左对齐,1.5 倍行距。

D. 将其余部分(除上面两标题以外的部分)的中文字体设置为仿宋,英文字体设置为 Times New Roman,小四号字,首行缩进 2 字符,两端对齐,行距为固定值 18 磅。

将排版后的文件以原文件名存盘。

具体操作步骤如下:

(1)页面设置。

① 单击"页面布局"选项卡"页面设置"选项组右下角的  按钮,打开"页面设置"对话框,如图 3-49 所示。

② 单击"页边距"选项卡,设置上、下、左、右框的值为 2 cm 如图 3-49(a)所示。

③ 单击"纸张"选项卡,在"纸张大小"下拉列表框中选择 A4。

④ 单击"版式"选项卡,将"页眉"微调框设置为"1 cm",将"页脚"微调框设置为"1.5 cm",如图 3-49(b)所示。

⑤ 单击"确定"按钮,完成页面设置。

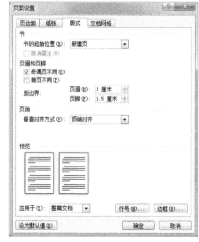

(a)"页边距"选项卡　　　　　　(b)"纸张"选项卡

图 3-49 "页面设置"对话框

(2)设置标题格式。

① 选中文章标题"IPV6:让每粒沙子都能连上网"。

② 设置字体格式。

单击"开始"选项卡"字体"选项组"字体"框右侧的下拉按钮,选择"仿宋";单击"字号"框右侧的下拉按钮,在打开的下拉列表中选择"小二号";单击"字体颜色"下拉按钮,在打开的下拉列表中选择"标准色"下的"绿色"。

③ 设置标题的段落格式。

单击"段落"选项组中的"居中"按钮 设置水平居中,单击"段落"选项组右下角的 按钮,打开"段落"对话框,将"段后"框设置为 1 行,而后单击"确定"按钮完成设置。

（3）设置小标题格式。

① 选中小标题。

首先选中小标题"（一）IPV4：5 亿中国网民用 3 亿地址"，而后按住【Ctrl】键，再选择小标题"（二）IPV6：每一粒沙子都有地址"，将两个小标题全部选中后，释放【Ctrl】键。

② 设置字体格式。

分别单击"开始"选项卡"字体"选项组中的"字体""字号""字体颜色"按钮设置小标题的格式为黑体、小四号字、标准色红色，而后单击"下划线"按钮。

③ 设置段落格式。

单击"段落"选项组右下角的按钮，打开"段落"对话框。在"对齐方式"下拉列表框中选择"左对齐"选项，将"行距"框设置为"1.5 倍行距"，如图 3-50 所示，而后单击"确定"按钮完成设置。

（4）设置正文格式。

① 选中除标题和小标题外的段落。

将光标移动至文档左侧选定栏，首先选中除标题和小标题外的第一个段落，然后按住【Ctrl】键，分别选择其他段落，最后释放【Ctrl】键。

② 设置字体格式。

单击"开始"选项卡"字体"选项组右下角的按钮，打开"字体"对话框，如图 3-51 所示。将"中文字体"框设置为"仿宋"，在"西文字体"下拉列表框中选择"Times New Roman"选项，将"字号"框设置为"小四"，而后单击"确定"按钮。

③ 设置段落格式。

单击"段落"选项组右下角的按钮，打开"段落"对话框。在"特殊格式"下拉列表框中选择"首行缩进"，设置"磅值"框的值为"2 字符"，单击"对齐方式"下拉按钮，在打开的下拉列表中选择"两端对齐"，单击"行距"下拉按钮，从中选择"固定值"，而后在"设置值"框内输入"18 磅"，最后单击"确定"按钮。

④ 单击"快速访问工具栏"上的"保存"按钮，保存文件，而后关闭该文档。

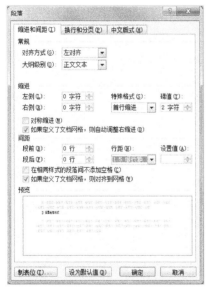

图 3-50 "段落"对话框

图 3-51 "字体"对话框

（二）表格操作

打开 Wordkt 文件夹下的 bg14d. docx 文件，按如下要求调整表格（样表参见 Wordkt 文件夹下的"bg14d. jpg"）。

A. 将文字转换为 5 行 5 列的表格。

B. 设置第 1 行行高为固定值 1.5 cm，设置第 2 行行高为固定值 1.8 cm，其余各行行高为固定值 1.2 cm。

C. 设置第1、2、3列的列宽均为2.5 cm,其余各列的列宽为3 cm。

D. 设置第一行的文字格式为黑体、小四号字,其余文字为楷体、五号字。

E. 所有单元格对齐方式为水平、垂直均居中,整个表格水平居中。

F. 按样表所示设置表格框线:粗线为1.5磅双实线,标准色中的红色,细线为0.75磅单实线,标准色中的紫色。

最后将此文档以原文件名存盘。

具体操作步骤如下:

(1)将文字转换为表格。

① 双击 Wordkt 文件夹下的 bg14d. docx 文件,将其打开,而后选中文档中的所有文字。

② 单击"插入"选项卡"表格"选项组中的"表格"下拉按钮,在打开的下拉列表中选择"将文字转换成表格"对话框,如图3-52所示,单击"确定"按钮。

图 3-52 "将文字转换成表格"对话框

(2)设置行高与列宽。

① 单击表格左上角的 ⊞ 图标选中表格,单击"表格工具"的"布局"选项卡,单击"表"选项组中的"属性"按钮,打开"表格属性"对话框,如图3-53所示。

② 设置列宽。

单击"列"选项卡,在"指定宽度"微调框中设置第1–5列的列宽均为3 cm,如图3-53(a)所示,而后通过单击"后一列"按钮,分别选中第1、2、3列,将宽度值设置为2.5 cm。

③ 设置行高。

单击"行"选项卡,选中"指定高度"复选框,设置值为1.2 cm,设置"行高值是"为"固定值"选项,这样可先将所有行的行高均设置为1.2 cm,如图3-53(b)所示;而后通过单击"下一行"按钮分别选中第1行和第2行,分别将"指定高度"设置为1.5 cm和1.8 cm。

④ 单击"确定"按钮,完成行高与列宽的设置。

（a）"列"选项卡　　　　　　　　（b）"行"选项卡

图 3-53 "表格属性"对话框

(3)设置文字字体格式。

① 选中表格,单击"开始"选项卡,在"字体"选项组中设置文字的字体为楷体、字号为五号字。

② 选中第一行,在"字体"选项组中设置文字的字体为黑体、字号为小四号字。

(4)设置单元格对齐方式和表格的对齐方式。

① 设置单元格对齐方式。

选中表格,单击"表格工具"的"布局"选项卡,单击"对齐方式"选项组中的"水平居中"按钮⊞。

② 设置表格在文档中的对齐方式。

选中表格,单击"开始"选项卡"段落"选项组中的"居中"按钮▤,将表格的对齐方式设置为"居中"。

（5）设置表格框线。

① 设置单实线。

单击表格左上角的⊞图标选中表格，单击"表格工具"的"设计"选项卡，单击"绘图边框"选项组中的"笔划粗细"下拉按钮，选择 0.75 磅，单击"笔颜色"下拉按钮，在打开的下拉列表中选择标准色下的紫色，单击"表格样式"选项组中的"边框"下拉按钮，在打开的下拉列表中选择"内部框线"按钮⊞，完成内边框的设置。

② 设置双实线。

选中表格，单击"表格工具"的"设计"选项卡，单击"绘图边框"选项组中的"笔样式"下拉按钮，选择双实线，单击"笔划粗细"下拉按钮，选择 1.5 磅，单击"笔颜色"下拉按钮，在打开的下拉列表中选择标准色下的红色，单击"表格样式"选项组中的"边框"下拉按钮，在打开的下拉列表中选择"外侧框线"按钮⊞，完成外边框的设置；选中第一行，单击"表格样式"选项组中的"边框"下拉按钮，在打开的下拉列表中选择"下框线"按钮。

（6）保存文件。

单击"快速访问工具栏"上的"保存"按钮⊟，而后关闭文件并退出 Word 应用程序。

【模拟练习 E】

（一）编辑、排版

打开 Wordkt 文件夹下的 Word14E. docx 文件，按如下要求进行编辑、排版。

1. 基本编辑

A. 将 Wordkt 文件夹下的 Word14E1. docx 文件的内容插入到 Word14E. docx 文件的尾部。

B. 将文章中所有的手动换行符"↓"替换为段落标记"↵"。

C. 将文章中"1. 质量计划的输入"和"2. 质量计划"两部分内容互换位置（包括标题及内容），并修改编号。

具体操作步骤如下：

（1）插入已有文件的内容。

① 打开 Wordkt 文件夹下的 Word14E1. docx 文件，按【Ctrl + A】组合键，或单击"开始"选项卡"编辑"选项组中的"选择"下拉按钮，从打开的下拉列表中选择"全选"命令，均可将文档中的内容全部选中。

② 单击"剪贴板"组中的"复制"按钮，或按下【Ctrl + C】组合键，将选中的内容复制到剪贴板。

③ 将光标置于 Word14E. docx 文件的末尾，单击"剪贴板"选项组中的"粘贴"按钮，或按下【Ctrl + V】组合键完成粘贴。

（2）查找与替换。

① 单击"开始"选项卡"编辑"选项组中的"替换"按钮，打开"查找和替换"对话框，单击"更多"按钮，将该对话框展开。将光标置于"查找内容"文本框，而后单击"特殊格式"按钮，从中选择"手动换行符"命令，再将光标置于"替换为"文本框内，单击"特殊格式"按钮，从中选择"段落标记"命令，如图 3-54 所示。

图 3-54　"查找和替换"对话框

② 单击"全部替换"按钮,在弹出的提示框中单击"确定"按钮,返回"查找和替换"对话框,而后将"查找和替换"对话框关闭。

（3）段落互换。

① 选中小标题"2.质量计划"及其所属内容,单击"剪贴板"组中的"剪切"按钮,或按下【Ctrl+X】组合键,完成剪切。

② 将光标放在小标题"1.质量计划的输入"前面,单击"剪贴板"组中的"粘贴"按钮;或按下【Ctrl+V】组合键,完成交换。

③ 更改序号,将小标题"2.质量计划"的序号"2"改为"1";小标题"1.质量计划的输入"的序号"1"改为"2"。

（4）保存文件。

单击"快速访问工具栏"上的"保存"按钮 ,保存文件。

2. 排版

A. 页边距:上、下为 2 cm,左、右为 2.5 cm;装订线位置为上 0.5 cm;纸张大小为 16 开,纸张方向为横向。

B. 将文章标题"项目质量管理"设置为华文新魏、二号字,加粗,标准色中的红色,水平居中,段前、段后均为 0.5 行。

C. 将小标题(1.质量计划,2.质量计划的输入,3.质量计划的手段和技巧)设置为黑体、四号字,加粗,标准色中的深蓝色,左对齐,段前、段后均为 0.3 行。

D. 将其余部分(除上面两标题以外的部分)设置为仿宋、小四号字,悬挂缩进 2 字符,两端对齐,1.5 倍行距。

将排版后的文件以原文件名存盘。

具体操作步骤如下:

（1）页面设置。

① 单击"页面布局"选项卡"页面设置"选项组右下角的 按钮,打开"页面设置"对话框。

② 单击"页边距"选项卡,设置上、下框的值为 2 cm,设置左、右框的值为 2 cm,将"装订线"框的值设置为 0.5 cm,"装订线位置"框设置为"上",选择"横向",如图 3-55 所示。

③ 单击"纸张"选项卡,在"纸张大小"下拉列表框中选择"16 开(18.4×26 厘米)"选项。

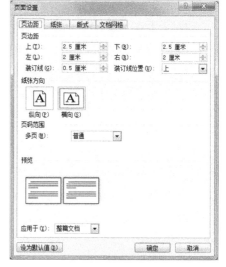

图 3-55 "页面设置"对话框

④ 单击"确定"按钮,完成页面设置。

（2）设置标题格式。

① 选中文章标题"项目质量管理"。

② 设置字体格式。

单击"开始"选项卡"字体"选项组"字体"框右侧的下拉按钮,选择"华文新魏";单击"字号"框右侧的下拉按钮,在打开的下拉列表中选择"二号";单击"字体颜色"下拉按钮,在打开的下拉列表中选择"标准色"下的"红色",最后单击"加粗"按钮 。

③ 设置标题的段落格式。

单击"段落"选项组中的"居中"按钮 设置水平居中,单击"段落"选项组右下角的 按钮,打开"段落"对话框,将"段前"、"段后"框均设置为 0.5 行,而后单击"确定"按钮完成设置。

（3）设置小标题格式。

① 选中小标题。

首先选中小标题"1.质量计划",而后按住【Ctrl】键,再分别选择小标题"2.质量计划的输入"、"3.质量计划的手段和技巧",将三个小标题全部选中后,释放【Ctrl】键。

② 设置字体格式。

分别单击"开始"选项卡"字体"选项组中的"字体""字号""字体颜色"按钮设置小标题的格式为黑体、四号字、标准色深蓝色,单击"加粗"按钮 **B** 进行加粗设置。

③ 设置段落格式。

单击"段落"选项组右下角的按钮 ,打开"段落"对话框。在"对齐方式"下拉列表框中选择"左对齐"选项,将"段前"、"段后"框的值均设置为"0.3 行",而后单击"确定"按钮完成设置。

(4)设置正文格式。

① 选中除标题和小标题外的段落。

将光标移动至文档左侧选定栏,首先选中除标题和小标题外的第一个段落,然后按住【Ctrl】键,分别选择其他段落,最后释放【Ctrl】键。

② 设置字体格式。

单击"开始"选项卡"字体"选项组中的相应按钮设置字体格式为仿宋、小四号字。

③ 设置段落格式。

单击"段落"组右下角的 按钮,打开"段落"对话框。在"特殊格式"下拉列表框中选择"悬挂缩进",设置"磅值"框的值为"2 字符",单击"对齐方式"下拉按钮,在打开的下拉列表中选择"两端对齐",单击"行距"下拉按钮,从中选择"1.5 倍行距",最后单击"确定"按钮。

(5) 单击"快速访问工具栏"上的"保存"按钮 ,保存文件,而后关闭该文档。

(二)表格操作

新建 Word 空白文档,制作一个 6 行 6 列的表格,并按如下要求调整表格(样表参见 Wordkt 文件夹下的"bg14e. jpg")。

A. 设置所有行行高均为固定值 0.8 cm。

B. 设置第 1、3、5 列的列宽为 2.2 cm,其余列列高为 2.8 cm。

C. 按样表所示合并单元格,并输入文字。

D. 设置所有文字的字体为楷体、小四号字、加粗。

E. 设置所有单元格对齐方式为水平、垂直均居中。

F. 按样表所示设置表格框线:外边框为 1.5 磅双实线,标准色中的深红色;内框线为 0.75 磅单实线,标准色中的蓝色。

G. 设置第 1 列的底纹为其他颜色,RGB 值分别为:250、191、143。

最后将此文档以文件名"bg14e. docx"另存到 Wordkt 文件夹中。

具体操作步骤如下:

(1)插入表格。

① 打开 Word 应用程序,创建空白文档。

② 单击"插入"选项卡"表格"选项组中的"表格"按钮,在打开的下拉列表中选择"插入表格"命令,打开"插入表格"对话框,在"列数"微调框中输入或选择 6,在"行数"微调框中输入 6,如图 3-56 所示。

图 3-56　"插入表格"对话框

③ 单击"确定"按钮,则创建一个 6 行 6 列的空白表格。

(2)设置行高与列宽。

① 单击表格左上角的 图标选中表格,单击"表格工具"的"布局"选项卡,单击"表"选项组中的"属性"按钮,打开"表格属性"对话框,如图 3-57 所示。

② 设置列宽。

单击"列"选项卡,在"指定宽度"微调框中设置第 1 - 6 列的列宽均为 2.8 cm,如图 3-57(a)所示,而后通过单击"后一列"按钮,分别选中第 1、3、5 列,将宽度值设置为 2.2 cm。

③ 设置行高。

单击"行"选项卡,选中"指定高度"复选框,设置值为 0.8 cm,设置"行高值是"为"固定值"选项,即可将所有行的行高均设置为 0.8 cm,如图 3-57(b)所示。

④ 单击"确定"按钮,完成行高与列宽的设置。

(a) "列"选项卡   (b) "行"选项卡

图 3-57   "表格属性"对话框

(3)合并单元格并输入文字。

同时选中第 2 行的第 2、3 个单元格,单击"表格工具"的"布局"选项卡"合并"选项组中的"合并单元格"命令,或右击选中的单元格,在弹出的快捷菜单中选择"合并单元格"命令。

选中第 1 列中的第 3、4 个单元格,单击"合并"选项组中的"合并单元格"命令。

参考样表,用同样的方法设置其他需要合并的单元格,而后输入文字。

(4)设置文字格式。

选中表格,单击"开始"选项卡,分别将"字体"选项组中的"字体"框、"字号"框设置为"楷体""小四",单击"加粗"按钮 **B**,设置文字加粗。

(5)设置单元格对齐方式。

选中表格,单击"表格工具"的"布局"选项卡,单击"对齐方式"选项组中的"水平居中"按钮 。

(6)设置表格框线。

① 设置外侧框线。

单击表格左上角的 图标选中表格,单击"表格工具"的"设计"选项卡,单击"绘图边框"选项组中的"笔样式"下拉按钮,选择双实线,单击"绘图边框"选项组中的"笔划粗细"下拉按钮,选择 1.5 磅;单击"笔颜色"下拉按钮,在打开的下拉列表中选择标准色下的深红色;单击"表格样式"选项组中的"边框"下拉按钮,在打开的下拉列表中选择"外侧框线"按钮 ,完成外边框的设置。

② 设置内边框。

单击"绘图边框"选项组中的"笔样式"下拉按钮,选择单实线,单击"绘图边框"选项组中的"笔划粗细"下拉按钮,选择 0.75 磅,单击"笔颜色"下拉按钮,在打开的下拉列表中选择标准色下的蓝色;单击"表格样式"选项组中的"边框"下拉按钮,在打开的下拉列表中选择"内部框线"按钮 ,完成内边框的设置。

图 3-58   "颜色"对话框

(7)设置底纹。

选中第一列,单击"表格样式"选项组中的"底纹"下拉按钮,在打开的下拉列表中选择"其他颜色"选项,打开"颜色"对话框,选择"自定义"选项卡,将"红色""绿色""蓝色"框的值分别设置为 250、191、143,如图 3-58 所示,而后单击"确定"按钮。

（8）保存文件。

单击"快速访问工具栏"上的"保存"按钮 ，打开"另存为"对话框，选择文件保存的位置，并以 bg14e. docx 为名进行保存，而后关闭文件并退出 Word 应用程序。

【模拟练习 F】

（一）编辑、排版

打开 Wordkt 文件夹下的 Word14F. docx 文件，按如下要求进行编辑、排版。

1. 基本编辑

A. 在第一段前插入一行，输入标题为"水族馆"。

B. 将文章中"（一）完善"和"（三）雏形"两部分内容互换位置（包括标题及内容），并修改编号。

C. 将文中所有的"水族管"替换为"水族馆"。

具体操作步骤如下：

（1）插入新行。

① 将光标置于第一段前，按下【Enter】键，可插入一个空行。

② 输入标题"水族馆"。

（2）段落互换。

① 选中小标题"（三）雏形"及其所属内容，单击"剪贴板"组中的"剪切"按钮，或按下【Ctrl + X】组合键，完成剪切。

② 将光标放在小标题"（一）完善"前面，单击"剪贴板"组中的"粘贴"按钮；或按下【Ctrl + V】组合键，完成交换。

③ 选中小标题"（二）发展"及其所属内容，单击"剪贴板"组中的"剪切"按钮，或按下【Ctrl + X】组合键，完成剪切。

④ 将光标放在小标题"（一）完善"前面，单击"剪贴板"组中的"粘贴"按钮；或按下【Ctrl + V】组合键，完成交换。

⑤ 更改序号，将小标题"（一）完善"的序号"一"改为"三"；小标题"（三）雏形"的序号"三"改为"一"。

（3）查找与替换。

① 单击"开始"选项卡"编辑"选项组中的"替换"按钮，打开"查找和替换"对话框。在"查找内容"框中输入"水族管"，在"替换为"框中输入"水族馆"，如图 3-59 所示。

图 3-59 "查找和替换"对话框

② 单击"全部替换"按钮，在弹出的提示框中单击"确定"按钮，返回"查找和替换"对话框，而后将"查找和替换"对话框关闭。

（4）保存文件

单击"快速访问工具栏"上的"保存"按钮 ，保存文件。

2. 排版

A. 页边距：上、下为 2 cm，左、右均为 2.5 cm；纸张大小 A4，纸张方向为横向；页眉页脚距边界均为 1 cm。

B. 将文章标题"水族馆"设置为华文彩云、小一号字，标准色中的红色，水平居中，段前段后距均为 1 行。

C. 将小标题（（一）雏形，（二）发展，（三）完善）设置为楷体、四号字，加粗、倾斜，标准色中的深红色，左对齐,段前 0.5 行。

D. 将其余部分(除上面两标题以外的部分)的中文字体设置为黑体,英文字体设置为 Times New Roman,小四号,两端对齐,悬挂缩进 2 字符,1.25 倍行距。

将排版后的文件以原文件名存盘。

具体操作步骤如下:

(1)页面设置。

① 单击"页面布局"选项卡"页面设置"选项组右下角的 ▣ 按钮,打开"页面设置"对话框,如图 3-60 所示。

② 单击"页边距"选项卡,设置上、下框的值均设置为 2 cm,将左、右框的值均设置为 2.5 cm,如图 3-60(a)所示。

③ 单击"纸张"选项卡,在"纸张大小"下拉列表框中选择"A4"选项。

④ 单击"版式"选项卡,将"页眉"框设置为"1 cm",将"页脚"框设置为"1.5 cm",如图 3-60(b)所示。

⑤ 单击"确定"按钮,完成页面设置。

(a)"页边距"选项卡 (b)"版式"选项卡

图 3-60 "页面设置"对话框

(2)设置标题格式。

① 选中文章标题"水族馆"。

② 设置字体格式。

单击"开始"选项卡"字体"选项组"字体"框右侧的下拉按钮,选择"华文彩云"选项;单击"字号"框右侧的下拉按钮,在打开的下拉列表框中选择"小一号"选项;单击"字体颜色"下拉按钮,在打开的下拉列表中选择"标准色"下的"红色"选项。

③ 设置标题的段落格式。

单击"段落"选项组中的"居中"按钮 ≡ 设置水平居中,单击"段落"选项组右下角的 ▣ 按钮,打开"段落"对话框,将"段前"、"段后"框的值均设置为"1 行",而后单击"确定"按钮完成设置。

(3)设置小标题格式。

① 选中小标题。

首先选中小标题"(一)雏形",而后按住【Ctrl】键,再分别选择小标题"(二)发展"、"(三)完善",将三个小标题全部选中后,释放【Ctrl】键。

② 设置字体格式。

分别单击"开始"选项卡"字体"选项组中的"字体""字号""字体颜色"按钮设置小标题的格式为楷体、四号字、标准色深红色,单击"加粗"按钮 B 进行加粗设置,单击"倾斜"下拉按钮 I。

③ 设置段落格式。

单击"段落"选项组右下角的按钮▣,打开"段落"对话框。在"对齐方式"下拉列表框中选择"左对齐"选项,将"段前"框设置为"0.5 行",而后单击"确定"按钮完成设置。

(4)设置正文格式。

① 选中除标题和小标题外的段落。

将光标移动至文档左侧选定栏,首先选中除标题和小标题外的第一个段落,然后按住【Ctrl】键,分别选择其他段落,最后释放【Ctrl】键。

② 设置字体格式。

单击"开始"选项卡"字体"选项组右下角的▣按钮,打开"字体"对话框,如图 3-61 所示。将"中文字体"框设置为"黑体",在"西文字体"下拉列表框中选择"Times New Roman",将"字号"框设置为"小四",而后单击"确定"按钮。

③ 设置段落格式。

单击"段落"选项组右下角的▣按钮,打开"段落"对话框。在"特殊格式"下拉列表框中选择"悬挂缩进"选项,设置"磅值"框的值为"2 字符",单击"对齐方式"下拉按钮,在打开的下拉列表中选择"两端对齐"选项,单击"行距"下拉按钮,从中选择"多倍行距"选项,而后在"设置值"框内输入"1.25",如图 3-62 所示,最后单击"确定"按钮。

④ 单击"快速访问工具栏"上的"保存"按钮▣,保存文件,而后关闭该文档。

图 3-61　"字体"对话框

图 3-62　"段落"对话框

(二)表格操作

打开 Wordkt 文件夹下的 bg14f. docx 文件,按如下要求调整表格(样表参见 Wordkt 文件夹下的"bg14f. jpg"):

A. 在最后一列右侧插入一列,并输入列标题"平均销售量"。

B. 在列标题为"平均销售量"列下面的各单元格中计算其左边相应数据的平均值,编号格式为"0"。

C. 设置第 1 行高为固定值 1.2 cm,其余各行行高为固定值 0.8 cm,各列列宽分别为:2、2.5、2.5、2.5、2.5、3 cm。

D. 设置所有文字的字体为楷体、小四号字,加粗。

E. 设置所有单元格对齐方式为水平、垂直均居中。

F. 按样表所示设置表格框线:外部框线为 1.5 磅实线,标准色中的红色;内部框线为 0.75 磅实线;第一行的底纹为标准色中的黄色。

最后将此文档以原文件名存盘。

具体操作步骤如下：

(1)插入新列。

① 双击 Wordkt 文件夹下的 bg14f. docx 文件,将其打开。

② 选中最右侧一列,单击"表格工具"的"布局"选项卡,单击"行和列"选项组中"在右侧插入"按钮,即可在最右侧插入一个空白列。

③ 在该空白列的第一个单元格内输入文字"平均销售量",作为该列的标题。

(2)公式计算"平均销售量"列数据。

图 3-63   "公式"对话框

① 将光标置于"平均销售量"列下的第一个空白单元格内,单击"表格工具"的"布局"选项卡,单击"数始"选项组中的"公式"按钮,打开"公式"对话框,如图 3-63 所示。此时"公式"文本框中自动显示求和公式" = SUM(LEFT)",将其修改为" = AVERAGE(LEFT)",即对该单元格左侧的各单元格内的数据进行求平均值的计算,单击"编号格式"下拉按钮,从中选择"0"选项,而后单击"确定"按钮进行确认。

② 将光标置于"平均销售量"列下的第二个空白单元格内,再次将"公式"对话框打开,此时"公式"文本框内显示" = SUM(ABOVE)",将其修改为" = AVERAGE(LEFT)",并将"编号格式"设置为"0",最后单击"确定"按钮进行确认。

③ 按步骤②的方法,依次计算"平均销售量"列下的其他单元格。

(3)设置行高与列宽。

① 单击表格左上角的 ⊞ 图标选中表格,单击"表格工具"的"布局"选项卡,单击"表"选项组中的"属性"按钮,打开"表格属性"对话框,如图 3-64 所示。

② 设置列宽。

单击"列"选项卡,在"指定宽度"微调框中设置第 1 – 6 列的列宽均为 2.5 cm,如图 3-64(a)所示,而后通过单击"后一列"按钮,分别选中第 1 列和第 6 列,将宽度值分别设置为 2、3 cm。

③ 设置行高。

单击"行"选项卡,选中"指定高度"复选框,设置值为 0.8 cm,设置"行高值是"为"固定值"选项,这样可先将所有行的行高均设置为 0.8 cm,如图 3-64(b)所示;而后通过单击"下一行"按钮选中第 1 行,将"指定高度"设置为 1.2 cm。

④ 单击"确定"按钮,完成行高与列宽的设置。

(a) "列"选项卡

(b) "行"选项

图 3-64   "表格属性"对话框

（4）设置文字字体格式。

选中表格，单击"开始"选项卡，在"字体"选项组中设置文字的字体为楷体、字号为小四号字，并单击"加粗"按钮。

（5）设置单元格的对齐方式。

选中表格，单击"表格工具"的"布局"选项卡，单击"对齐方式"选项组中的"水平居中"按钮，可将所有单元格的对齐方式均设置为水平、垂直均居中。

（6）设置表格框线。

① 设置外侧框线。

单击表格左上角的图标选中表格，单击"表格工具"的"设计"选项卡，单击"绘图边框"选项组中的"笔划粗细"下拉按钮，选择 1.5 磅；单击"笔颜色"下拉按钮，在打开的下拉列表中选择标准色下的红色；单击"表格样式"选项组中的"边框"下拉按钮，在打开的下拉列表中选择"外侧框线"按钮，完成外边框的设置。

② 设置内边框。

单击"绘图边框"选项组中的"笔样式"下拉按钮，选择单实线，单击"绘图边框"选项组中的"笔划粗细"下拉按钮，选择 0.75 磅；单击"笔颜色"下拉按钮，在打开的下拉列表中选择"自动"；单击"表格样式"选项组中的"边框"下拉按钮，在打开的下拉列表中选择"内部框线"按钮，完成内边框的设置。

（7）设置底纹。

选中第一行，单击"表格工具"的"设计"选项卡，单击"表格样式"选项组中的"底纹"下拉按钮，在打开的下拉列表中选择标准色中的黄色。

（8）保存文件。

单击"快速访问工具栏"上的"保存"按钮，保存文件，而后关闭该文档退出 Word 应用程序。

【模拟练习 G】

（一）编辑、排版

打开 Wordkt 文件夹下的 Word14G. docx 文件，按如下要求进行编辑、排版。

1. 基本编辑

A. 将文章中"3. 大数距"和"5. 云存储"两部分内容互换位置（包括标题及内容），并修改编号。

B. 将文章中所有的"数距"替换为"数据"。

具体操作步骤如下：

（1）段落互换。

① 选中小标题"5. 云存储"及其所属内容，单击"剪贴板"选项组中的"剪切"按钮，或按下【Ctrl + X】组合键，完成剪切。

② 将光标放在小标题"3. 大数距"前面，单击"剪贴板"组中的"粘贴"按钮；或按下【Ctrl + V】组合键，完成交换。

③ 选中小标题"4. 云游戏"及其所属内容，单击"剪贴板"组中的"剪切"按钮，或按下【Ctrl + X】组合键，完成剪切。

④ 将光标放在小标题"3. 大数距"前面，单击"剪贴板"组中的"粘贴"按钮；或按下【Ctrl + V】组合键，完成交换。

⑤ 更改序号，将小标题"5. 云存储"的序号"5"改为"3"；小标题"3. 大数距"的序号"3"改为"5"。

（2）查找与替换。

① 单击"开始"选项卡"编辑"选项组中的"替换"按钮，打开"查找和替换"对话框。在"查找内容"框中输入"数距"，在"替换为"框中输入"数据"，如图 3-65 所示。

图 3-65　"查找和替换"对话框

② 单击"全部替换"按钮,在弹出的提示框中单击"确定"按钮,返回"查找和替换"对话框,而后将"查找和替换"对话框关闭。

(3)保存文件。

单击"快速访问工具栏"上的"保存"按钮,保存文件。

2. 排版

A. 页边距:上、下为 2.2 cm,左、右为 3 cm;纸张大小为 A4;页眉、页脚距边界均为 1 cm。

B. 将文章标题"云计算的应用"设置为华文行楷、二号字,标准色中的红色,加下划线,水平居中,段前、段后均为 1 行。

C. 将小标题(1. 云物联,2. 云安全,…,5. 大数据)设置为楷体、小四号字,标准色中的蓝色,加粗,左对齐,段前 0.5 行。

D. 将其余部分(除上面两标题以外的部分)中文字体设置为仿宋,英文字体设置为 Times New Roman,小四号字,加粗,首行缩进 2 字符,两端对齐,1.25 倍行距。

将排版后的文件以原文件名存盘。

具体操作步骤如下:

(1)页面设置。

① 单击"页面布局"选项卡"页面设置"选项组右下角的按钮,打开"页面设置"对话框。

② 单击"页边距"选项卡,设置上、下框的值均设置为 2.2 cm,将左、右框的值均设置为 3 cm。

③ 单击"纸张"选项卡,在"纸张大小"下拉列表框中选择"A4"选项。

④ 单击"版式"选项卡,将"页眉""页脚"框均设置为"1 cm"。

⑤ 单击"确定"按钮,完成页面设置。

(2)设置标题格式。

① 选中文章标题"云计算的应用"。

② 设置字体格式。

单击"开始"选项卡"字体"选项组"字体"框右侧的下拉按钮,选择"华文行楷"选项;单击"字号"框右侧的下拉按钮,在打开的下拉列表选项中选择"二号"选项;单击"字体颜色"下拉按钮,在打开的下拉列表中选择"标准色"下的"红色"选项,单击"下划线"按钮 U 为标题添加下划线。

③ 设置标题的段落格式。

单击"段落"选项组中的"居中"按钮 设置水平居中,单击"段落"选项组右下角的 按钮,打开"段落"对话框,将"段前""段后"框的值均设置为"1 行",而后单击"确定"按钮完成设置。

(3)设置小标题格式。

① 选中小标题。

首先选中小标题"1. 云物联",而后按住【Ctrl】键,再分别选择小标题"2. 云安全"、…、"5. 大数据",将小标题全部选中后,释放【Ctrl】键。

② 设置字体格式。

分别单击"开始"选项卡"字体"选项组中的"字体""字号""字体颜色"按钮设置小标题的格式为楷体、小四号字、标准色蓝色,单击"加粗"按钮 B 进行加粗设置。

③ 设置段落格式。

单击"段落"选项组右下角的按钮,打开"段落"对话框。在"对齐方式"下拉列表框中选择"左对齐"选项,将"段后"框的值设置为"0.5 行",而后单击"确定"按钮完成设置。

(4)设置正文格式。

① 选中除标题和小标题外的段落。

将光标移动至文档左侧选定栏,首先选中除标题和小标题外的第一个段落,然后按住【Ctrl】键,分别选择其他段落,最后释放【Ctrl】键。

② 设置字体格式。

单击"开始"选项卡"字体"选项组右下角的  按钮,打开"字体"对话框,如图 3-66 所示。将"中文字体"框设置为"仿宋",在"西文字体"下拉列表框中选择"Times New Roman",将"字号"框设置为"小四",将"字形"设置为"加粗",而后单击"确定"按钮。

③ 设置段落格式。

单击"段落"选项组右下角的 按钮,打开"段落"对话框。在"特殊格式"下拉列表框中选择"首行缩进",设置"磅值"框的值为"2 字符",单击"对齐方式"下拉按钮,在打开的下拉列表中选择"两端对齐",单击"行距"下拉按钮,从中选择"多倍行距",而后将"设置值"框的值设置为"1.25",最后单击"确定"按钮。

④ 单击"快速访问工具栏"上的"保存"按钮 ,保存文件,而后关闭该文档。

图 3-66 "字体"对话框

(二)表格操作

新建 Word 空白文档,制作一个 6 行 7 列的表格,并按如下要求调整表格(样表参见 Wordkt 文件夹下的"bg14g.jpg")。

A. 设置第 1、2 行高为固定值 1.2 cm,其余各行行高为固定值 0.6 cm。

B. 设置第 1、2 列的列宽为 1 cm,其余各列列宽为 2 cm。

C. 按样表所示合并单元格,并输入文字。设置第一行文字为楷体、四号字、加粗,其余文字为宋体、五号字。

D. 除第二行第一列单元格外,设置其他所有单元格对齐方式为水平、垂直均居中。

E. 按样表所示设置表格框线:粗线为 1.5 磅双实线,标准色中的蓝色;细线为 0.75 磅单实线。

F. 设置第一行的底纹图案样式为 12.5%。

最后将此文档以文件名"bg14g.docx"另存到 Wordkt 文件夹中。

具体操作步骤如下:

(1)插入表格。

① 打开 Word 应用程序,创建空白文档。

② 单击"插入"选项卡"表格"选项组中的"表格"按钮,在打开的下拉列表中选择"插入表格"命令,打开"插入表格"对话框,在"列数"微调框中输入或选择 7,在"行数"微调框中输入 6。

③ 单击"确定"按钮,则创建一个 6 行 7 列的空白表格。

(2)设置行高与列宽。

① 单击表格左上角的 图标选中表格,单击"表格工具"的"布局"选项卡,单击"表"选项组中的"属性"按钮,打开"表格属性"对话框,如图 3-67 所示。

(a) "列"选项卡

(b) "行"选项卡

图 3-67 "表格属性"对话框

② 设置列宽。

单击"列"选项卡，在"指定宽度"微调框中设置第 1 – 7 列的列宽均为 2 cm，如图 3-67(a)所示，而后通过单击"后一列"按钮，分别选中第 1 列和第 2 列，将宽度值均设置为 1 cm。

③ 设置行高。

单击"行"选项卡，选中"指定高度"复选框，设置值为 0.6 cm，设置"行高值是"为"固定值"选项，这样可先将所有行的行高均设置为 0.6 cm，如图 3-67(b)所示；而后通过单击"下一行"按钮分别选中第 1 行和第 2 行，将"指定高度"均设置为 1.2 cm。

④ 单击"确定"按钮，完成行高与列宽的设置。

(3)合并单元格。

选中第 1 行，单击"表格工具"的"布局"选项卡，单击"合并"选项组中的"合并单元格"命令，或右击选中的单元格，在弹出的快捷菜单中选择"合并单元格"命令。

参考样表，用同样的方法设置其他需要合并的单元格，并在相应单元格中输入文字。

(4)设置文字字体格式。

选中表格，单击"开始"选项卡，在"字体"选项组中设置文字的字体为宋体、字号为五号字，选中第一行，设置字体为楷体、四号字，并单击"加粗"按钮。

(5)设置单元格对齐方式。

① 设置单元格对齐方式。

选中表格，单击"表格工具"的"布局"选项卡"对齐方式"选项组中的"水平居中"按钮▤。

② 选中第二行第一列单元格中的文字"星期"，单击"段落"选项组中的"文本右对齐"按钮，选中文字"节次"，单击"段落"选项组中的"文本左对齐"按钮。

(6)设置表格框线。

① 设置单实线。

单击表格左上角的⊞图标选中表格，单击"表格工具"的"设计"选项卡，单击"绘图边框"选项组中的"笔划粗细"下拉按钮，选择 0.75 磅，单击"表格样式"选项组中的"边框"下拉按钮，在打开的下拉列表中选择"内部框线"按钮⊞，完成内边框的设置。

② 设置双实线。

选中表格，单击"表格工具"的"设计"选项卡，单击"绘图边框"选项组中的"笔样式"下拉按钮，选择双实线，单击"笔划粗细"下拉按钮，选择 1.5 磅，单击"笔颜色"下拉按钮，在打开的下拉列表中选择标准色下的蓝色，单击"表格样式"选项组中的"边框"下拉按钮，在打开的下拉列表中选择"外侧框线"按钮▢，完成外边框的设置；选中第一行，单击"表格样式"选项组中的"边框"下拉按钮，在打开的下拉列表中选择"下框线"按钮，依次方法，分别设置其余双实线。

(7)设置底纹。

选中第一行，单击"绘图边框"选项组右下角的按钮▣，打开"边框和底纹"对话框，如图 3-68 所示，单击"底纹"选项卡，单击"样式"框下拉按钮，从打开的下拉列表中选择"12.5%"选项，而后单击"确定"按钮。

(8)保存文件。

单击"快速访问工具栏"上的"保存"按钮▤，打开"另存为"对话框，选择文件保存的位置，并以 bg14g. docx 为名进行保存，而后关闭文件并退出 Word 应用程序。

[模拟练习 H]

(一)编辑、排版

打开 Wordkt 文件夹下的 Word14H. docx 文件，按如下

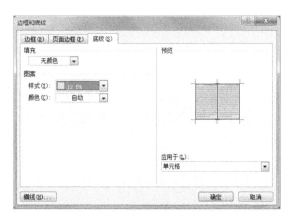

图 3-68 "边框和底纹"对话框

要求进行编辑、排版。

1. 基本编辑。

A. 将文章中最后一个段落中的"因私"替换为"隐私"。

B. 将"1. 作用"和"2. 概念"两部分内容互换位置(包括标题及内容),并修改序号。

C. 在文章标题"什么是 Cookies?"前后各添加一个空行。

具体操作步骤如下:

(1)查找与替换。

① 单击"开始"选项卡"编辑"选项组中的"替换"按钮,打开"查找和替换"对话框。在"查找内容"框中输入"因私",在"替换为"框中输入"隐私",如图 3-69 所示。

图 3-69　"查找和替换"对话框

② 单击"全部替换"按钮,在弹出的提示框中单击"确定"按钮,返回"查找和替换"对话框,而后将"查找和替换"对话框关闭。

(2)段落互换。

① 选中小标题"2. 概念"及其所属内容,单击"剪贴板"组中的"剪切"按钮,或按下【Ctrl + X】组合键,完成剪切。

② 将光标放在小标题"1. 作用"前面,单击"剪贴板"组中的"粘贴"按钮;或按下【Ctrl + V】组合键,完成交换。

③ 更改序号,将小标题"2. 概念"的序号"2"改为"1";小标题"1. 作用"的序号"1"改为"2"。

(3)插入新行。

将光标置于标题"什么是 Cookies?"之前,按下【Enter】键,添加一个空行。将光标置于标题末尾,按下【Enter】键,再添加一个空行。

(4)保存文件。

单击"快速访问工具栏"上的"保存"按钮 ,保存文件。

2. 排版

A. 页边距:上、下为 2 cm,左、右为 2.5 cm;纸张大小为 A4;纸张方向为横向。

B. 将文章标题"什么是 Cookies?"设置为华文行楷、小一号字,加粗,标准色中的红色,水平居中。

C. 将小标题(1. 概念,2. 作用,3. 存在问题)设置为华文新魏、小四号字、加粗,标准色中的深红,左对齐,段前、段后 0.5 行。

D. 将其余部分(除上面两标题以外的部分)设置为黑体、五号字,悬挂缩进 2 字符,两端对齐,1.5 倍行距。

将排版后的文件以原文件名存盘。

具体操作步骤如下:

(1)页面设置。

① 单击"页面布局"选项卡"页面设置"选项组右下角的 按钮,打开"页面设置"对话框。

② 单击"页边距"选项卡,设置上、下框的值为 2 cm,左、右框的值均设置为 2.5 cm,选定"纸张方向"为"横向"。

③ 选择"纸张"选项卡,在"纸张大小"下拉列表框中选择"A4"选项。

④ 单击"确定"按钮,完成页面设置。

(2)设置标题格式。

① 选中文章标题"什么是 Cookies?"。

② 设置字体格式。

单击"开始"选项卡"字体"选项组"字体"框右侧的下拉按钮,选择"华文行楷";单击"字号"框右侧的下拉按钮,在打开的下拉列表中选择"小一号";单击"字体颜色"下拉按钮,在打开的下拉列表中选择"标准色"下的"红色",单击"加粗"按钮 B 进行加粗设置。

③ 设置标题的段落格式。

单击"段落"选项组中的"居中"按钮 ≡ 设置水平居中,而后单击"确定"按钮完成设置。

(3)设置小标题格式。

① 选中小标题。

首先选中小标题"1. 概念",而后按住【Ctrl】键,再分别选择小标题"2. 作用"、"3. 存在问题",将两个小标题全部选中后,释放【Ctrl】键。

② 设置字体格式。

分别单击"开始"选项卡"字体"选项组中的"字体""字号""字体颜色"按钮设置小标题的格式为华文新魏、小四号字、标准色深红,单击"加粗"按钮 B 进行加粗设置。

③ 设置段落格式。

单击"段落"选项组右下角的按钮 ,打开"段落"对话框。在"对齐方式"下拉列表框中选择"左对齐"选项,将"段前"、"段后"框的值均设置为"0.5 行"。

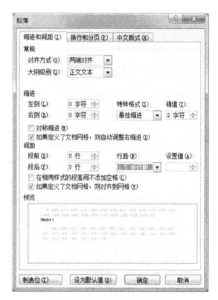

图 3-70 "段落"对话框

(4)设置正文格式。

① 选中除标题和小标题外的段落。

将光标移动至文档左侧选定栏,首先选中除标题和小标题外的第一个段落,然后按住【Ctrl】键,分别选择其他段落,最后释放【Ctrl】键。

② 设置字体格式。

单击"开始"选项卡"字体"选项组中的相应按钮设置字体格式为黑体、五号字。

③ 设置段落格式。

单击"段落"选项组右下角的 按钮,打开"段落"对话框。在"特殊格式"下拉列表框中选择"悬挂缩进"选项,设置"磅值"框的值为"2 字符",单击"对齐方式"下拉按钮,在打开的下拉列表中选择"两端对齐",单击"行距"下拉按钮,从中选择"1.5 倍行距"选项,如图 3-70 所示,最后单击"确定"按钮。

④ 单击"快速访问工具栏"上的"保存"按钮 ,保存文件,而后关闭该文档。

(二)表格操作

打开 Wordkt 文件夹下的 bg14h.docx 文件,按如下要求调整表格(样表参见 Wordkt 文件夹下的"bg14h.jpg")。

A. 将所有文本转换为 15 行 4 列的表格。

B. 设置各列的列宽分别为:3.2、3、3、4 cm。

C. 设置第 1 行的行高为固定值 2 cm,其余各行为固定值 1 cm。

D. 按样表所示合并单元格,并在"金额合计"单元格后填充"金额(元)"列中各个金额值的总和。

E. 设置第 1 行文字的楷体、小二号字,加粗,标准色中的红色,其余文字的字体为楷体、四号字。

F. 设置所有单元格对齐方式为水平、垂直均居中,整个表格水平居中。

G. 按样表所示设置表格框线:粗线为 3 磅实线;细线为 1 磅实线、标准色中的蓝色;第一行的框线为 0.5 磅虚线(虚线第一种)。

H. 设置第 1 行的底纹为其他颜色,RGB 值分别为 255、255、204;第 2 行的底纹图案样式为 15% 。

最后将此文档以原文件名存盘。

具体操作步骤如下:

(1)将文字转换为表格。

① 双击 Wordkt 文件夹下的 bg14h. docx 文件,将其打开,而后选中文档中的所有文字。

② 单击"插入"选项卡"表格"选项组中的"表格"下拉按钮,在打开的下拉列表中选择"将文字转换成表格"对话框,如图 3-71 所示,单击"确定"按钮。

图 3-71 "将文字转换成表格"对话框

(2)设置行高与列宽。

① 单击表格左上角的 ⊞ 图标选中表格,单击"表格工具"的"布局"选项卡,单击"表"选项组中的"属性"按钮,打开"表格属性"对话框,如图 3-72 所示。

② 设置列宽。

单击"列"选项卡,在"指定宽度"微调框中设置第 1 – 4 列的列宽均为 3 cm,如图 3-72(a)所示,而后通过单击"后一列"按钮,分别选中第 1 列和第 4 列,将宽度值分别设置为 3.2 cm 和 4 cm。

③ 设置行高。

单击"行"选项卡,选中"指定高度"复选框,设置值为 1 cm,设置"行高值是"为"固定值"选项,这样可先将所有行的行高均设置为 1 cm,如图 3-72(b)所示;而后通过单击"下一行"按钮选中第 1 行,将"指定高度"设置为 2 cm。

④ 单击"确定"按钮,完成行高与列宽的设置。

(a) "列"选项卡   (b) "行"选项卡

图 3-72 "表格属性"对话框

(3)合并单元格。

选中第 1 行,单击"表格工具"的"布局"选项卡,单击"合并"选项组中的"合并单元格"命令,或右击选中的单元格,在弹出的快捷菜单中选择"合并单元格"命令。

参考样表,用同样的方法设置其他需要合并的单元格。

(4)公式计算"金额合计"。

将光标置于"金额合计"单元格后的空白单元格内,单击"表格工具"的"布局"选项卡,单击"数始"选项组中的"公式"按钮,打开"公式"对话框,如图 3-73 所示。此时"公式"框下自动显示求和公式"= SUM(A-

BOVE)",单击"确定"按钮进行确认。

（5）设置文字字体格式。

① 选中表格,单击"开始"选项卡,在"字体"选项组中设置文字的
字体为楷体、字号为四号字。

②选中第一行,在"字体"选项组中设置文字的字体为楷体、字号为
小二号字,标准色红色。

（6）单元格对齐方式和表格的对齐方式。

① 设置单元格对齐方式。

选中表格,单击"表格工具"的"布局"选项卡,单击"对齐方式"选项组中的"水平居中"按钮▤。

② 设置表格在文档中的对齐方式。

选中表格,单击"开始"选项卡,单击"段落"选项组中的"居中"按钮▤,将表格的对齐方式设置为"居中"。

（7）设置表格框线。

① 设置细线。

单击表格左上角的▦图标选中表格,单击"表格工具"的"设计"选项卡,单击"绘图边框"选项组中的
"笔划粗细"下拉按钮,选择1磅,单击"笔颜色"下拉按钮,在打开的下拉列表中选择标准色下的蓝色,单击
"表格样式"选项组中的"边框"下拉按钮,在打开的下拉列表中选择"内部框线"按钮▦,完成细线的设置。

② 设置粗线。

选中除第一行外的所有单元格,单击"表格工具"的"设计"选项卡,单击"笔划粗细"下拉按钮,选择3
磅,单击"笔颜色"下拉按钮,在打开的下拉列表中选择"自动",单击"表格样式"选项组中的"边框"下拉按
钮,在打开的下拉列表中选择"外侧框线"按钮▦,选中"金融合计"行,单击"表格样式"选项组中的"边框"
下拉按钮,在打开的下拉列表中选择"下框线"按钮,完成粗线的设置。

③ 设置虚线。

选中第一行,单击"绘图边框"选项组中的"笔样式"下拉按钮,选择虚线,单击"笔划粗细"下拉按钮,选
择0.5磅,单击"表格样式"选项组中的"边框"下拉按钮,分别选择"上框线"、"左框线"、"右框线"按钮,可
将第一行的上、左和右侧框线设置为虚线。

（8）设置底纹。

①选中第一行,单击"表格样式"选项组中的"底纹"下拉按钮,在打开的下拉列表中选择"其他颜色",
打开"颜色"对话框,选择"自定义"选项卡,将"红色""绿色""蓝色"框的值分别设置为255、255、204,如
图3-74所示,而后单击"确定"按钮。

② 选中第二行,单击"绘图边框"选项组右下角的按钮▣,打开"边框和底纹"对话框,如图3-75所示,
选择"底纹"选项卡,单击"样式"框下拉按钮,从打开的下拉列表中选择"15%",而后单击"确定"按钮。

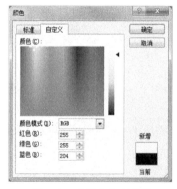

图3-74　"颜色"对话框

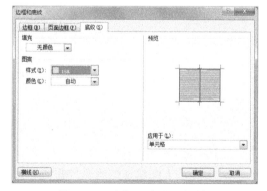

图3-75　"边框和底纹"对话框

（9）保存文件。

单击"快速访问工具栏"上的"保存"按钮▣,而后关闭文件并退出Word应用程序。

【模拟练习 I】

（一）编辑、排版

打开 Wordkt 文件夹下的 Word14I. docx 文件，按如下要求进行编辑、排版。

1. 基本编辑

A. 删除文章中的所有空行。

B. 在第一段之前插入一个空行，输入文章标题"计算机语言"。

C. 将文章中的所有英文的"( )"替换为中文的"（）"。

具体操作步骤如下：

（1）删除空行。

依次将光标放在空行起始处，按【Del】按键即可删除空行。

（2）插入空行。

① 将光标置于第一段之前，按下【Enter】键，可插入一个空行。

② 输入文字"计算机语言"。

（3）查找与替换。

① 单击"开始"选项卡"编辑"选项组中的"替换"按钮，打开"查找和替换"对话框。在"查找内容"框中输入英文的符号"("，在"替换为"框中输入中文符号"（"，如图 3-76(a)所示。

(a)　　　　　　　　　　　　　　　　(b)

图 3-76　"查找和替换"对话框

② 单击"全部替换"按钮，在弹出的提示框中单击"确定"按钮，返回"查找和替换"对话框。

③ 在"查找内容"框中输入英文符号")"，在"替换为"框中输入中文符号"）"，如图 3-76(b)所示。

④ 单击"全部替换"按钮，在弹出的提示框中单击"确定"按钮，返回"查找和替换"对话框。而后将"查找和替换"对话框关闭。

（4）保存文件。

单击"快速访问工具栏"上的"保存"按钮，保存文件。

2. 排版

A. 页边距：上、下、左、右均为 2 cm；纸张大小为 16 开；页眉页脚距边界均为 1 cm。

B. 将文章标题"计算机语言"设置为华文彩云、小二号字，加粗，标准色中的深蓝色，水平居中，段前、段后均为 1 行。

C. 将小标题(1. 机器语言，2. 汇编语言，3. 高级语言)设置为黑体、小四号字，标准色中的蓝色，左对齐，段前 0.5 行。

D. 将其余部分(除上面两标题以外的部分)设置为隶书、五号字，首行缩进 2 字符，两端对齐，行距为固定值 15 磅。

将排版后的文件以原文件名存盘。

具体操作步骤如下：

（1）页面设置。

① 单击"页面布局"选项卡"页面设置"选项组右下角的按钮，打开"页面设置"对话框。

② 单击"页边距"选项卡，设置上、下、左、右框的值均设置为 2 cm。

③ 单击"纸张"选项卡，在"纸张大小"下拉列表框中选择"16 开(18.4×26 cm)"选项。

④ 单击"版式"选项卡,将"页眉"、"页脚"框均设置为"1 cm"。

⑤ 单击"确定"按钮,完成页面设置。

(2)设置标题格式。

① 选中文章标题"计算机语言"。

② 设置字体格式。

单击"开始"选项卡"字体"选项组"字体"框右侧的下拉按钮,选择"华文彩云"选项;单击"字号"框右侧的下拉按钮,在打开的下拉列表中选择"小二号"选项;单击"字体颜色"下拉按钮,在打开的下拉列表中选择"标准色"下的"深蓝"选项,单击"加粗"按钮 **B** 进行加粗设置。

③ 设置标题的段落格式。

单击"段落"选项组中的"居中"按钮 ≡ 设置水平居中,单击"段落"选项组右下角的 按钮,打开"段落"对话框,将"段前"、"段后"框的值均设置为"1 行",而后单击"确定"按钮完成设置。

(3)设置小标题格式。

① 选中小标题。

首先选中小标题"1. 机器语言",而后按住【Ctrl】键,再分别选择小标题"2. 汇编语言"、"3. 高级语言"将三个小标题全部选中后,释放【Ctrl】键。

② 设置字体格式。

分别单击"开始"选项卡"字体"选项组中的"字体""字号""字体颜色"按钮设置小标题的格式为黑体、小四号字、标准色蓝色。

③ 设置段落格式。

单击"段落"选项组右下角的按钮 ,打开"段落"对话框。在"对齐方式"下拉列表框中选择"左对齐"选项,将"段前"设置为"0.5 行",而后单击"确定"按钮完成设置。

(4)设置正文格式。

① 选中除标题和小标题外的段落。

将光标移动至文档左侧选定栏,首先选中除标题和小标题外的第一个段落,然后按住【Ctrl】键,分别选择其他段落,最后释放【Ctrl】键。

② 设置字体格式。

单击"开始"选项卡"字体"选项组中的相应按钮设置字体格式为隶书、五号字。

③ 设置段落格式。

单击"段落"选项组右下角的 按钮,打开"段落"对话框。在"特殊格式"下拉列表框中选择"首行缩进"选项,设置"磅值"框的值为"2 字符",单击"对齐方式"下拉按钮,在打开的下拉列表中选择"两端对齐"选项,单击"行距"下拉按钮,从中选择"固定值"选项,而后将"设置值"框的值设置为"15 磅",如图 3-77 所示,最后单击"确定"按钮。

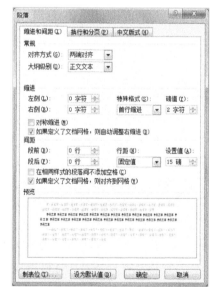

图 3-77 "段落"对话框

④ 单击"快速访问工具栏"上的"保存"按钮 ,保存文件,而后关闭该文档。

(二)表格操作

新建 Word 空白文档,制作一个 6 行 5 列的表格,并按如下要求调整表格(样表参见 Wordkt 文件夹下的"bg14i. jpg")。

A. 设置第 1~4 行高为固定值 0.8 cm,第 5 行行高为固定值 1.6 cm,第 6 行行高为固定值 3 cm。

B. 设置各列列的列宽分别为 3、2.5、3、2.5、3 cm。

C. 按样表所示合并单元格,并输入文字。

D. 设置所有文字的字体为仿宋、小四号字,加粗。

E. 所有单元格对齐方式为水平、垂直均居中,整个表格水平居中。

F. 按样表所示设置表格框线:粗线为 1.5 磅双实线,标准色中的绿色;内框线为 0.75 磅单实线。

G. 设置最后一行的底纹为其他颜色,RGB 值分别为:204、204、255。

最后将此文档以文件名"bg14i. docx"另存到 Wordkt 文件夹中。

具体操作步骤如下:

(1)插入表格。

① 打开 Word 应用程序,创建空白文档。

② 单击"插入"选项卡"表格"选项组中的"表格"按钮,在打开的下拉列表中选择"插入表格"命令,打开"插入表格"对话框,在"列数"微调框中输入或选择 5,在"行数"微调框中输入 6。

③ 单击"确定"按钮,则创建一个 6 行 5 列的空白表格。

(2)设置行高与列宽。

① 单击表格左上角的 ⊞ 图标选中表格,单击"表格工具"的"布局"选项卡,单击"表"选项组中的"属性"按钮,打开"表格属性"对话框,如图 3-78 所示。

② 设置列宽。

单击"列"选项卡,在"指定宽度"微调框中设置第 1 ~ 5 列的列宽均为 3 cm,如图 3-78(a)所示,而后通过单击"后一列"按钮,分别选中第 2 列和第 4 列,将宽度值均设置为 2.5 cm。

③ 设置行高。

单击"行"选项卡,选中"指定高度"复选框,设置值为 0.8 cm,设置"行高值是"为"固定值"选项,这样可先将所有行的行高均设置为 0.8 cm,如图 3-78(b)所示;而后通过单击"下一行"按钮分别选中第 5 行和第 6 行,将"指定高度"分别设置为 1.6 cm 和 3 cm。

④ 单击"确定"按钮,完成行高与列宽的设置。

(a)"列"选项卡　　　　　　　　　(b)"行"选项卡

图 3-78　"表格属性"对话框

(3)合并单元格。

同时选中第 1 列的前 5 个单元格,单击"表格工具"的"布局"选项卡,单击"合并"选项组中的"合并单元格"命令,或右击选中的单元格,在弹出的快捷菜单中选择"合并单元格"命令。

参考样表,用同样的方法设置其他需要合并的单元格,并在相应单元格中输入文字。

(4)设置文字字体格式。

选中表格,单击"开始"选项卡,在"字体"选项组中设置文字的字体为仿宋、字号为小四号字,单击"加粗"按钮 B 进行加粗设置

(5)设置单元格对齐方式和表格的对齐方式。

① 设置单元格对齐方式。

选中表格,单击"表格工具"的"布局"选项卡,单击"对齐方式"选项组中的"水平居中"按钮 ≡。

② 设置表格在文档中的对齐方式。

选中表格,单击"开始"选项卡"段落"选项组中的"居中"按钮▉,将表格的对齐方式设置为"居中"。

(6)设置表格框线。

①设置单实线。

单击表格左上角的⊞图标选中表格,单击"表格工具"的"设计"选项卡,单击"绘图边框"选项组中的"笔划粗细"下拉按钮,选择 0.75 磅,单击"表格样式"选项组中的"边框"下拉按钮,在打开的下拉列表中选择"内部框线"按钮⊞,完成细实线的设置。

②设置双实线。

选中表格,单击"绘图边框"选项组中的"笔样式"下拉按钮,选择双实线,而后单击"笔划粗细"下拉按钮,选择 1.5 磅,单击"笔颜色"下拉按钮,选择标准色绿色,而后单击"表格样式"选项组中的"边框"下拉按钮,在打开的下拉列表中选择"外侧框线"按钮▢;选中最后一行,单击"表格样式"选项组中的"边框"下拉按钮,在打开的下拉列表中选择"上框线"按钮,完成双实线的设置。

(7)设置底纹。

选中最后一行,单击"表格样式"选项组中的"底纹"下拉按钮,在打开的下拉列表中选择"其他颜色",打开"颜色"对话框,选择"自定义"选项卡,分别将"红色""绿色""蓝色"框的值设置为 204、204、255,如图 3-79 所示,而后单击"确定"按钮。

图 3-79 "颜色"对话框

(8)保存文件。

单击"快速访问工具栏"上的"保存"按钮▉,打开"另存为"对话框,选择文件保存的位置,并以 bg14i. docx 为名进行保存,而后关闭文件并退出 Word 应用程序。

第 4 章　电子表格处理软件 Excel 2010

本章的学习目标是使学生熟练掌握电子表格处理软件 Excel 的使用方法,并能够灵活地运用 Excel 制作电子表格。本章的主要内容包括 Excel 基本操作、Excel 创建图表的操作及 Excel 数据管理操作,包含数据的排序、筛选、分类汇总、数据透视表等。

【实验 4-1】　Excel 2010 基本操作

一、实验目的

(1)掌握建立 Excel 2010 工作簿文件的方法。

(2)掌握在工作表中输入数据的方法,并掌握文字、数字的填充,数字的自动填充,以及公式输入和自动填充的方法。

(3)熟悉并掌握 Excel 2010 工作表的基本编辑操作。

(4)熟悉并掌握 Excel 2010 工作表的计算技术。

二、实验示例

【例 4.1】　打开 Excel 实验素材库文件夹下的工作簿"学生成绩统计 . xlsx",按如下要求进行操作,最后以"Excel 实验 1_1. xlsx"文件名保存到自己创建的文件夹中。

(1)将 Sheet1 工作表的内容复制到 Sheet2 工作表内,并将 Sheet2 工作表重命名为"统计表"。

(2)打开"统计表"工作表,在第 1 行之前插入一行,合并及居中 A1:G1 单元格区域,输入标题"期中考试成绩",隶书、28 磅、蓝色。

(3)填充"学号"列,格式设置为"文本型",水平居中。学号为从 010050～010109 为连续值。

(4)公式计算"总分"列数据,即 3 门课的总成绩。

(5)合并 A63:B63 单元格区域,输入"单科平均成绩",分别计算 3 门课的平均成绩。

(6)根据"数学"和"语文"列数据,公式填充"分班"列。数学 >语文的分到"理科班";其余分到"文科班"。

(7)设置第 1 列列宽为 11 磅,其余列列宽 9 磅。设置第 1 行的行高为 32 磅,其余各行的行高为 15 磅。

(8)设置"总分"列中的数据格式为数值型,负数选择第 4 项,无小数位数。设置"各科平均成绩"行的数据格式为数值型,负数第 4 种,保留一位小数。

(9)对所有数据设置对齐方式为水平居中、垂直居中。

(10)给 Sheet1 工作表加内边框和外边框,并将 A1 单元格底纹设置为黄色。

(11)保存文件。

【解】　具体操作步骤如下:

(1)将 Sheet1 工作表的内容复制到 Sheet2 工作表内,并将 Sheet2 工作表重命名为"统计表"。

① 在 Sheet1 工作表中选中 A1 单元格,而后按住【Shift】键的同时选中 G61 单元格,则可同时选中 A1:G61单元格区域。

② 按【Ctrl +C】组合键,将所选内容复制到剪贴板,而后在 Sheet2 工作表中选中 A1 单元格,按【Ctrl +V】组

合键完成粘贴。

③ 双击 Sheet2 工作表标签名,选中"Sheet2",输入"统计表"。

(2)打开"统计表"工作表,在第 1 行之前插入一行,合并及居中 A1:G1 单元格区域,输入标题"期中考试成绩",隶书、28 磅、蓝色。

① 选择 Sheet1 工作表,选中第 1 行,右击,在弹出的快捷菜单中选择"插入"命令。

② 选中 A1:G1 单元格区域,选择"开始"选项卡,单击"对齐方式"选项组中的"合并后居中"按钮。

③ 输入文字"期中考试成绩表",选中合并后的 A1 单元格,选择"开始"选项卡,分别单击"字体"选项组中的"字体""字号"和"字体颜色"下拉按钮,设置字体为隶书、28 磅、蓝色。

> 说明:
>
> 新插入的行总是位于当前选定行的上方,新插入的列位于当前列的左侧。

(3)填充"学号"列,格式设置为"文本"型,水平居中。学号为从 010050 ~ 010109 为连续值。

① 选中 A3:A62 单元格区域,选择"开始"选项卡,单击"数字"选项组中的"数字格式"下拉按钮,在弹出的下拉列表中选择"文本"命令。

② 选择 A3 单元格,输入"010050",按【Enter】键确认。再次选中 A3 单元格,将鼠标指针移到其填充柄处向下拖动即可完成填充。

(4)公式计算"总分"列数据,即 3 门课的总成绩。

① 选中 F3 单元格,输入" = ",单击 C3 单元格,输入" + ",单击 D3 单元格,输入" + ",单击 E3 单元格,按【Enter】键,则在 F3 单元格中计算出一个学生 3 门课的总成绩。

② 单击 F3 单元格,将鼠标指针移到填充柄处向下拖动,即可填充完成所有学生的总成绩。

(5)合并 A63:B63 单元格区域,输入"单科平均成绩",分别计算 3 门课的平均成绩。

① 选中 A63:B63 单元格区域,选择"开始"选项卡,单击"对齐方式"选项组中的"合并后居中"下拉按钮,在弹出的下拉列表中选择"合并单元格"命令。

② 在合并后的单元格中输入"单科平均成绩"。

③ 选中 C63 单元格,单击"插入函数"按钮 f_x,打开"插入函数"对话框,如图 4-1 所示。在"或选择类别"下拉列表中选择"常用函数"选项,在"选择函数"列表框中选择 AVERAGE()函数,单击"确定"按钮,打开图 4-2 所示的"函数参数"对话框。

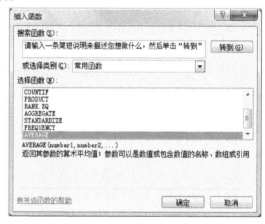

图 4-1 "插入函数"对话框

④ 查看"Number1"文本框中的内容是否符合题目要求,即是否为 C3:C62,如果不符合要求,可单击右侧的折叠框按钮 进行修改。

⑤ 单击"确定"按钮,完成单科平均成绩的计算。

⑥ 单击 C63 单元格,将鼠标指针移动到填充柄处向右拖动,注意不要对总分再求单科平均值。

(6)根据"数学"、"语文"列数据,公式填充"分班"列。数学 > 语文的分到"理科班";其余分到"文科班"。

① 选中"分班"列的 G3 单元格,单击"插入函数"按钮 f_x,打开"插入函数"对话框(见图 4-1)。在"或选择类别"下拉列表中选择"逻辑"选项,在"选择函数"列表框中选择 IF()函数,单击"确定"按钮,打开图 4-3 所示的"函数参数"对话框。

② 在"Logical_test"文本框内输入"C3 > D3",在"Value_if_true"文本框内输入"理科班",在"Value_if_false"文本框内输入"文科班",而后单击"确定"按钮。

③单击 G3 单元格,将鼠标指针移动到填充柄处向下拖动完成填充。

图 4-2 "函数参数"对话框 1

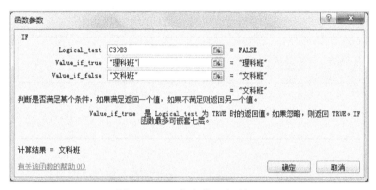

图 4-3 "函数参数"对话框 2

说明:

- 函数的基本格式为 :if(条件表达式,表达式 1,表达式 2);当条件表达式的结果为"真"时,表达式 1 的值作为 if()函数的返回值,否则,表达式 2 的值作为 if()函数返回值。例如 :if(a > b,a,b),表示当 a > b 运算结果为"真"时,函数返回值为 a,否则为 b。if()函数是可以嵌套使用的。
- G3 单元格处的函数形式为 " = IF(C3 > D3,"理科班","文科班")"。
- 书写公式时,除字符串内部,所有的标点符号都应使用英文半角输入。

(7)设置第 1 列列宽为 11 磅,其余列列宽 9 磅。设置第 1 行的行高为 32 磅,其余各行的行高为 15 磅。

① 将光标置于第 1 列顶部并单击,选中第 1 列,右击,在弹出的快捷菜单中选择"列宽"命令,在打开的 "列宽"对话框中输入 11(见图 4-4),而后单击"确定"按钮,完成第 1 列列宽的设置。

② 在列的顶部拖动鼠标同时选中其余各列,按照同样方法设置列宽为 9 磅。

③ 选中第 1 行,右击,在弹出的快捷菜单中选择"行高"命令,在打开的"行高"对话框中输入 32(见 图 4-5),而后单击"确定"按钮,完成第 1 行行高的设置。

④ 同时选中其余各行,按照同样方法设置行高为 15 磅。

图 4-4 "列宽"对话框

图 4-5 "行高"对话框

> 说明:
>
> 设置行高和列宽的另一种方法:选择"开始"选项卡,单击"单元格"选项组中的"格式"下拉按钮,在弹出的下拉列表中可选择"行高"、"列宽"等命令。

(8)设置"总分"列中的数据格式为数值型,负数选择第4项,无小数位数。设置"各科平均成绩"行的数据格式为数值型,负数第4种,保留一位小数。

① 选中 F 列,选择"开始"选项卡,单击"单元格"选项组中的"格式"下拉按钮,在弹出的下拉列表中选择"设置单元格格式"命令,打开"设置单元格格式"对话框,如图4-6所示。

② 选择"数字"选项卡(见图4-6(a)),在"分类"列表框中选择"数值"选项,在"负数"列表框中选择第4项,"小数位数"微调框设置为0。而后单击"确定"按钮。

③ 选中 C63:E63 单元格区域,右击,在弹出的快捷菜单中选择"设置单元格格式"命令,打开"设置单元格格式"对话框,如图4-6(a)所示。

④ 按照同样方法设置格式,将"小数位数"微调框设置为1,而后单击"确定"按钮。

(9)对所有数据设置对齐方式为水平居中、垂直居中。

① 选中 A1:G63 单元格区域,右击,在弹出的快捷菜单中选择"设置单元格格式"命令,打开"设置单元格格式"对话框。

② 选择"对齐"选项卡(见图4-6(b)),在"水平对齐"和"垂直对齐"下拉列表中均选择"居中"选项。

③ 单击"确定"按钮。

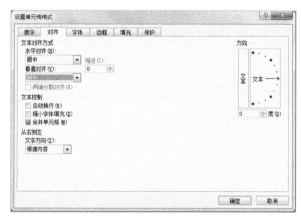

(a)"数字"选项卡　　　　　　　　　　　　　　　(b)"对齐"选项卡

图4-6　"设置单元格格式"对话框

(10)给 Sheet1 工作表加内边框和外边框,并将 A1 单元格底纹设置为黄色。

① 选中 A1:G63 单元格区域,在"单元格格式"对话框中选择"边框"选项卡,在"预置"栏中单击"外边框"和"内部"两个按钮。

②选中 A1 单元格,在"单元格格式"对话框中选择"填充"选项卡,在"背景色"栏中选择"黄色"色块,而后单击"确定"按钮。

(11)保存文件。

选择"开始"→"另存为"命令,打开"另存为"对话框。在该对话框中选择保存位置,在"文件名"文本框内输入"Excel 实验 1_1. xlsx",而后单击"保存"按钮。

三、实验内容

【练习4.1】　打开 Excel 实验素材库文件夹下的工作簿"Tuition. xlsx",按如下要求进行操作,最后以"Excel 作业1_1. xlsx"文件名保存到自己创建的文件夹中。

（1）打开 Sheet1 工作表,在第 1 行前插入两行,将 H4:L5 单元格区域中的内容移至 A1 单元格开始处。

（2）合并及居中 A1:F1 单元格区域,字体为隶书、字号为 20,并加浅绿色底纹。

（3）合并 A2:C2 单元格区域,文字水平靠右对齐。

（4）填充"应交学费"列数据,应交学费＝学分×每学分收费金额。

（5）根据"缴费情况",填充"已收学费"列。"缴费情况"为"Y"的,已收学费等于应交学费,否则显示空白。

（6）设置"应交学费"、"已收学费"两列数据的格式为货币样式,货币符号"＄",负数第 4 种,1 位小数。

（7）根据"学号"列数据在 F36 单元格中统计出该班的学生数;根据"缴费情况"列数据在 F37 单元格统计出已交费的学生数;在 F38 单元格计算交费百分比。

（8）重命名 Sheet1 为"学费"。

（9）将以上修改结果以"Excel 作业 4_1.xlsx"为文件名保存。

【实验 4-2】　Excel 2010 数据图表操作

一、实验目的

（1）掌握图表的创建。

（2）掌握图表的编辑。

（3）掌握图表的格式化。

二、实验示例

【例 4.2】　打开 Excel 实验素材文件夹下的"fee.xlsx"工作簿,Sheet1 工作表为某同学一月份的开支明细,如图 4-7 所示,按要求完成如下操作,最后以"Excel 实验 2_1.xlsx"为文件名保存在自己创建的文件夹中。

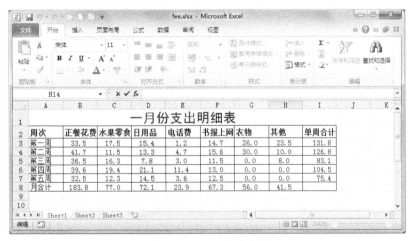

图 4-7　fee.xlsx 中的数据

（1）制作簇状柱形图,比较每周的正餐花费、水果零食及日用品的消费情况,将其存放到新工作表内,并重命名为"单项支出比较"。

（2）设置图表标题为"一月单项支出",字体为隶书、红色、22 磅,增加数值轴标题"单位:人民币（元）"。

（3）设置数值轴和分类轴的格式。将数值轴的数字格式设置为"常规",主要刻度单位为 10;将分类轴的字体格式设置为楷体、常规、12 磅。

（4）将图例的位置设置为"靠上",并添加红色的边框。

（5）设置图表区和绘图区背景。图表区的背景设置为"纹理"中的"新闻纸","绘图区"的背景设置为

"预设"中的"羊皮纸",底纹样式为"中心辐射"。

(6)设置数据系列的格式。

(7)绘制每周单项支出的折线图,数据产生在列,图表标题为"各周支出变化情况",图表位于新工作表,并命名为"各周支出变动"。

(8)删除"衣物"和"其他"两个数据系列。

(9)设置折线图的格式。设置数值轴的数字无小数点,刻度的最小值为0,最大值为50,主要刻度单位10。将图例、绘图区、图表区和标题的背景分别设置为"花束"、"蓝色面巾纸"、"再生纸"和"新闻纸"纹理。将图表区的文字格式设置为宋体、16磅,图表标题设置为隶书、20磅,红色。

(10)建立饼图,图示各部分支出在总支出中所占的比例。在 Sheet1 工作表中建立分离型饼图,不显示图例,显示百分比。

(11)图表格式设置。

(12)图表位置和大小的调整。

(13)保存文件。

【解】 具体操作步骤如下:

(1)制作簇状柱形图,比较每周的正餐花费、水果零食及日用品的消费情况,将其存放到新工作表内,并重命名为"单项支出比较"。

① 拖动鼠标选中 A2:D7 单元格区域。

② 选择"插入"选项卡,单击"图表"选项组中的"柱形图"下拉按钮,在弹出的下拉列表中选择"簇状柱形图"选项,此时在 Sheet1 工作表中则添加了一个嵌入式的簇状柱形图。

③ 选择"图表工具"的"设计"选项卡,单击"位置"选项组中的"移动图表"按钮,则打开如图 4-8 所示的"移动图表"对话框。选择"新工作表"单选按钮,并输入"单项支出比较",而后单击"确定"按钮,完成后的图表如图 4-9 所示。

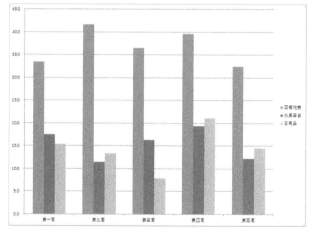

图 4-8 "移动图表"对话框　　　　　　　　图 4-9 完成后的图表效果

说明:

新创建的图表默认为嵌入式图表。图表的类型、数据源、位置等均可修改。右击图表区,在弹出的快捷菜单中可选择相应命令,如"更改图表类型""选择数据""移动图表"等。

(2)设置图表标题为"一月单项支出",字体为隶书、红色、22磅,增加数值轴标题"单位:人民币(元)"。

① 选择"图表工具"的"布局"选项卡,单击"标签"选项组的"图表标题"下拉按钮,在弹出的下拉列表中选择"在图表上方"选项,则在图表上方添加了内容为"图表标题"的文本框,删除其中的内容,重新输入"一月单

项支出"。选中图表标题,选择"开始"选项卡,单击"字体"选项组中的相应按钮设置字体为隶书,字号为 22 磅,字体颜色为红色。

② 单击"标签"选项组的"坐标轴标题"下拉按钮,在弹出的下拉列表中选择"主要纵坐标轴标题"命令,再选择"旋转过的标题"命令,可添加数值轴标题,而后将其修改为"单位:人民币(元)"。

(3)设置数值轴和分类轴的格式。将数值轴的数字格式设置为"常规",主要刻度单位为 10;将分类轴的字体格式设置为楷体、常规、12 磅。

① 在数值轴上右击,在弹出的快捷菜单中选择"设置坐标轴格式"命令,打开如图 4-10 所示的对话框,在左侧窗格中选择"数字"选项卡,在右侧窗格中将类别设置为"常规"(见图 4-10(b))。在左侧窗格中选择"坐标轴选项"选项卡,在右侧窗格中将"主要刻度单位"设置为 10(见图 4-10(b)),而后单击"关闭"按钮。

② 在分类轴上右击,在弹出的快捷菜单中选择"字体"命令,在打开的对话框中选择"字体"选项卡(见图 4-11),将"中文字体"设置为"楷体","字体样式"设置为"常规","大小"设置为 12,而后单击"确定"按钮。

(a) "数字"选项卡   (b) "坐标轴选项"选项卡

图 4-10 "设置坐标轴格式"对话框

图 4-11 "字体"对话框

说明:

在"坐标轴选项"选项卡下,还可以设置坐标轴上固定的最小值和最大值。

(4)将图例的位置设置为"靠上",并添加红色的边框。

① 在图例上右击,在弹出的快捷菜单中选择"设置图例格式"命令,打开"设置图例格式"对话框,如

图 4-12 所示。在左侧窗格中选择"图例选项"选项卡,在右侧窗格中选中"靠上"单选按钮,如图 4-12(a)所示。

② 在左侧窗格中选择"边框颜色"选项卡,在右侧窗格中选中"实线"单选按钮,单击"颜色"下拉按钮,在弹出的下拉列表中选择"标准色"栏中的"红色"选项(见图 4-12(b)),而后单击"关闭"按钮。

(a)"图例选项"　　　　　　　　　　　　　(b)"边框颜色"

图 4-12 "设置图例格式"对话框

(5)设置图表区和绘图区背景。图表区的背景设置为纹理中的"新闻纸","绘图区"的背景设置为预设中的"羊皮纸",底纹样式为"中心辐射"。

① 在图表区右击,在弹出的快捷菜单中选择"设置图表区格式"命令,打开"设置图表区格式"对话框,在左侧窗格选择"填充"选项卡,在右侧窗格选中"图片或纹理填充"单选按钮,单击"纹理"下拉按钮,在弹出的下拉列表中选择"新闻纸"选项,而后单击"关闭"按钮,如图 4-13 所示。

② 在绘图区右击,在弹出的快捷菜单中选择"设置绘图区格式"命令。左侧窗格选择"填充"选项卡,在右侧窗格选中"渐变填充"单选按钮,单击"预设颜色"下拉按钮,在弹出的下拉列表中选择"羊皮纸"选项,设置"类型"为"矩形",设置"方向"为"中心辐射",而后单击"关闭"按钮,如图 4-14 所示。

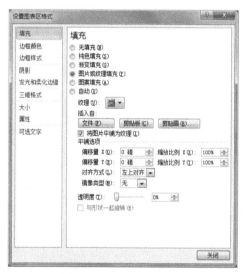
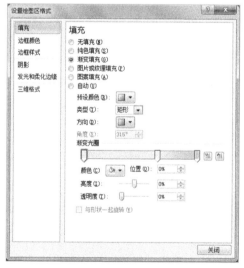

图 4-13 图片或纹理填充　　　　　　　　　　图 4-14 渐变填充

(6)设置数据系列的格式。

① 选中"正餐花费"数据系列,并右击,在弹出的快捷菜单中选择"设置数据系列格式"命令,打开"设置数据系列格式"对话框,在"填充"选项卡下单击"渐变填充"按钮,设置"预设颜色"为"碧海青天",而后单击

"关闭"按钮。

② 选中"水果零食"数据系列,按与上一步类似的方法将其背景设置为"图片或纹理填充"选项卡中的"编织物"。

③ 选中"日用品"数据系列,按与上一步类似的方法将其背景修改为"纯色填充"的"绿色"。完成后的图表如图 4-15 所示。

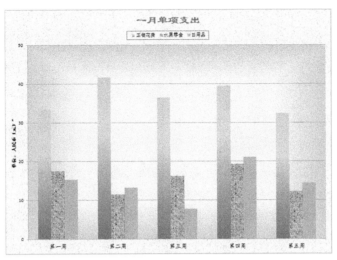

图 4-15　设置后的效果图

说明:

设置图表元素格式的其他方法:选择"图表工具"的"格式"选项卡,在"当前所选内容"选项组中单击"图表元素"下拉按钮,在弹出的下拉列表中可选择不同的图表元素,如"图表标题""绘图区"等,而后单击"形状样式"选项组右下角的□按钮,可打开相应的对话框进行设置。双击相应的图表元素,也可打开相应的设置对话框,从中可完成格式的修改。

(7) 绘制每周单项支出的折线图,数据产生在列,图表标题为"各周支出变化情况",图表位于新工作表,并命名为"各周支出变动"。

① 选中工作表中的 A2:H7 单元格区域,然后选择"插入"选项卡,单击"图表"选项组中的"折线图"下拉按钮,在弹出的下拉列表中选择"带数据标记的折线图"选项,即在 Sheet1 工作表中添加带数据标记的折线图,如图 4-16 所示,此时系列产生在行。

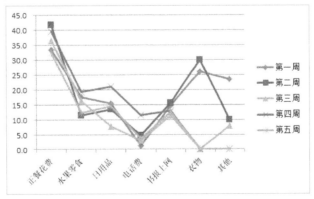

图 4-16　系列产生在行的图表效果

② 选择"图表工具"下的"设计"选项卡,单击"数据"选项组中的"切换行/列"按钮,此时图表效果如图 4-17 所示。

③ 选择"图表工具"的"设计"选项卡,单击"位置"选项组中的"移动图表"按钮,打开"移动图表"对话框,选中"新工作表"单选按钮,并将表名指定为"各周支出变动",如图 4-18 所示,而后单击"确定"按钮。

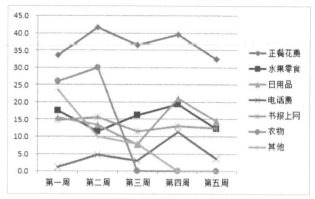

图 4-17 系列产生在列的图表效果

图 4-18 "移动图表"对话框

④ 选择"图表工具"的"布局"选项卡,单击"标签"选项组中的"图表标题"按钮,在弹出的下拉列表中选择"图表上方"选项,则添加了图表标题,输入"各周支出变化情况"。

(8)删除"衣物"和"其他"两个数据系列。

① 选中绘图区的"衣物"数据系列,然后按【Delete】键。

② 在绘图区右击,在弹出的快捷菜单中选择"选择数据"命令,或选择"图表工具"的"布局"选项卡,单击"数据"选项组中的"选择数据"按钮,打开"选择数据源"对话框,如图 4-19 所示,选择"图例项"列表框中的"其他"系列,单击"删除"按钮,而后单击"确定"按钮。

说明:

- 以上两种方法均可实现数据系列的删除。
- 通过"选择数据源"对话框,可进行数据系列的增删操作。

---

(9)设置折线图的格式。设置数值轴的数字无小数点,刻度的最小值为 0,最大值为 50,主要刻度单位 10。将图例、绘图区、图表区和标题的背景分别设置为"花束"、"蓝色面巾纸"、"再生纸"和"新闻纸"纹理。将图表区的文字格式设置为宋体、16 磅,图表标题设置为隶书、20 磅,红色。

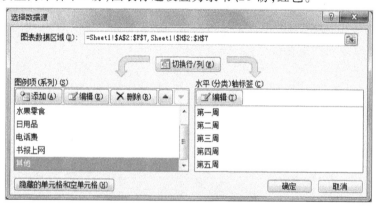

图 4-19 "选择数据源"对话框

① 在数值轴上右击,在弹出的快捷菜单中选择"设置坐标轴格式"命令,打开"设置坐标轴格式"对话框,在左侧窗格选择"数字"选项卡,在右侧窗格将"小数位数"设置为 0;在左侧窗格选择"坐标轴选项"选项卡,在右侧窗格分别选中"最小值""最大值"和"主要刻度单位"后的"固定"单选按钮,而后依次输入 0、50、10,如图 4-20 所示。而后单击"关闭"按钮。

② 双击图例,打开"设置图例格式"对话框,在"填充"选项卡下选中"图片或纹理填充"单选按钮,选择"纹理"中的花束,而后单击"关闭"按钮。

③ 按与上一步类似的方法,将绘图区、图表区和标题的背景分别设置为"蓝色面巾纸"、"再生纸"和"新闻纸"纹理。

④ 选择图表区,选择"开始"选项卡,单击"字体"选项组中的"字体"按钮,在弹出的下拉列表中选择"宋体"选项,单击"字号"按钮,在弹出的下拉列表中选择"16"选项,这个设置将会应用于图表中的所有文字。

⑤ 选中图表标题,选择"开始"选项卡,分别单击"字体"选项组中的"字体"、"字号"、"字体颜色"按钮,将字体修改为隶书、20 磅,红色。完成后的图表如图 4-21 所示。

图 4-20　"设置坐标轴格式"对话框

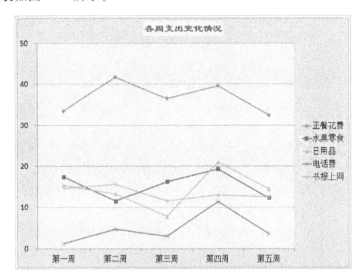

图 4-21　经过修饰的折线图

说明:
- 如果大多数的字体设置都一样,可以先进行总体设置,再设置单个部分。
- 总体设置会覆盖个别设置的字体效果。

(10)建立饼图,图示各部分支出在总支出中所占的比例。在 Sheet1 工作表中建立分离型饼图,不显示图例,显示百分比。

① 选择 Sheet1 工作表,首先选中 B2:H2 单元格区域,而后按住【Ctrl】键再选中 B8:H8 区域。

② 选择"插入"选项卡,单击"图表"选项组中的"饼图"下拉按钮,在弹出的下拉列表中选择"分离型饼图"选项,即在 Sheet1 工作表中添加了一个饼图,如图 4-22 所示

③ 选择"图表工具"的"布局"选项卡,单击"标签"选项组中的"图例"下拉按钮,在弹出的下拉列表中选择"无"选项,可关闭图例,或选中"图例"后直接按【Delete】键也可将图例删除。

④ 选择"图表工具"的"布局"选项卡,单击"标签"选项组中的"数据标签"下拉按钮,在弹出的下拉列表中选择"其他数据标签选项"命令,打开"设置数据标签格式"对话框,如图 4-23 所示。在左侧窗格选择"标签选项"选项卡,在右侧窗格选中"类别名称"、"百分比"和"显示引导线"复选框,设置"标签位置"为"数据标签外",而后单击"关闭"按钮。

(11)图表格式设置。添加图表标题为"月支出比例",字体设置为隶书、20 磅,将第一扇区起始角度设置为 270°。

① 选择"图表工具"的"布局"选项卡,单击"标签"选项组中的"图表标题"按钮,在弹出的下拉列表中选择"图表上方"命令,则添加了图表标题,输入"月支出比例"。

② 选中图表标题,选择"开始"选项卡,分别单击"字体"选项组中的"字体"和"字号"按钮,设置为隶书、

20 磅。

③ 右击数据系列,在弹出的快捷菜单中选择"设置数据系列格式"命令,打开"设置数据系列格式"对话框,如图 4-24 所示。在左侧窗格中选择"系列选项"选项卡,在右侧窗格中"第一扇区起始角度"栏的文本框中输入"270"。

图 4-22　默认效果的饼图

图 4-23　"设置数据标签格式"对话框

(12)图表位置和大小的调整。

① 选中饼图(出现 8 个控制点即为选中)。

② 将鼠标指针移动到图表区时,鼠标指针变为四向箭头,此时按下鼠标左键拖动鼠标,图表随鼠标指针移动,拖到适当位置后释放鼠标。

③ 将鼠标指针移动到 8 个控制点之一,鼠标指针变为双向箭头,此时按下鼠标并进行拖动,则图表的大小随之改变。调整到既不浪费空间也不影响其他数据即可。

④ 单击绘图区(注意不要单击数据系列,可以单击饼块间的空隙,也可以单击方框与圆饼的空白区域),绘图区周围会出现 4 个控制点,选中 4 个控制点之一进行拖动可以修改绘图区在图表区中的大小,直接拖动绘图区可以修改绘图区在图表区内的位置。

⑤ 格式设置完成,最终效果如图 4-25 所示。

图 4-24　"设置数据系列格式"对话框

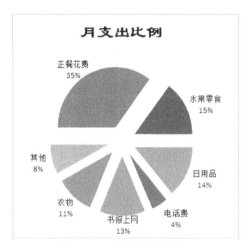

图 4-25　最终完成的饼图

(13)保存文件。

选择"开始"→"另存为"命令,打开"另存为"对话框。在该对话框中选择保存位置,在"文件名"文本框内输入"Excel 实验 2_1. xlsx",而后单击"保存"按钮。

三、实验内容

【练习 4.2】　柱形图制作。

打开 Excel 实验素材文件夹下的"竞赛成绩. xlsx"工作簿文件,进行如下操作:

(1)根据 Sheet1 工作表中的数据建立图表工作表,要求:

① 分类轴:"姓名";数值轴:"得分"。

② 图表类型:簇状柱形图。

③ 图表标题:英语 101 班成绩对比图,字体黑体、字号 20 磅、红色。分类轴标题:姓名,数值轴标题:得分,字体均为楷体、12 磅。

④ 图例:无。

⑤ 图表位置:作为新工作表插入,工作表名为"成绩对比"。

⑥ 设置数值轴格式:刻度最小值 0、最大值 9.5;主要刻度单位 0.5、次要刻度单位 0.1;保留 1 位小数。

(2)将此工作簿保存为"Excel 作业 2_1. xlsx"。完成后的图表如图 4-26 所示。

【练习 4.3】　饼图制作。

打开 Excel 素材库文件夹下的"cjtj. xlsx"工作簿文件,进行如下操作:

(1)利用 Sheet1 中的数据,建立图表工作表。要求:

① 创建图表显示各分数段的人数占总分数的百分比。

② 图表分类轴:"分数段";数值轴:"人数"。

③ 图表类型:三维饼图。

④ 图表标题:"各分数段人数对比图",字体隶书,字号 20 磅,蓝色。

⑤ 图例:靠上。

⑥ 数据标志:显示百分比。

⑦ 图表位置:作为新工作表插入,工作表名:"平均分成绩统计表"。

(2)将工作簿保存为"Excel 作业 2_2.xlsx",完成后的图表如图 4-27 所示。

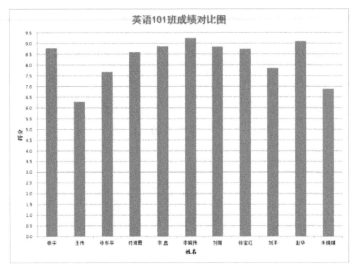

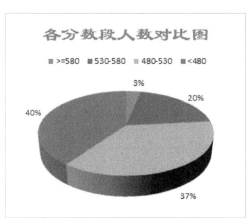

图 4-26　成绩对比图表　　　　　　　　　　图 4-27　各分数段人数统计图表

【练习 4.4】　折线图制作。

打开 Excel 素材文件夹下的房价.xlsx 工作簿文件,进行如下操作:

(1)根据 Sheet1 工作表中的数据建立图 4-28 所示的折线图表工作表。要求:

① 分类轴:年份;数值轴:上海、深圳、石家庄。

② 图表类型:数据点折线图。

③ 图表标题:"2012 年 12 月~2013 年 11 月",字号 20 磅;数值轴标题:"每平米单价:元"。

④ 图例:底部,字号 12 磅。

⑤ 图表位置:作为新工作表插入,工作表名字为"房价走势图"。

⑥ 数值轴数据格式:宋体、字号 10 磅,刻度最大值 30 000,主要刻度单位 2 000。

⑦ 分类轴日期格式:Mar-01。

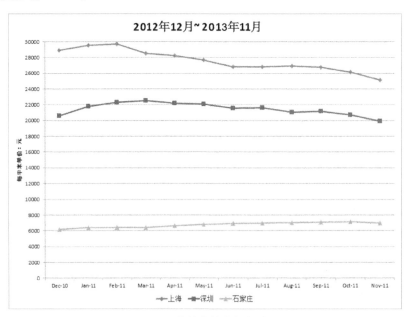

图 4-28　房价走势分析折线图

(2) 将此工作簿保存为"Excel 作业 2_3. xlsx"。

【实验 4-3】 Excel 2010 数据管理操作

一、实验目的

(1) 掌握排序的方法。

(2) 掌握数据的自动筛选和高级筛选。

(3) 掌握数据的分类汇总。

(4) 掌握数据透视表。

二、实验示例

【例 4.3】 打开 Excel 实验素材文件夹下的"Data. xlsx"工作簿,进行下面的操作后,将其以"Excel 实验3_1. xlsx"为文件名另存到自己创建的文件夹中。

(1) 数据的排序操作。

(2) 数据的分类汇总操作。

(3) 数据的自动筛选。

(4) 数据的高级筛选。

(5) 建立数据透视表。

(6) 保存文件。

【解】 具体操作步骤如下:

(1) 数据的排序操作。在 Sheet1 中将数据按"分班"升序、"总分"降序排列,重命名为"成绩排序表"。

① 选择 Sheet1 工作表,选择数据区域内的任一单元格。

② 选择"数据"选项卡,单击"排序和筛选"选项组中的"排序"按钮，打开"排序"对话框,如图 4-29 所示。

③ 单击"主要关键字"下拉按钮,在弹出的下拉列表中选择"分班"字段,"排序依据"设置为"数值","次序"设置为"升序";而后单击"添加条件"按钮,在"次要关键字"下拉列表中选择"总分"字段,"排序依据"设置为"数值","次序"设置为"降序",而后单击"确定"按钮。

④ 双击 Sheet1 工作表标签,输入"成绩排序表",而后单击工作表中任一单元格表示确认。

图 4-29 "排序"对话框

说明:

- 若只对某一个字段进行排序,可选中待排序字段列的任一单元格,而后选择"数据"选项卡,单击"排序和筛选"选项组中的"升序"按钮或"降序"按钮,即可实现按该字段内容进行的排序操作。

- 当对多个字段进行复合排序时,必须使用"排序"对话框。

(2)数据的分类汇总操作。对 Sheet2 工作表进行分类汇总:按"终端"分类汇总"数量"与"交易额"之和,重命名为"工作量统计表"。

① 选择 Sheet2 工作表,选中"终端"列中的任一单元格,选择"数据"选项卡,单击"排序和筛选"选项组中的"升序"按钮,将数据按照"终端"字段进行升序排序。

② 选择数据区域内的任一单元格,单击"数据"选项卡下"分级显示"选项组中的"分类汇总"按钮,打开"分类汇总"对话框。

③ 在"分类字段"下拉列表中选择"终端"选项,汇总方式设置为"求和",汇总项选中"数量"和"交易额"复选框,如图 4-30 所示,而后单击"确定"按钮。

④ 单击数据清单左侧的分类级别 1、2、3,查看只显示总计、显示不同终端的汇总结果和显示所有明细数据的效果,如图 4-31 所示。

⑤ 双击 Sheet2 工作表标签,输入"工作量统计表",而后单击工作表中任一单元格表示确认。

图 4-30 "分类汇总"对话框

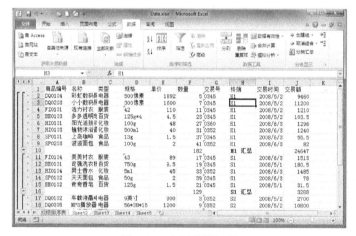

图 4-31 多级分类汇总

说明:
● 分类汇总前需要对数据按分类字段排序。
● 要删除分类汇总,可以打开"分类汇总"对话框,单击其中的"全部删除"按钮。

(3)数据的自动筛选。对 Sheet3 中的数据进行自动筛选:筛选"销售点"为"中山书店","销售额"大于等于 10 000、小于等于 20 000 的图书记录,重命名工作表为"中山书店销售表"。

① 单击数据区域中的任意单元格,选择"数据"选项卡,单击"排序和筛选"选项组中的"筛选"按钮,每个字段名右侧会出现一个下拉按钮。

② 单击"销售点"下拉按钮,从弹出的下拉列表中只选中"中山书店"选项,而后单击"确定"按钮,则数据表中只显示"中山书店"的图书记录。

③ 单击"销售额"下拉按钮,在弹出的下拉列表中选择"数字筛选"→"自定义筛选"命令,打开"自定义自动筛选方式"对话框,在其左上角的下拉列表中选择"大于或等于"选项,在右侧的下拉列表中输入 10 000,选择"与"单选按钮,在左下角的下拉列表中选择"小于或等于"选项,在右侧的下拉列表中输入 20 000,如图 4-32 所示,而后单击"确定"按钮,筛选完成后的效果如图 4-33 所示。

④ 双击 Sheet3 工作表标签名,输入"中山书店销售表",而后单击工作表中任一单元格表示确认。

图 4-32　"自定义自动筛选方式"对话框

图 4-33　完成自动筛选后的记录

说明：

　　自动筛选使用比较方便，但不能处理很复杂的条件，对同一个字段最多能有两个条件的"与"或者"或"，再复杂的筛选条件无法表示。

（4）数据的高级筛选。根据 Sheet4 工作表中的数据，进行以下高级筛选：

筛选条件：销售额大于 10 000、小于 20 000 的图书记录。

条件区域：起始单元格定位在 B32。

复制到：起始单元格定位在 A36。

① 条件区域设置在 B32：C33 单元格区域，将"销售额（元）"字段名复制到 B32、C32 单元格区域中，而后输入如图 4-34 所示的高级筛选条件。

② 选择数据清单中的任一单元格，选择"数据"选项卡，单击"排序和筛选"选项组中的"高级"按钮，打开"高级筛选"对话框，如图 4-35 所示。

③ 在"高级筛选"对话框中选中"将筛选结果复制到其他位置"单选按钮；"列表区域"默认为：$A $1：$F $28；将光标放置在"条件区域"文本框内，用鼠标选中第①步设置的条件区域 B32：C33，则"条件区域"文本框内自动填充"Sheet4!$B $32：$C $33"；将光标放置在"复制到"文本框内，用鼠标选中 A36 单元格，则"复制到"文本框自动填充"Sheet4!$A $36，如图 4-36 所示。

④ 单击"确定"按钮，完成筛选。

图 4-34　筛选条件图

图 4-35　设置列表区域

图 4-36　设置条件区域

（5）数据的高级筛选。根据 Sheet4 工作表中的数据，进行以下高级筛选：

筛选条件：第 1 编辑室 1 月和 2 月、图书类别为考试类和编程类的图书记录。

条件区域：起始单元格定位在 K2。

复制到:起始单元格定位在 K15。

将工作表重命名为"图书销售情况表"。

① 条件区域设置在 K2:M6 单元格区域,将"出版部门""图书类别"和"月份"3 个字段名复制到 K2、L2、M2 单元格中,而后输入如图 4-37 所示的高级筛选条件。

② 选择数据清单中的任一单元格,选择"数据"选项卡,单击"排序和筛选"选项组中的"高级"按钮,打开"高级筛选"对话框,如图 4-35 所示。

③ 在"高级筛选"对话框中选中"将筛选结果复制到其他位置"单选按钮;"列表区域"默认为:$A $1:$F $28;"条件区域"为 K2:M6 单元格区域,"复制到"为 K15 单元格,如图 4-38 所示,而后单击"确定"按钮,完成筛选。

④ 双击 Sheet4 工作表标签名,输入"图书销售情况表",而后单击工作表中任一单元格表示确认。

图 4-37 筛选条件

图 4-38 "高级筛选"对话框

说明:

- 如果没有事先选择数据清单就打开"高级筛选"对话框,仍然可以指定数据区域,单击"列表区域"文本框即可输入或者直接选择数据区域。
- 无论是条件多么复杂的高级筛选,操作过程都是类似的,只不过条件区域和结果区域的指定各不相同。

(6)建立数据透视表。根据 Sheet5 工作表中的数据,建立数据透视表,透视各销售点不同类别图书的销售情况,要求如下:

行标签为"销售点",列标签为"图书类别",计算"数量"之和及"销售额"的平均值,保留一位小数。结果放在现有工作表 A35 单元格开始处,最后将 Sheet5 工作表重命名为"透视表"。

① 选择 Sheet5 工作表,选中数据区域内任一单元格。

② 选择"插入"选项卡,单击"表格"选项组中的"数据透视表"按钮,打开"创建数据透视表"对话框,如图 4-39所示。

图 4-39 "创建数据透视表"对话框

③ 选中"选择一个表或区域"单选按钮,在"表/区域"文本框中会自动填充 Sheet5! $A $l: $F $28,这里不需要修改。选择"现有工作表"单选按钮,将光标置于"位置"文本框内,用鼠标选中 A35 单元格,而后单击"确定"按钮,则将一个空的数据透视表添加到当前工作表中,并在右侧窗格中显示数据透视表字段列表,如图 4-40 所示。

图 4-40　数据透视表字段列表

④ 拖动"销售点"字段到"行标签"区域,拖动"图书类别"字段到"列标签"区域,分别拖动"数量"和"销售额"字段到"数值"区域。

⑤ 单击"数值"区域内的"求和项:销售额(元)",在弹出的下拉列表中选择"值字段设置"命令,打开如图 4-41 所示的"值字段设置"对话框,在"计算类型"列表框中选择汇总方式为"平均值",而后单击"数字格式"按钮,在打开的"设置单元格格式"对话框中将数值格式设置为 1 位小数,最后单击两次"确定"按钮,得到的透视结果如图 4-42 所示。

⑥ 双击 Sheet5 工作表标签名,输入"透视表",而后单击工作表中任一单元格表示确认。

图 4-41　"值字段设置"对话框

图 4-42　数据透视结果

说明:

- 与分类汇总不同,透视数据前不需要进行排序操作。
- 当数据关系比较复杂时,可以设置报表筛选字段,例如按"出版部门"透视结果时,可以将"出版部门"字段拖到"报表筛选"区域,默认会显示所有"出版部门"的数据,也可以在字段名右边的下拉列表中进行设置以显示特定部门的数据。

(7)保存文件。

选择"开始"选项卡中的"另存为"命令,打开"另存为"对话框。在该对话框中选择保存位置,在"文件名"文本框内输入"Excel实验3_1.xlsx",而后单击"保存"按钮。

三、实验内容

【练习4.5】 高级筛选。

打开 Excel 实验素材文件夹下的"course.xlsx"工作簿文件,进行如下操作:

(1)根据 Sheet1 工作表中的数据进行高级筛选。

筛选条件:①成绩大于等于90的记录;②系别为"经济"或"数学"且课程名称为"多媒体技术"的记录。

要求:使用高级筛选,并将筛选结果复制到其他位置。

条件区域:起始单元格定位在 H6 单元格。

复制到:起始单元格定位在 H15 单元格中。

(2)将 Sheet1 工作表重命名为"成绩单"。

(3)将此工作簿以"3_1.xlsx"为文件名另存到自己创建的文件夹中。

【练习4.6】 分类汇总。

打开 Excel 实验素材文件夹下的"course.xlsx"工作簿文件,进行如下操作:

(1)对 Sheet2 工作表进行分类汇总。

要求:按"部门"分类汇总"基本工资"、"实发工资"之和。

(2)将 Sheet2 工作表重命名为"工资表"。

(3)将此工作簿以"3_2.xlsx"为文件名另存到自己创建的文件夹中。

【练习4.7】 排序。

打开 Excel 实验素材文件夹下的"score.xlsx"工作簿文件,进行如下操作:

(1)将 Sheet1 中的数据按"库存数"从小到大进行排序。

(2)将 Sheet2 中的数据按"经销商"、"商品类别"两个条件都以递减规则进行复合排序。

(3)将此工作簿以"3_3.xlsx"为文件名另存到自己创建的文件夹中。

【练习4.8】 数据透视表。

打开 Excel 实验素材文件夹下的"output.xlsx"工作簿文件,进行如下操作:

(1)用 Sheet1 中的数据建立数据透视表,保存到新的工作表中,并命名为"员工工资表1"。

要求:行标签为"部门",列标签为"学历",数值为"编号",汇总方式为"计数"。

(2)用 Sheet2 中的数据建立数据透视表,保存到新的工作表中,并命名为"员工工资表2"。

要求:行标签为"部门",列标签为"学历",数值为"奖金"和"实发工资"的平均值。

(3)将此工作簿以"3_4.xlsx"为文件名另存到自己创建的文件夹中。

【实验4-4】 上机练习系统典型试题讲解

一、实验目的

(1)掌握上机练习系统中 Excel 2010 操作典型问题的解决方法。

(2)熟悉 Excel 2010 操作中各种综合应用的操作技巧。

（3）本实验的例题取自上机练习系统中的典型试题,读者若能配合使用与本书配套的上机练习系统,将会达到更好的效果。

二、实验示例

【模拟练习 A】

打开 Excelkt 文件夹下的 Excel14A. xlsx 工作簿文件,按下列要求操作。

1. 基本编辑

（1）将 Excelkt 文件夹下的"ScoreA. docx"文件中的数据复制到 Sheet1 工作表 A2 单元格开始处。

具体操作步骤如下:

① 打开 Excelkt 文件夹下的"ScoreA. docx"文件,单击表格左上角的图图标,选中整个表格,单击"开始"选项卡"剪贴板"选项组中的"复制"按钮(或按【Ctrl + C】组合键),将表格复制到剪贴板,而后关闭"ScoreA. docx"文件。

② 单击 Excel14A. xlsx 文件中 Sheet1 工作表的 A2 单元格,单击"开始"选项卡"剪贴板"选项组中的"粘贴"按钮(或按【Ctrl + V】组合键)。

（2）编辑 Sheet1 工作表。

① 在最左端插入 1 列,列宽 10 磅,并在 A1 单元格输入"参赛号码"。

② 在第一行之前插入 1 行,设置行高 30 磅,合并后居中 A1:N1 单元格,输入文本"演讲比赛决赛成绩单",隶书、20 磅、标准色中的红色、垂直居中。

具体操作步骤如下:

① 行列操作。

a. 单击工作表顶端的列号 A,选中"姓名"列,右击选中区域,在弹出的快捷菜单中选择"插入"命令,即可在"姓名"列的左侧(即最左端)插入空白列。选中 A1 单元格,输入文字"参赛号码"。

b. 单击工作表左侧行号 1,选中第 1 行,右击选中区域,在弹出的快捷菜单中选择"插入"命令,在第 1 行前插入一行。

c. 选中第 1 行,右击选中区域,在弹出的快捷菜单中选择"行高"命令,打开"行高"对话框,在"行高"框内输入 30,而后单击"确定"按钮,如图 4-43 所示。

图 4-43　"行高"对话框

② 单元格操作。

a. 选中 A1:N1 单元格,单击"开始"选项卡"对齐方式"选项组中的"合并后居中"按钮,将 A1:N1 单元格区域进行合并居中。

b. 选中合并后的 A1 单元格,单击"字体"选项组中的"字体"、"字号"和"字体颜色"下拉按钮分别设置字体格式为隶书、20 磅、标准色红色;而后单击"对齐方式"选项组中的"垂直居中"按钮,设置垂直居中对齐。

c. 在 A1 单元格内输入文本"演讲比赛决赛成绩单"。

（3）数据填充。

① 填充"参赛号码"列,从 01401020 开始,差值为 1 递增填充,"文本"型。

② 公式计算"最终得分"列数据,最终得分为得分之和再去掉一个最高分和一个最低分,"数值"型、负数第四种、一位小数。

③ 根据"最终得分"列数据公式填充"排名"列数据。

④ 根据"最终得分"列数据公式填充"所获奖项"列数据:最终得分大于 49 分的为"一等",大于 47.5 且小于等于 49 的为"二等",大于 46.5 且小于等于 47.5 的为"三等",其余为空白。

具体操作步骤如下:

① 填充数据。

方法 1:

a. 选中"参赛号码"列的 A3:A22 单元格区域,单击"开始"选项卡"数字"选项组中的"数字格式"框,在打开的下拉列表中选择"文本"选项,即将该单元格区域的数据类型设置为文本型。

　　b. 选中 A3 单元格,输入 01401020,按【Enter】键表示确认,而后向下拖动 A3 单元格右下角的填充柄直到 A22 单元格,或双击 A3 的填充柄完成其他单元格的填充。

　　方法 2:

　　在 A3 单元格内输入 '01401020(即以单引号为前导字符,注意单引号应为英文半角符号),按【Enter】键确认,而后双击 A3 的填充柄完成其他单元格的填充。

　　② 公式计算。

　　a. 选中"最终得分"列的 L3 单元格,输入"= SUM(E3:K3)－MAX(E3:K3)－MIN(E3:K3)",按【Enter】键表示确认。选中 L3 单元格,拖动右下角的填充柄直到 L22 单元格,或双击填充柄将此公式复制到"最终得分"列的其他单元格中。

图 4-44　"设置单元格格式"对话框

　　b. 选中 L3:L22 单元格区域,单击"开始"选项卡"数字"选项组右下角的按钮,打开"设置单元格格式"对话框,如图 4-44 所示,在"分类"下拉列表框中选择"数值"选项,将"小数位数"微调框中的值设置为1,选择"负数"列表框中的第四种,单击"确定"按钮。

　　c. 选中"排名"列的 M3 单元格,单击编辑栏左侧的"插入函数"按钮,打开"插入函数"对话框,如图 4-45 所示。在"或选择类别"下拉列表框中选择"全部"选项,在"选择函数"列表框中选择"RANK.EQ"选项,而后单击"确定"按钮,则打开"函数参数"对话框,如图 4-46 所示。将光标放置在"Number"框内,用鼠标选中 L3 单元格,而后将光标放置在"Ref"框内,用鼠标选中 L3:L22 单元格区域,然后按【F4】键将其修改为绝对地址 $L$3:$L$22,最后在"Order"框内输入 0,单击"确定"按钮。双击 M3 单元格的填充柄,则可将此公式复制到"排名"列的其他单元格中。

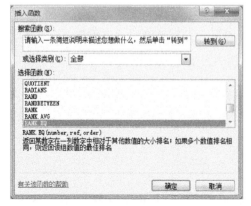

图 4-45　"插入函数"对话框

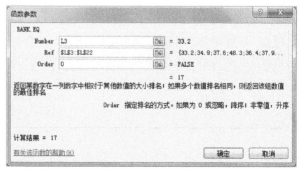

图 4-46　"函数参数"对话框

d. 选中"所获奖项"列的 N3 单元格,输入公式"= IF(L3 > 49,"一等",IF(L3 > 47.5,"二等",IF(L3 > 46.5,"三等",""))))",按【Enter】键确认。再次选中 N3 单元格,双击其右下角的填充柄,将此公式复制到该列的其他单元格中。

(4)在 Sheet2 工作表中建立 Sheet1 的副本,重命名 Sheet2 工作表为"筛选"。

具体操作步骤如下:

① 选中 Sheet1 工作表的 A1:N22 单元格区域,按下【Ctrl + C】组合键将其复制到剪贴板。

② 单击 Sheet2 工作表标签,选中 A1 单元格,按下【Ctrl + V】组合键完成粘贴。

③ 双击 Sheet2 工作表标签,或右击 Sheet2 工作表标签,在弹出的快捷菜单中选择"重命名"命令,将标签名修改为"筛选"。完成后的 Sheet1 工作表如图 4-47 所示。

	参赛号码	姓名	性别	赛区	得分1	得分2	得分3	得分4	得分5	得分6	得分7	最终得分	排名	所获奖项
							演讲比赛决赛成绩单							
3	01401020	田荣雷	女	成都	6.6	6.8	6.6	6.8	6.3	6.4	6.9	33.2	17	
4	01401021	李俊	女	西安	6.8	7.2	6.7	7.2	6.9	7.3	6.8	34.9	16	
5	01401022	李三柱	男	成都	7.1	7.6	7.1	7.6	7.9	7.8	7.5	37.6	12	
6	01401023	袁世翠	男	成都	9.6	9.7	9.6	9.6	9.2	9.8	9.6	48.3	2	二等
7	01401024	梁英丽	女	广州	7.6	6.7	7.2	7.1	7.2	7.4	7.5	36.4	14	
8	01401025	张香亭	女	上海	7	8.5	6.9	8.2	7.1	8	7.6	37.9	11	
9	01401026	陈美华	女	广州	8.2	8.9	8.1	8.8	8	9.1	8.5	42.5	8	
10	01401027	仝颖鹏	男	广州	9.6	9.5	9.4	9.1	9	9.5	9.3	46.8	6	三等
11	01401028	冯秀兰	女	成都	9	8.9	8.7	8.8	8.3	8.9	8.2	43.7	7	
12	01401029	王丽霞	女	广州	9.7	9.3	9.7	9	8.9	9.3	9.3	47.6	3	二等
13	01401030	苏利刚	男	上海	5.5	5.4	6	6.3	6.5	5.9	29.6		20	
14	01401031	苏利云	男	成都	6.9	7.1	7.5	7	7	7.2	6.9	35.2	15	
15	01401032	马丽娟	女	西安	9.7	9.1	9.3	9.6	9.1	9.7	9.2	47.2	4	三等
16	01401033	杨建波	男	成都	8.2	8.4	8.7	8.5	7.9	8.8	8	41.8	9	
17	01401034	王宝钗	女	西安	9.9	9.8	9.9	9.9	9.9	9.8	9.9	49.3	1	一等
18	01401035	刘立勇	男	上海	6.2	6.3	5.9	6.4	6	6.3	6.5	31.2	18	
19	01401036	蔡永歇	男	广州	7.4	7.5	7.3	7.6	7.1	7.5	7.8	37.3	13	
20	01401037	李小玲	女	上海	9.5	9.4	9.5	9.6	9.2	9.6	9.2	47.2	5	三等
21	01401038	单彦换	男	上海	8.2	8.3	8.2	8.3	8.2	8.5	8	41.2	10	
22	01401039	郝兰涛	男	西安	5.6	5.6	6.1	6.2	5.5	5.9	6.3	29.9	19	

图 4-47 编辑完成后的 Sheet1 工作表

2. 数据处理

利用"筛选"工作表中的数据,进行高级筛选。

A. 筛选条件:"广州"和"成都"赛区、"排名"为前 10 的记录。

B. 条件区域:起始单元格定位在 A25。

C. 复制到:起始单元格定位在 A32。

最后保存 Excel14A. xlsx 文件。

具体操作步骤如下:

① 单击"筛选"工作表,在 A25 单元格起始位置输入图 4-48 所示的高级筛选条件,注意设置条件区域字段名时要同数据表中的字段名一致,否则筛选会出错,建议使用复制、粘贴的方式以保证一致。

图 4-48 筛选条件

② 选中数据区域 A2:N22,单击"数据"选项卡"排序和筛选"选项组的"高级"按钮,弹出"高级筛选"对话框,如图 4-49(a)所示。

③ 在"高级筛选"对话框中选中"将筛选结果复制到其他位置"单选按钮;"列表区域"默认为:$A $2:$N $22,即第②步中选定的数据区域;将光标放置在"条件区域"框内,用鼠标选中第①步设置的条件区域 A25:B27,"高级筛选"对话框条件区域自动填充为"筛选!$A $25:$B $27";将光标放置在"复制到"框内,用鼠标选中 A32 单元格,则"复制到"框自动填充为"筛选!$A $32",如图 4-49(b)所示。

④ 单击"确定"按钮,完成筛选,结果如图 4-50 所示。

(a) 设置列表区域

(b) 设置条件区域

图 4-49 "高级筛选"对话框

⑤单击"快速访问工具栏"上的"保存"按钮■,保存文件。

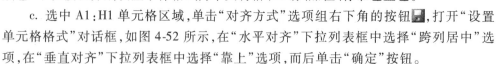

图 4-50　高级筛选结果

【模拟练习 B】

打开 Excelkt 文件夹下的 NdkhB. xlsx 工作簿文件,按下列要求操作。

1. 基本编辑

(1)编辑 Sheet1 工作表。

A. 将"所属部门"列移动到"姓名"列的左侧。

B. 在第一行前插入 1 行,设置行高为 35 磅,并在 A1 单元格输入文本"员工年度考核表",华文行楷、22磅、加粗、标准色中的蓝色,跨列居中 A1:H1 单元格,垂直靠上。

C. 设置 A2:H30 单元格区域的数据水平居中,并将 A:H 列列宽设置为"自动调整列宽"。

具体操作步骤如下:

① 行列操作。

a. 单击工作表顶端的列号 B,选中"所属部门"列,将鼠标置于 B 列边界处,当鼠标为四向箭头时,同时按下【Shift】键和鼠标,并拖动鼠标至 A 列左侧,而后释放鼠标和【Shift】键即可完成"所属部门"列的移动。

b. 单击工作表左侧行号 1,选中第 1 行,右击选中区域,在弹出的快捷菜单中选择"行高"命令,打开"行高"对话框,在"行高"文本框内输入 35,而后单击"确定"按钮,如图 4-51 所示。

② 单元格操作。

a. 选中 A1 单元格,输入文本"员工年度考核表"。

b. 选中 A1 单元格,依次单击"字体"选项组中的"字体""字号""加粗"和"字体颜色"下拉按钮分别设置字体格式为华文行楷、22 磅、加粗、标准色蓝色。

图 4-51　"行高"对话框

c. 选中 A1:H1 单元格区域,单击"对齐方式"选项组右下角的按钮■,打开"设置单元格格式"对话框,如图 4-52 所示,在"水平对齐"下拉列表框中选择"跨列居中"选项,在"垂直对齐"下拉列表框中选择"靠上"选项,而后单击"确定"按钮。

d. 选中 A2:H30 单元格区域,单击"对齐方式"选项组中的"居中"按钮■,设置水平居中对齐。

e. 单击工作表顶端的列号 A,而后按住【Shift】键同时单击列号 H,将 A:H 列同时选中。单击"开始"选项卡"单元格"选项组中的"格式"下拉按钮,在打开的下拉列表中选择"自动调整列宽"命令。

(2)数据填充。

A. 填充"所属部门"列,A3:A9 为"工程部"、A10:A16 为"采购部"、A17:A23 为"营运部"、A24:A30 为"财务部"。

B. 公式计算"综合考核"列数据,综合考核 = 出勤率 + 工作态度 + 工作能力 + 业务考核,"数值"型、负数第四种、无小数。

C. 根据"综合考核"列数据公式填充"年终奖金"列数据:综合考核大于等于 38 分的为 10000,37 ~ 35

图 4-52 "设置单元格格式"对话框

分为 8000,34~31 分为 7000,小于 31 分的为 5500,"货币"型、负数第四种、无小数,货币符号"￥"。

具体操作步骤如下:

① 数据填充。

a. 选中 A3 单元格,输入"工程部",而后向下拖动 A3 单元格的填充柄至 A9 单元格,即可在 A3:A9 单元格区域填充为"工程部"。

b. 同理,在 A10 单元格内输入"采购部",而后向下拖动 A10 单元格的填充柄至 A16 单元格;在 A17 单元格内输入"营运部",向下拖动 A17 单元格的填充柄至 A23 单元格;在 A24 单元格内输入"财务部",向下拖动 A24 单元格的填充柄至 A30 单元格,可分别完成各单元格区域的填充。

② 公式计算。

a. 选中 C3:G3 单元格区域,单击"开始"选项卡"编辑"选项组中的"自动求和"按钮▩,完成 G3 单元格的填充。或在 G3 单元格内输入"=SUM(C3:F3)",而后按【Enter】键确认。选中 G3 单元格,拖动其右下角的填充柄直到 G30 单元格,或双击 G3 单元格的填充柄将此公式复制到该列的其他单元格中。

b. 选中 G3:G30 单元格区域,单击"开始"选项卡"数字"选项组右下角的按钮▩ 自动求和 ,打开"设置单元格格式"对话框,如图 4-53(a)所示,在"分类"下拉列表框中选择"数值"选项,将"小数位数"微调框中的值设置为 0,在"负数"列表框选中第四种,而后单击"确定"按钮。

　　(a)　　　　　　　　　　　　　　　　(b)

图 4-53 "设置单元格格式"对话框

c. 选中"年终奖金"列的 H3 单元格,输入"=IF(G3>=38,10000,IF(G3>=35,8000,IF(G3>=31,7000,5500))))",而后按【Enter】键确认。再次选中 H3 单元格,双击其填充柄将此公式复制到该列的其他单元格中。

d. 与步骤 b 类似,选中 H3:H30 单元格区域,单击"开始"选项卡"数字"选项组右下角的按钮▩,打开"设置单元格格式"对话框,如图 4-53(b)所示,在"分类"下拉列表框中选择"货币"选项,将"小数位数"微调框中的值设置为 0,在"货币符号(国家/地区)"下拉列表框中选择"¥",在"负数"列表框选中第四种,而后单击"确定"按钮。

(3)将 A2:H30 单元格区域的数据分别复制到 Sheet2、Sheet3 中 A1 单元格开始处,并将 Sheet2 重命名为"排序",Sheet3 重命名为"筛选"。

具体操作步骤如下:

① 选中 A2:H30 单元格区域,按下【Ctrl + C】组合键将其复制到剪贴板。

② 单击 Sheet2 工作表标签,选中 A1 单元格,按下【Ctrl + V】组合键完成粘贴。而后在 Sheet3 工作表中选中 A1 单元格按【Ctrl + V】组合键进行粘贴。

③ 分别双击 Sheet2、Sheet3 工作表标签,将标签名依次修改为"排序"、"筛选"。

完成后的 Sheet1 工作表如图 4-54 所示。

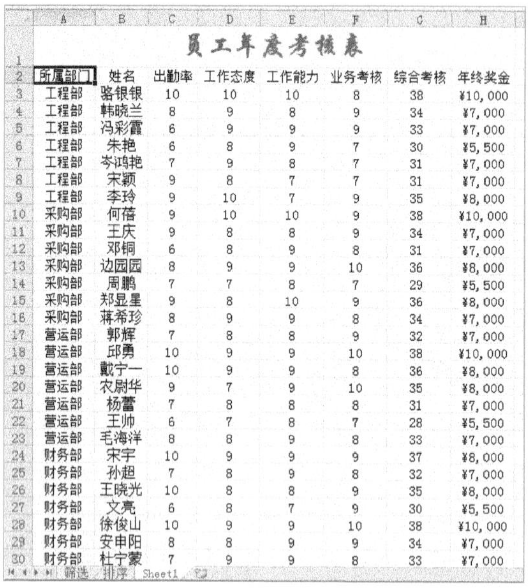

图 4-54 编辑完成后的 Sheet1 工作表

(4)将该文件以 Excel14B. xlsx 为文件名另存到 ExcelKt 文件夹中。

具体操作步骤如下:

① 单击"开始"选项卡,在打开的下拉列表中选择"另存为"命令,打开"另存为"对话框。

② 在"另存为"对话框中选择保存位置为 ExcelKt 文件夹,在"文件名"框内输入文件名"Excel14B. xlsx",而后单击"保存"按钮。

2. 数据处理

(1)对"排序"工作表中的数据按"年终奖金"降序、"所属部门"升序排序。

(2)对"筛选"工作表自动筛选出"业务考核"为 10 分的记录。

最后保存 Excel14B. xlsx 文件。

具体操作步骤如下:

(1)排序操作。

① 单击"排序"工作表标签,打开"排序"工作表。选中 A1:H29 单元格区域内的任意一个单元格,单击"数据"选项卡"排序和筛选"选项组中的"排序"按钮,打开"排序"对话框。

② 将"主要关键字"框设置为"年终奖金","次序"设置为"降序",而后单击"添加条件"按钮,将"次要关键字"框设置为"所属部门",使用默认次序"升序",如图 4-55 所示,最后单击"确定"按钮。排序完成的结果如图 4-56 所示。

图 4-55 "排序"对话框

（2）自动筛选操作。

① 选择"筛选"工作表，选择 A1:H29 单元格区域内的任意一个单元格，而后单击"数据"选项卡"排序和筛选"选项组中的"筛选"按钮，此时 A1:H1 单元格右侧分别出现下拉按钮。

② 单击 F1 单元格右侧的下拉按钮，在打开的下拉列表中首先取消"（全部）"复选框的选中，而后再选中"10"复选框（见图 4-57）。自动筛选完成的结果如图 4-58 所示。

图 4-56　排序结果

图 4-57　"自动筛选"下拉列表

最后单击"快速访问工具栏"上的"保存"按钮，保存文件。

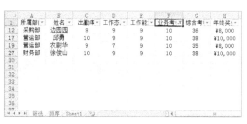

图 4-58　自动筛选结果

【模拟练习 C】

打开 Excelkt 文件夹下的 YgdaC. xlsx 工作簿文件，按下列要求操作。

1. 基本编辑

（1）编辑 Sheet1 工作表。

A. 在最左端插入 1 列，并在 A4 单元格内输入文本"部门编号"，宋体、12 磅、加粗。

B. 设置第 1 行的行高为 40 磅，合并后居中 A1:J1 单元格，并输入文本"员工档案记录"，宋体、20 磅、标准色中的蓝色，添加标准色黄色底纹。

具体操作步骤如下：

① 行列操作。

a. 单击工作表顶端的列号 A，选中"部门"列，右击选中区域，在弹出的快捷菜单中选择"插入"命令，即可在"部门"列的左侧（即最左端）插入空白列。选中 A4 单元格，输入文字"部门编号"。

b. 单击工作表左侧行号 1，选中第 1 行，右击选中区域，在弹出的快捷菜单中选择"行高"命令，打开"行高"对话框，如图 4-59 所示，在"行高"框内输入 40，而后单击"确定"按钮。

② 单元格操作。

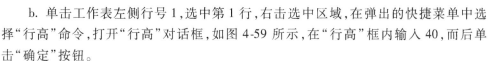

图 4-59　"行高"对话框

a. 选中 A4 单元格，单击"开始"选项卡"字体"选项组中的"字体"和"字号"下拉按钮分别设置字体格式为宋体、12 磅，而后单击"加粗"按钮。

b. 选中 A1:J1 单元格，单击"开始"选项卡"对齐方式"选项组中的"合并后居中"按钮，将 A1:J1 单元格区域进行合并居中。

c. 在 A1 单元格内输入文本"演讲比赛决赛成绩单"，而后选中 A1 单元格，单击"字体"选项组中的"字体"、"字号"和"字体颜色"下拉按钮分别设置字体格式为宋体、20 磅、标准色蓝色，单击"填充颜色"下拉按钮，设置填充颜色为标准色黄色。

（2）数据填充。

A. 根据"部门"列填充"部门编号"列,财务部、采购部、工程部、营运部的部门编号分别为 HS010、HS011、HS012、HS013,文本型,水平居中。

B. 公式计算"实收工资"列,实收工资 = 基本工资 + 奖金 + 加班补助 – 各项扣除。

具体操作步骤如下:

① 数据填充。

a. 选中 A5 单元格,输入" = IF(B5 = "财务部","HS010",IF(B5 = "采购部","HS011",IF(B5 = "工程部","HS012","HS013")))",而后按【Enter】键确认。

b. 选中 A5 单元格,拖动其右下角的填充柄直到 A34 单元格,或双击 A5 单元格的填充柄将此公式复制到该列的其他单元格中。

c. 选中 A5:A34 单元格区域,单击"段落"选项组中的"居中"按钮。单击"数字"选项组中的"数字格式"下拉按钮,在打开的下拉列表中选择"文本"选项。

② 公式计算。

a. 选中 J5 单元格,输入" =$I$2 + G5 + H5 – I5",而后按【Enter】键确认。这里需注意 I2 单元格应使用绝对地址,可在输入 I2 后按下【F4】键将其由相对地址转换为绝对地址。

b. 选中 J5 单元格,拖动其右下角的填充柄直到 J34 单元格,或双击 J5 单元格的填充柄将此公式复制到该列的其他单元格中。

（3）编辑 Sheet2 工作表。

A. 根据 Sheet1 工作表中"学历"列数据,分别统计出不同学历的人数,结果放在 Sheet2 工作表 F4:F7 相应单元格中。

B. 公式计算"百分比"列数据,百分比 = 各学历人数/总人数,"百分比"型,1 位小数。

具体操作步骤如下:

① 选中 Sheet2 工作表中的 F4 单元格,而后单击编辑栏左侧的"插入函数"按钮 ,打开"插入函数"对话框,如图 4-60 所示。在"或选择类别"下拉列表框中选择"统计"选项,在"选择函数"列表框中选择"COUNTIF",单击"确定"按钮,打开"函数参数"对话框,如图 4-61 所示。将光标放置在"Range"框内,用鼠标选中 Sheet1 工作表中的 E5:E34 单元格区域,按下【F4】键将其修改为绝对地址,将光标放置在"Criteria"框内,选中 Sheet2 工作表中的 E4 单元格,而后单击"确定"按钮。

图 4-60 "插入函数"对话框

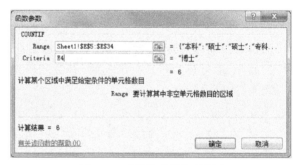

图 4-61 "函数参数"对话框

② 选中 F4 单元格,拖动其右下角的填充柄直到 F7 单元格,或双击 F4 单元格的填充柄将此公式复制到该列的其他单元格中。

（4）在 Sheet3 中建立 Sheet1 工作表的副本,并重命名 Sheet3 为"筛选"。

具体操作步骤如下:

① 选中 Sheet1 工作表的 A1:J34 单元格区域,按下【Ctrl + C】组合键将其复制到剪贴板。

② 单击 Sheet3 工作表标签,选中 A1 单元格,按下【Ctrl + V】组合键完成粘贴。

③ 双击 Sheet3 工作表标签,或右击 Sheet3 工作表标签,在弹出的快捷菜单中选择"重命名"命令,将标

签名修改为"筛选"。完成后的 Sheet1 工作表如图 4-62 所示。

图 4-62　编辑完成后的 Sheet1 工作表

（5）将该文件以 Excel14C. xlsx 为文件名另存到 ExcelKt 文件夹中。

具体操作步骤如下：

① 单击"开始"选项卡，在打开的下拉列表中选择"另存为"命令，打开"另存为"对话框。

② 在"另存为"对话框中选择保存位置为 ExcelKt 文件夹，在"文件名"框内输入文件名"Excel14C. xlsx"，而后单击"保存"按钮。

2. 数据处理

利用"筛选"工作表中的数据，进行高级筛选。

A. 筛选条件：财务部和工程部，性别为男，具有博士和硕士学历的记录。

B. 条件区域：起始单元格定位在 L5。

C. 复制到：起始单元格定位在 L16。

最后保存 Excel14C. xlsx 文件。

具体操作步骤如下：

① 单击"筛选"工作表，在 L5 单元格起始位置输入图 4-63 所示的高级筛选条件，注意设置条件区域字段名时要同数据表中的字段名一致，否则筛选会出错，建议使用复制、粘贴的方式以保证一致。

图 4-63　筛选条件

② 选中数据区域 A4:J34，单击"数据"选项卡"排序和筛选"选项组的"高级"按钮，弹出"高级筛选"对话框，如图 4-64（a）所示。

③ 在"高级筛选"对话框中选中"将筛选结果复制到其他位置"单选按钮；"列表区域"默认为:$A $4:$J $34，即第②步中选定的数据区域；将光标放置在"条件区域"框内，用鼠标选中第①步设置的条件区域 L5:N9，"高级筛选"对话框中的条件区域自动填充为"筛选!$L $5:$N $9"；将光标放置在"复制到"框内，用鼠标选中 L16 单元格，则"复制到"框自动填充为"筛选!$L $16"，如图 4-64（b）所示。

（a）设置列表区域　　　（b）设置条件区域

图 4-64　"高级筛选"对话框

④ 单击"确定"按钮，完成筛选，结果如图 4-65 所示。

⑤ 单击"快速访问工具栏"上的"保存"按钮，保存文件。

图 4-65　高级筛选结果

【模拟练习 D】

打开 Excelkt 文件夹下的 TchsD. xlsx 工作簿文件,按下列要求操作。

1. 基本编辑

(1) 编辑 Sheet1 工作表。

A. 设置第 1 行的行高为 32 磅,合并后居中 A1:F1 单元格,并输入文本"职工提成核算表",隶书、22 磅、添加标准色黄色底纹。

B. 打开 Excelkt 文件夹下的 BookD. xlsx 工作簿,将 Sheet1 工作表中的数据复制到 TchsD. xlsx 的 Sheet1 工作表 B5 单元格开始处。

具体操作步骤如下:

① 行列操作。

单击工作表左侧行号 1,选中第 1 行,右击选中区域,在弹出的快捷菜单中选择"行高"命令,打开"行高"对话框,如图 4-66 所示,在"行高"文本框内输入 32,而后单击"确定"按钮。

图 4-66　"行高"对话框

② 单元格操作。

a. 选中 A1:F1 单元格区域,单击"开始"选项卡"对齐方式"选项组中的"合并后居中"按钮,将 A1:F1 单元格区域进行合并居中。

b. 在 A1 单元格中输入"职工提成核算表",单击"开始"选项卡"字体"选项组中的"字体"和"字号"下拉按钮分别设置字体格式为隶书、22 磅,单击"填充颜色"下拉按钮,设置填充颜色为标准色黄色。

c. 打开 Excelkt 文件夹下的"BookD. xlsx"文件,选中 Sheet1 工作表中的 A1:C27 单元格区域,按下【Ctrl + C】组合键将其复制到剪贴板。而后选中 TchsD. xlsx 中 Sheet1 工作表的 B5 单元格,按下【Ctrl + V】组合键完成粘贴。

(2) 数据填充。

A. 填充"职工工号"列,编号从 11001 开始,差值为 2 递增填充。

B. 公式填充"完成率"列,完成率 = 完成额/任务额,"百分比"型,0 位小数。

C. 公式填充"提成额度"列,提成额度 = 完成额×提成比例,提成比例的计算方法参见 J5:K9 单元格区域。

D. 公式填充 K12:K14 单元格,分别统计"提成额度"的最大值、最小值和平均值。

具体操作步骤如下:

① 填充数据。

a. 选中 A5 单元格,输入 11001,而后选中 A5:A31 单元格区域,单击"编辑"选项组中的"填充"按钮,在打开的下拉列表中选择"序列"命令,打开"序列"对话框。

b. 选中"序列产生在"下的"列"选项,选中"类型"下的"等差序列"单选按钮,将"步长值"文本框的值设置为 2,而后单击"确定"按钮,如图 4-67 所示。

② 公式计算。

a. 选中 E5 单元格,而后输入"= D5/C5",按【Enter】键确认。双击 E5 单元格的填充柄将此公式复制到该列的其他单元格中。选中 E5:E31 单元格区域,单击"开始"选项卡"数字"选项组右下角的按钮 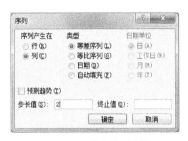,打开"设置单元格格式"对话框,如图 4-68 所示,在"分类"下拉列表框中选择"百分比"选项,将"小数位数"微调框中的值设置为 0,而后单击"确定"按钮。

图 4-67 "序列"对话框　　　　　　　　　　图 4-68 "设置单元格格式"对话框

b. 选中 F5 单元格,输入"= D5 * IF(E5 > = 0.8,$ K $6,IF(E5 > = 0.5,$ K $7,IF(E5 > = 0.3,$ K $8,$ K $9)))",按【Enter】键确认。注意 K6:K9 单元格区域中的各个单元格应使用绝对地址,在公式的输入过程中,可在输入相对地址后按下【F4】键将其转换为绝对地址。

c. 选中 K12 单元格,输入"= MAX(F5:F31)",而后按【Enter】键确认。

d. 选中 K13 单元格,输入"= MIN(F5:F31)",而后按【Enter】键确认。

e. 选中 K14 单元格,输入"= AVERAGE(F5:F31)",而后按【Enter】键确认。

(3)将 Sheet1 工作表重命名为"核算表"。

具体操作方法如下:

双击 Sheet1 工作表标签,将标签名修改为"核算表"。

(4)将该文件以 Excel14D. xlsx 为文件名另存到 ExcelKt 文件夹中。

具体操作步骤如下:

① 单击"开始"选项卡,在打开的下拉列表中选择"另存为"命令,打开"另存为"对话框。

② 在"另存为"对话框中选择保存位置为 ExcelKt 文件夹,在"文件名"框内输入文件名"Excel14D. xlsx",而后单击"保存"按钮。

完成后的"核算表"工作表如图 4-69 所示。

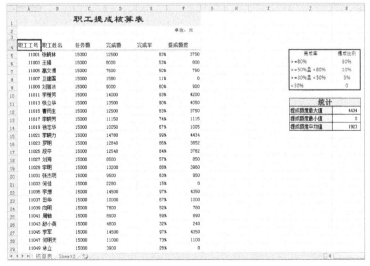

图 4-69 编辑完成后的"核算表"工作表

2. 数据处理

对 Sheet2 工作表中的数据,按"应聘部门"升序、"职位"降序、"工作经验"降序的方式进行排序。

最后保存 Excel14D. xlsx 文件。

具体操作步骤如下:

① 单击 Sheet2 工作表标签,打开 Sheet2 工作表。选中 A1:H43 单元格区域内的任意一个单元格,单击"数据"选项卡"排序和筛选"选项组中的"排序"按钮,打开"排序"对话框。

② 将"主要关键字"框内设置为"应聘部门",使用默认次序"升序",而后单击"添加条件"按钮,将"次要关键字"框设置为"职位","次序"设置为"降序",再次单击"添加条件"按钮,将"次要关键字"框设置为"工作经验","次序"设置为"降序",如图 4-70 所示,单击"确定"按钮,排序结果如图 4-71 所示。

③ 最后单击"快速访问工具栏"上的"保存"按钮,保存文件。

图 4-70 "排序"对话框

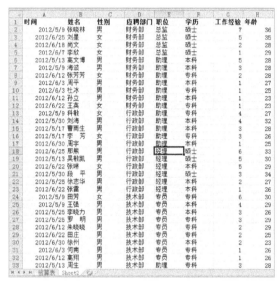

图 4-71 排序结果

【模拟练习 E】

打开 Excelkt 文件夹下的 Excel14E. xlsx 工作簿文件,按下列要求操作。

1. 基本编辑

(1)编辑 Sheet1 工作表。

A. 在最左端插入 1 列,并在 A2 单元格内输入文本"商品编号"。

B. 在 A1 单元格内输入文本"商品库存统计",合并后居中 A1:J1 单元格,幼圆、23 磅、填充 12.5% 灰色图案样式。

具体操作步骤如下:

① 单击工作表顶端的列号 A,右击选中区域,在弹出的快捷菜单中选择"插入"命令,即可在"商品名称"列的左侧(即最左端)插入空白列。选中 A2 单元格,输入文字"商品编号"。

② 选中 A1 单元格,输入"商品库存统计"。而后选中 A1:J1 单元格区域,单击"开始"选项卡"对齐方式"选项组中的"合并后居中"按钮,将 A1:J1 单元格区域进行合并居中。

③ 选中合并后的 A1 单元格,单击"字体"选项组中的"字体"和"字号"分别设置字体格式为幼圆、23 磅。

④ 单击"字体"选项组右下角的按钮,打开"设置单元格格式"对话框,如图 4-72 所示,单击"填充"选项卡,单击"图案样式"下拉列表框按钮,选择"12.5% 灰色"选项,而后单击"确

图 4-72 "设置单元格格式"对话框

定"按钮。

（2）数据填充。

A. 根据"商品名称"列数据,公式填充"商品编号"列。商品名称有"金麦圈""酸奶""波力卷""成长牛奶"四种,商品编号依次为:001、002、003、004,文本型。

B. 公式填充"销售金额"列,销售金额＝单价×(进货量－库存量),"货币"型、无小数、货币符号"￥"。

C. 公式填充"失效日期"列,失效日期＝生产日期＋保质期。

D. 公式填充"是否过期"列,若给定日期(N5 单元格)超过失效日期,则填充"过期",否则为空白。

具体操作步骤如下:

① 选中 A3 单元格,输入"＝IF(B3＝"金麦圈","001",IF(B3＝"酸奶","002",IF(B3＝"波力卷","003","004")))",而后按【Enter】键确认。选中 A3 单元格,拖动其右下角的填充柄直到 A22 单元格,或双击 A3 单元格的填充柄将此公式复制到该列的其他单元格中。选中 A3:A22 单元格区域,单击"数字"选项组中的"数字格式"下拉按钮,在打开的下拉列表中选择"文本"选项。

② 选中 F3 单元格,输入"＝C3＊(D3－E3)",而后按【Enter】键确认。选中 F3 单元格,双击 F3 单元格的填充柄将此公式复制到该列的其他单元格中。

③ 选中 I3 单元格,输入"＝DATE(YEAR(G3),MONTH(G3)＋H3,DAY(G3))",而后按【Enter】键确认。选中 I3 单元格,双击 I3 单元格的填充柄将此公式复制到该列的其他单元格中。

④ 选中 J3 单元格,输入"＝IF(I3＜＄0＄5,"过期","")",而后按【Enter】键确认。选中 J3 单元格,双击 J3 单元格的填充柄将此公式复制到该列的其他单元格中。

（3）在 Sheet2 工作表中建立 Sheet1 工作表的副本,并将 Sheet1 重命名为"统计表",将 Sheet2 工作表重命名为"筛选"。

具体操作步骤如下:

① 选中 Sheet1 工作表的 A1:J22 单元格区域,按下【Ctrl＋C】组合键将其复制到剪贴板。

② 单击 Sheet2 工作表标签,选中 A1 单元格,按下【Ctrl＋V】组合键完成粘贴。

③ 双击 Sheet1 工作表标签,或右击 Sheet1 工作表标签,在弹出的快捷菜单中选择"重命名"命令,将标签名修改为"统计表",而后使用同样的方法将 Sheet2 重命名为"筛选"。完成后的"统计表"工作表如图 4-73 所示。

商品编号	商品名称	单价	进货量	库存量	销售金额	生产日期	保质期(月)	失效日期	是否过期
001	金麦圈	￥5.5	125	45	440	2014/2/1	12	2015/2/1	
002	酸奶	￥3.2	232	115	374.4	2015/2/1	1	2015/3/1	
003	波力卷	￥3.8	221	20	763.8	2013/3/1	18	2014/9/1	过期
004	成长牛奶	￥4.0	132	103	116	2015/1/1	6	2015/7/1	
002	酸奶	￥3.2	154	103	163.2	2015/1/12	1	2015/2/12	
004	成长牛奶	￥4.0	224	18	824	2014/3/6	6	2014/9/6	过期
001	金麦圈	￥5.5	120	39	445.5	2013/3/8	12	2014/3/8	过期
003	波力卷	￥3.8	145	64	307.8	2014/3/5	18	2015/9/5	
002	酸奶	￥3.2	261	139	390.4	2015/2/5	1	2015/3/5	
003	波力卷	￥3.8	230	73	596.6	2014/8/6	18	2016/2/6	
004	成长牛奶	￥4.0	119	58	244	2014/8/6	6	2015/2/6	
001	金麦圈	￥5.5	328	137	1050.5	2014/8/8	12	2015/8/8	
002	酸奶	￥3.2	125	78	150.4	2014/8/8	1	2014/9/8	过期
003	波力卷	￥3.8	343	39	1155.2	2013/12/8	18	2015/6/8	
002	酸奶	￥3.2	241	93	473.6	2014/12/20	2	2015/2/20	
004	成长牛奶	￥4.0	236	97	556	2014/11/1	2	2015/5/1	
001	金麦圈	￥5.5	145	85	330	2014/11/10	12	2015/11/10	
001	金麦圈	￥5.5	115	87	154	2015/1/17	2	2015/3/17	
004	成长牛奶	￥4.0	322	192	520	2014/11/10	2	2015/1/10	过期
003	波力卷	￥3.8	226	38	714.4	2014/12/1	2	2015/2/1	

图 4-73　编辑完成后的"统计表"工作表

2. 数据处理

利用"筛选"工作表中的数据,进行高级筛选。

A. 筛选条件:"失效日期"介于 2014/1/1 和 2014/12/31 之间(包括边界日期)、或销售金额大于 1000 的记录。

B. 条件区域：起始单元格定位在 A25。

C. 复制到：起始单元格定位在 A30。

最后保存 Excel14E. xlsx 文件。

具体操作步骤如下：

图 4-74　筛选条件

① 单击"筛选"工作表，在 A25 单元格起始位置输入图 4-74 所示的高级筛选条件，注意设置条件区域字段名时要同数据表中的字段名一致，否则筛选会出错，建议使用复制、粘贴的方式以保证一致。

② 选中数据区域 A2：J22，单击"数据"选项卡"排序和筛选"选项组的"高级"按钮，弹出"高级筛选"对话框，如图 4-75（a）所示。

③ 在"高级筛选"对话框中选中"将筛选结果复制到其他位置"单选按钮；"列表区域"默认为：$ A $2：$ J $ 22，即第②步中选定的数据区域；将光标放置在"条件区域"框内，用鼠标选中第①步设置的条件区域 A25：C27，"高级筛选"对话框中的条件区域自动填充为"筛选!$A$25：$C$27"；将光标放置在"复制到"框内，用鼠标选中 A30 单元格，则"复制到"框自动填充为"筛选!$A $30"，如图 4-75（b）所示。

（a）设置列表区域　　　（b）设置条件区域

图 4-75　"高级筛选"对话框

④ 单击"确定"按钮，完成筛选，结果如图 4-76 所示。

⑤ 单击"快速访问工具栏"上的"保存"按钮，保存文件。

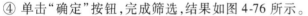

图 4-76　高级筛选结果

【模拟练习 F】

打开 Excelkt 文件夹下的"XstjF. xlsx"工作簿文件，接着完成以下操作。

1. 基本编辑

（1）编辑 Sheet1 工作表。

A. 在第一行前插入 1 行，设置行高为 28 磅，并在 A1 单元格内输入文本"家用电器销售记录表"，仿宋、22 磅、加粗，合并后居中 A1：H1 单元格。

B. 设置 H 列列宽为 13 磅，并将工作表 Sheet1 重命名为"记录表"。

具体操作步骤如下：

① 行列操作。

a. 单击工作表左侧的行号 1，选中第一行，右击选中区域，在弹出的快捷菜单中选择"插入"命令，即可在第一行前插入 1 行。

b. 选中第一行，右击选中区域，在弹出的快捷菜单中选择"行高"命令，打开"行高"对话框，如图 4-77 所示，在"行高"文本框内输入 28，单击"确定"按钮。

c. 单击工作表顶端的列号 H，选中 H 列。右击选中区域，在弹出的快捷菜单中

图 4-77　"行高"对话框

选择"列宽"命令,打开"列宽"对话框,如图 4-78 所示,在"列宽"文本框内输入 13,单击"确定"按钮。

② 单元格操作。

a. 选中 A1 单元格,输入"家用电器销售记录表"。而后选中 A1:H1 单元格区域,单击"开始"选项卡"对齐方式"选项组中的"合并后居中"按钮,将 A1:H1 单元格区域进行合并居中。

图 4-78 "列宽"对话框

b. 选中合并后的 A1 单元格,单击"字体"选项组中的"字体"和"字号"下拉列表框,分别设置字体格式为仿宋、22 磅,而后单击"加粗"按钮 。

③ 工作表重命名。

双击 Sheet1 工作表标签,或右击 Sheet1 工作表标签,在弹出的快捷菜单中选择"重命名"命令,将标签名修改为"记录表"。

(2)数据填充。

A. 填充"日期"列,日期从 2009 – 1 – 1 开始,间隔 2 个月,依次填充。

B. 公式计算"折扣价"列,若有折扣,则折扣价 = 单价×折扣,否则与单价相同,"数值"型、负数第四种、1 位小数。

C. 公式计算"销售额"列,销售额 = 折扣价×数量,"货币"型、无小数、货币符号"¥"。

D. 利用"记录表"中的"销售员"和"销售额"数据,分别统计出各个销售员的销售额之和,结果存放在 Sheet2 工作表中 E3:E7 单元格区域中。

具体操作步骤如下:

① 填充数据。

a. 选中 A3 单元格,输入"2009/1/1",按【Enter】键确认。

b. 选中 A3:A32 单元格区域,单击"开始"选项卡"编辑"选项组中的"填充"按钮,在打开的下拉列表中选择"序列"命令,打开"序列"对话框。

c. 如图 4-79 所示,将"类型"设置为"日期","日期单位"设置为"月",在"步长值"文本框内输入 2,而后单击"确定"按钮。

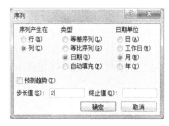

图 4-79 "序列"对话框

② 公式计算。

a. 选中 F3 单元格,输入" = IF(E3 < >"",D3 * E3,D3)",而后按【Enter】键确认。选中 F3 单元格,双击 F3 单元格的填充柄将此公式复制到该列的其他单元格中。选中 F3:F32 单元格区域,单击"数字"选项组右下角的按钮 ,打开"设置单元格格式"对话框。在"分类"框中选择"数值"选项,将"小数位数"微调框设置为 1,选择"负数"框中的第四种,如图 4-80(a)所示,而后单击"确定"按钮。

b. 选中 H3 单元格,输入" = F3 * G3",而后按【Enter】键确认。选中 H3 单元格,双击 H3 单元格的填充柄将此公式复制到该列的其他单元格中。选中 H3:H32 单元格区域,单击"数字"选项组右下角的按钮 ,打开"设置单元格格式"对话框。在"分类"框中选择"货币",将"小数位数"框设置为 0,"货币符号(国家/地区)"框选择"¥",选择"负数"框中的第四种,如图 4-80(b)所示,而后单击"确定"按钮。

(a)

(b)

图 4-80 "设置单元格格式"对话框

　　c. 选中 Sheet2 工作表中的 E3 单元格,单击编辑栏左侧的"插入函数"按钮，打开"插入函数"对话框,如图 4-81 所示。在"或选择类别"下拉列表框中选择"常用函数"选项,在"选择函数"列表框中选择"SUMIF"选项,单击"确定"按钮,打开"函数参数"对话框,如图 4-82 所示。将光标放置在"Range"框内,选中"记录表"工作表中的 B3:B32 单元格区域,然后按【F4】键将其修改为绝对地址"记录表!$B$3:$B$32";将光标放置在"Criteria"框内,用鼠标 Sheet2 工作表中的 D3 单元格;将光标放置在"Sum_range"框内,用鼠标选中"记录表"工作表中的 H3:H32 单元格区域,按下【F4】键将其修改为绝对地址"记录表!$H$3:$H$32",而后单击"确定"按钮。双击 Sheet2 工作表中的 E3 单元格的填充柄,则可将此公式复制到其他单元格中。

图 4-81　"插入函数"对话框

图 4-82　"函数参数"对话框

(3)复制"记录表"中 A2:H32 单元格数据到 Sheet3 的 A1 单元格开始处。

具体操作步骤如下:

① 选中"记录表"工作表中的 A2:H32 单元格区域,按下【Ctrl + C】组合键将其复制到剪贴板。

② 单击 Sheet3 工作表标签,选中 A1 单元格,按下【Ctrl + V】组合键完成粘贴。

完成后的"记录表"工作表如图 4-83 所示,Sheet2 工作表如图 4-84 所示。

图 4-83　编辑完成后的"记录表"工作表

图 4-84　编辑完成后的 Sheet2 工作表

(4)将该文件以 Excel14F. xlsx 为文件名另存到 ExcelKt 文件夹中。

具体操作步骤如下:

① 单击"开始"选项卡,在打开的下拉列表中选择"另存为"命令,打开"另存为"对话框。

② 在"另存为"对话框中选择保存位置为 ExcelKt 文件夹,在"文件名"文本框内输入文件名"Excel14F.xlsx",而后单击"保存"按钮。

2. 数据处理

对 Sheet3 工作表中的数据,按"销售员"升序、"商品名"降序、"销售额"降序的方式进行排序。

最后保存 Excel14F.xlsx 文件。

① 单击 Sheet3 工作表标签,打开 Sheet3 工作表。选中 A1:H31 单元格区域内的任意一个单元格,单击"数据"选项卡"排序和筛选"选项组中的"排序"按钮,打开"排序"对话框。

② 将"主要关键字"框内设置为"销售员",使用默认次序"升序",而后单击"添加条件"按钮,将"次要关键字"框设置为"商品名","次序"设置为"降序",再次单击"添加条件"按钮,将"次要关键字"框设置为"销售额","次序"设置为"降序",如图 4-85 所示,最后单击"确定"按钮,排序结果如图 4-86 所示。

③ 最后单击"快速访问工具栏"上的"保存"按钮 **B**,保存文件。

图 4-85　"排序"对话框

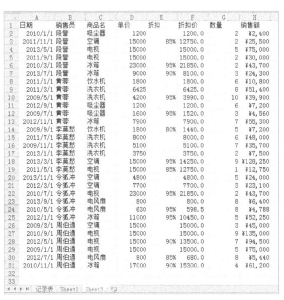

图 4-86　排序结果

【模拟练习 G】

打开 Excelkt 文件夹下的 CpxsG.xlsx 工作簿文件,按下列要求操作。

1. 基本编辑

(1)编辑"本年度"工作表。

A. 合并后居中 A1:J1 单元格,输入文本"各地区彩票销售额",宋体、16 磅、加粗。

B. 填充 B3:G3 单元格,内容依次为:1 月销售额、2 月销售额、…、6 月销售额。

C. 将 A3:G3 单元格区域复制到 Sheet2 工作表中 A1 单元格开始处,并将 Sheet2 重命名为"上一年"。

具体操作步骤如下:

① 单击"本年度"工作表标签,选中 A1:J1 单元格区域,单击"开始"选项卡"对齐方式"选项组中的"合并后居中"按钮,将 A1:J1 单元格区域进行合并居中。

② 选中 A1 单元格,输入"各地区彩票销售额",单击"字体"选项组中的"字体"和"字号"下拉列表框,分别设置字体格式为宋体、16 磅,而后单击"加粗"按钮图。

③ 选中 B3 单元格,输入"1 月销售额",按【Enter】键确认。向右拖动 B3 单元格的填充柄至 G3 单元格,完成填充。

④ 选中 A3:G3 单元格区域,按下【Ctrl + C】组合键将其复制到剪贴板。单击 Sheet2 工作表标签,选中 A1 单元格,按下【Ctrl + V】组合键完成粘贴。

⑤ 双击 Sheet2 工作表标签名,将其修改为"上一年"。

(2)数据填充"本年度"工作表。

A. 公式填充"销售总额"列,销售总额为 1~6 月销售额之和。

B. 公式填充"平均销售额"列,"数值"型、负数第 4 种、1 位小数。

C. 根据"销售总额"公式填充"提成率"列:若销售总额小于 150 万,提成率为 6%,若为 150 万~200 万(不包括 200 万),提成率为 7%,若为 200 万~250 万(不包括 250 万)则为 7.5%,若大于等于 250 万,则为 8%,"百分比"型、1 位小数。

D. 公式填充各地区本年度与上一年各个月份的同期增长率,将结果填充在"本年度"工作表的 K4:P19 单元格区域内,已知同期增长 = (本年度某月销售额 – 上一年的某月销售额)/上一年的某月销售额,"百分比"型、无小数。

具体操作步骤如下:

① 单击"本年度"工作表标签,选中 A4:H4 单元格区域,单击"开始"选项卡"编辑"选项组中的"自动求和"命令按钮,完成 H4 单元格的填充。或在 H3 单元格内输入" = SUM(A4:G4)",而后按【Enter】键确认。选中 H4 单元格,拖动其右下角的填充柄直到 H19 单元格,或双击 H3 单元格的填充柄将此公式复制到该列的其他单元格中。

② 选中"本年度"工作表中的 I4 单元格,输入" = AVERAGE(B4:G4)",而后按【Enter】键确认。双击 I4 单元格的填充柄将此公式复制到该列的其他单元格中。选中 I4:I19 单元格区域,单击"数字"选项组右下角的按钮,打开"设置单元格格式"对话框。在"分类"框中选择"数值",将"小数位数"框设置为 1,选择"负数"框中的第四种,如图 4-87(a)所示,而后单击"确定"按钮。

③ 选中 J4 单元格,输入" = IF(H4 < 150,6%,IF(H4 < 200,7%,IF(H4 < 250,7.5%,8%)))",而后按【Enter】键确认。双击 J4 单元格的填充柄将此公式复制到该列的其他单元格中。选中 J4:J19 单元格区域,单击"数字"选项组右下角的按钮,打开"设置单元格格式"对话框。在"分类"框中选择"百分比",将"小数位数"框设置为 1,如图 4-87(b)所示,而后单击"确定"按钮。

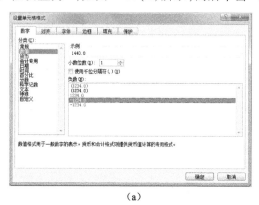
(a)

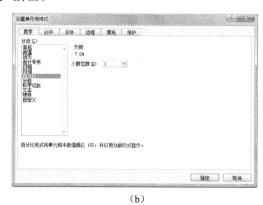
(b)

图 4-87 "设置单元格格式"对话框

④ 选中"本年度"工作表中的 K4 单元格,输入" =(",而后选中 B4 单元格,再输入" –",选中"上一年"工作表中的 B2 单元格,而后输入")/",再选中"上一年"工作表中的 B2 单元格,最后按【Enter】键确认(K4 内的完整公式为" = 本年度! B4 – 上一年! B2)/上一年! B2")。双击 K4 单元格的填充柄将此公式复制到该列的其他单元格中。而后选中 K4:K19 单元格区域,向右拖动 K19 单元格的填充柄至 P19 单元格,可完成 K4:P19 单元格区域的填充。选中 K4:P19 单元格区域,单击"开始"选项卡"数字"选项组中的"百分比样式"按钮。

(3)复制"本年度"工作表中 A3:J19 单元格数据到 Sheet3 的 A1 单元格开始处,并将 Sheet3 工作表重命名为"筛选"。

具体操作步骤如下:

① 选中"本年度"工作表中的 A3:J19 单元格区域,按下【Ctrl + C】组合键将其复制到剪贴板。

② 单击 Sheet3 工作表标签,选中 A1 单元格,按下【Ctrl + V】组合键完成粘贴。

③ 双击 Sheet3 工作表标签,将其修改为"筛选"。

完成后的"本年度"工作表如图 4-88 所示。

图 4-88　完成后的"本年度"工作表

(4)将该文件以 Excel14G. xlsx 为文件名另存到 ExcelKt 文件夹中。

具体操作步骤如下:

① 单击"开始"选项卡,在打开的下拉列表中选择"另存为"命令,打开"另存为"对话框。

② 在"另存为"对话框中选择保存位置为 ExcelKt 文件夹,在"文件名"框内输入文件名"Excel14G. xlsx",而后单击"保存"按钮。

2. 数据处理

对"筛选"工作表中的数据进行如下高级筛选操作。

A. 筛选条件:各月销售额均大于 40 万的记录。

B. 条件区域:起始单元格定位在 A22。

C. 复制到:起始单元格定位在 A30。

最后保存 Excel14G. xlsx 文件。

具体操作步骤如下:

① 单击"筛选"工作表,在 A22 单元格起始位置输入图 4-89 所示的高级筛选条件,注意设置条件区域字段名时要同数据表中的字段名一致,否则筛选会出错,建议使用复制、粘贴的方式以保证一致,如可选中 B1:G1 单元格区域,将其复制后粘贴到 A22 单元格起始的位置。

② 选中数据区域 A1:J17,单击"数据"选项卡"排序和筛选"选项组的"高级"按钮,弹出"高级筛选"对话框,如图 4-90(a)所示。

③ 在"高级筛选"对话框中选中"将筛选结果复制到其他位置"单选按钮;"列表区域"默认为:$A $1:$J $17,即第②步中选定的数据区域;将光标放置在"条件区域"框内,选中第①步设置的条件区域 A22:F23,"高级筛选"对话框条件区域自动填充为"筛选!$A $22:$F $23";将光标放置在"复制到"框内,选中 A30 单元格,则"复制到"框自动填充为"筛选!$A $30",如图 4-90(b)所示。

图 4-89　筛选条件

（a）设置列表区域　　（b）设置条件区域

图 4-90　"高级筛选"对话框

④ 单击"确定"按钮,完成筛选,结果如图 4-91 所示。

⑤ 单击"快速访问工具栏"上的"保存"按钮,保存文件。

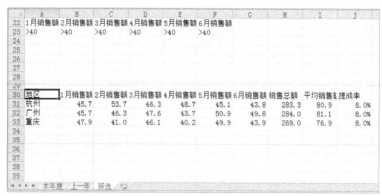

图 4-91　高级筛选结果

【模拟练习 H】

打开 Excelkt 文件夹下的 GzjsH.xlsx 工作簿文件,按下列要求操作。

1. 基本编辑

(1)编辑 Sheet1 工作表。

A. 在第一行前插入 1 行,并在 A1 单元格内输入文本"出勤状况表",黑体、28 磅,合并后居中 A1:M1 单元格。

B. 为 A2:M2 单元格区域填充黄色(标准色)底纹,将"基本工资"、"缺勤扣款"、"出勤奖金"列的数据区域设置为"货币"型、无小数、货币符号"￥"。

C. 将工作表 Sheet1 重命名为"考勤表"。

具体操作步骤如下:

① 行列操作。

单击工作表左侧的行号 1,选中第一行,右击选中区域,在弹出的快捷菜单中选择"插入"命令,即可在第一行前插入 1 行。

② 单元格操作。

a. 在 A1 单元格中输入"出勤状况表",而后选中 A1 单元格,单击"开始"选项卡"字体"选项组中的"字体"和"字号"下拉按钮分别设置字体格式为黑体、28 磅。

b. 选中 A1:M1 单元格区域,单击"开始"选项卡"对齐方式"选项组中的"合并后居中"按钮,将 A1:M1 单元格区域进行合并居中。

c. 选中 A2:M2 单元格区域单击"填充颜色"下拉按钮，设置填充颜色为标准色黄色。

d. 选中 E3:E50 单元格区域,按下【Ctrl】键同时选中 L3:M50 单元格区域,单击"开始"选项卡,单击"数字"选项组右下角的按钮，打开"设置单元格格式"对话框,如图 4-92 所示,在"分类"下拉列表框中选择"货币",将"小数位数"微调框中的值设置为 0,在"货币符号(国家/地区)"下拉列表框中选择"￥",在"负数"列表框选中第四种,而后单击"确定"按钮。

e. 双击 Sheet1 工作表标签,或右击 Sheet1 工作表标签,在弹出的快捷菜单中选择"重命名"命令,将标签名修改为"考勤表"。

图 4-92　"设置单元格格式"对话框

(2)数据填充。

A. 根据"职位"列公式填充"基本工资"列,经理的基本工资为 4500,副经理为 4000,组长为 3800,普通员工为 3000。

B. 公式计算"缺勤日数"列,缺勤日数 = 事假数 + 病假数 + 迟到数 + 早退数 + 旷工数。

C. 公式计算"缺勤扣款"列,缺勤扣款 = 基本工资/21.75 × 缺勤日数。

D. 公式计算"出勤奖金",若无缺勤,则为 400,否则为 0。

具体操作步骤如下:

① 选中 E3 单元格,输入"= IF(D3 = "经理",4500,IF(D3 = "副经理",4000,IF(D3 = "组长",3800,3000))))",按【Enter】键表示确认,而后向下拖动 E3 单元格右下角的填充柄直到 E50 单元格,或双击 E3 的填充柄完成其他单元格的填充。

② 选中 K3 单元格,输入"= SUM(F3:J3)",而后按【Enter】键表示确认,或选中 F3:K3 单元格区域,单击"编辑"选项组中的"自动求和"命令按钮 %。双击 K3 的填充柄完成其他单元格的填充。

③ 选中 L3 单元格,输入"= E3/21.75 * K3",按【Enter】键表示确认,而后双击 L3 的填充柄完成其他单元格的填充。

④ 选中 M3 单元格,输入"= IF(K3 = 0,400,0)",按【Enter】键表示确认,而后双击 M3 的填充柄完成其他单元格的填充。

(3)将"考勤表"中的 A3:E50 区域复制到 Sheet2 工作表的 A2 单元格开始处,将 L3:M50 区域复制到 Sheet2 的 F2 单元格开始处(提示:使用选择性粘贴,值和数字格式)。

具体操作步骤如下:

① 选中"考勤表"中的 A3:E50 区域,按下【Ctrl + C】组合键将其复制到剪贴板。

② 单击 Sheet2 工作表标签,选中 A2 单元格,按下【Ctrl + V】组合键完成粘贴。

③ 选中 L3:M50 区域,按下【Ctrl + C】组合键将其复制到剪贴板。

④ 单击 Sheet2 工作表标签,右击 F2 单元格,在弹出的快捷菜单中选择"选择性粘贴"命令,打开"选择性粘贴"对话框,如图 4-93 所示,选中"值和数字格式"单选按钮,而后单击"确定"按钮。

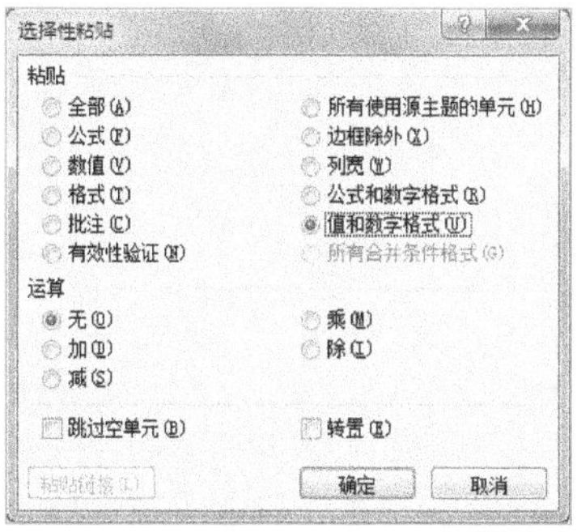

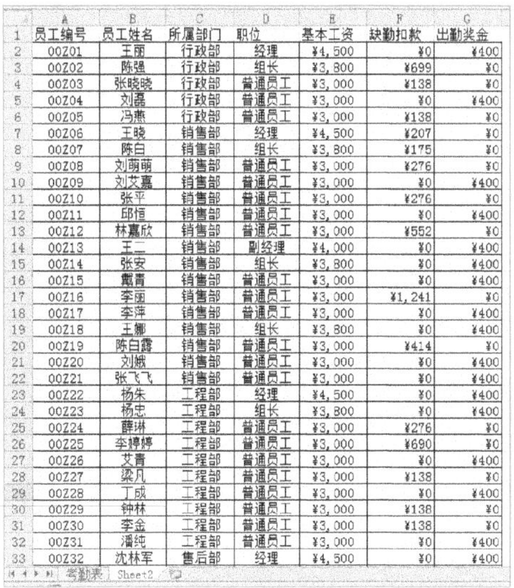

图 4-93　"选择性粘贴"对话框

完成后的"考勤表"工作表如图 4-94 所示,Sheet2 工作表如图 4-95 所示。

(4)将该文件以 Excel14H. xlsx 为文件名另存到 ExcelKt 文件夹中。

具体操作步骤如下:

① 单击"开始"选项卡,在打开的下拉列表中选择"另存为"命令,打开"另存为"对话框。

② 在"另存为"对话框中选择保存位置为 ExcelKt 文件夹,在"文件名"框内输入文件名"Excel14H. xlsx",而后单击"保存"按钮。

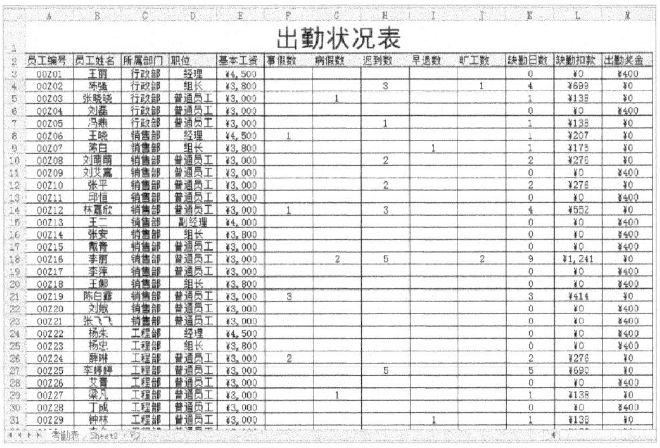

图 4-94　完成后的"考勤表"工作表

图 4-95　完成后的 Sheet2 工作表

2. 数据处理

对 Sheet2 工作表中的数据进行如下高级筛选操作。

A. 筛选条件:工程部和销售部中缺勤扣款超过 400 的普通员工。

B. 条件区域:起始单元格定位在 J4。

C. 复制到:起始单元格定位在 J10。

最后保存 Excel14H. xlsx 文件。

具体操作步骤如下:

① 单击 Sheet2 工作表,在 J4 单元格起始位置输入图 4-96 所示的高级筛选条件,注意设置条件区域字段名时要同数据表中的字段名一致,否则筛选会出错,建议使用复制、粘贴的方式以保证一致。

② 选中数据区域 A1:G49,单击"数据"选项卡"排序和筛选"选项组的"高级"按钮,弹出"高级筛选"对话框,如图 4-97(a)所示。

图 4-96 筛选条件

（a）设置列表区域

（b）设置条件区域

图 4-97 "高级筛选"对话框

③ 在"高级筛选"对话框中选中"将筛选结果复制到其他位置"单选按钮;"列表区域"默认为:$A$1:$G$49,即第②步中选定的数据区域;将光标放置在"条件区域"框内,选中第①步设置的条件区域 J4:L6,"高级筛选"对话框条件区域自动填充为"Sheet2!$J$4:$L$6";将光标放置在"复制到"框内,用鼠标选中 J10 单元格,则"复制到"框自动填充为"Sheet2!$J$10",如图 4-97(b)所示。

④ 单击"确定"按钮,完成筛选,结果如图 4-98 所示。

⑤ 单击"快速访问工具栏"上的"保存"按钮，保存文件。

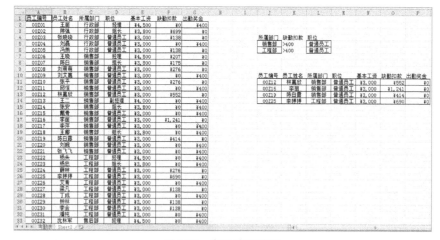

图 4-98 高级筛选结果

【模拟练习 I】

打开 Excelkt 文件夹下的 XsjdI. xlsx 工作簿文件,按下列要求操作。

1. 基本编辑

(1)编辑 Sheet1 工作表。

A. 分别合并后居中 A1:F1 单元格区域、I1:O1 单元格区域,而后均设置为宋体、25 磅、加粗,填充黄色

（标准色）底纹。

B. 将 J3∶O35 单元格区域的对齐方式设置为水平居中。

具体操作步骤如下：

① 打开 Sheet1 表工作，选中 A1∶F1 单元格区域，单击"开始"选项卡"对齐方式"选项组中的"合并后居中"按钮，将 A1∶H1 单元格区域进行合并居中；选中 I1∶O1 单元格区域，单击"开始"选项卡"对齐方式"选项组中的"合并后居中"按钮，将 I1∶O1 单元格区域进行合并居中。

② 选中 A1 单元格，按住【Ctrl】键，再选中 I1 单元格，单击"字体"选项组中的"字体"和"字号"下拉列表框，分别设置字体格式为宋体、25 磅，而后单击"加粗"按钮 ，最后单击"填充颜色"下拉按钮 ，设置填充颜色为标准色黄色。

③ 选中 J3∶O35 单元格区域，单击"对齐方式"选项组中的"居中"按钮 Σ 自动求和 ，设置水平居中。

（2）数据填充。

A. 根据"成绩单"（A∶F 列）中的各科成绩，公式填充"绩点表"中各科的绩点（即 J3∶N35 单元格区域）：90～100 分 = 4.0,85～89 分 = 3.6,80～84 分 = 3.0,70～79 分 = 2.0,60～69 分 = 1.0,60 分以下 = 0。

B. 公式计算"总绩点"列（O 列），总绩点为各科绩点之和。

C. 根据"成绩单"（A∶F 列）中的各科成绩，分别统计出各科各分数段的人数，结果放在 B41∶F45 单元格区域。分数段的分割为：60 以下、60～69、70～79、80～89,90 及以上。

具体操作步骤如下：

① 选中 J3 单元格，输入"= IF(B3 > = 90,4,IF(B3 > = 85,3.6,IF(B3 > = 80,3,IF(B3 > = 70,2,IF(B3 > = 60,1,0)))))"，按【Enter】键确认。选中 J3 单元格，双击 J3 单元格的填充柄将此公式复制到该列的其他单元格中。

② 选中 J3∶O3 单元格区域，单击"开始"选项卡"编辑"选项组中的"自动求和"按钮 ，完成 O3 单元格的填充。或在 O3 单元格内输入"= SUM(J3∶N3)"，而后按【Enter】键确认。选中 O3 单元格，拖动其右下角的填充柄直到 O35 单元格，或双击 O3 单元格的填充柄将此公式复制到该列的其他单元格中。

③ 该题目可使用 FREQUENCY 函数完成。首先，在 H41∶H44 单元格区域内分别输入 59、69、79、89，作为区间分割数据，而后选择 B41∶B45 单元格区域，单击编辑栏左侧的"插入函数"按钮 ，打开"插入函数"对话框，如图 4-99 所示。在"或选择类别"下拉列表框中选择"全部"选项，在"选择函数"列表框中选择"FREQUENCY"，而后单击"确定"按钮，则打开"函数参数"对话框，如图 4-100 所示。将光标放置在"Data_array"框内，选中 B3∶B35 单元格区域，而后将光标放置在"Bins_array"框内，选中 H41∶H44 单元格区域，然后按【F4】键将其修改为绝对地址$H$41∶$H$44，最后按【Ctrl + Shift + Enter】组合键，即可填充 B41∶B45 单元格的填充。选中 B41∶B45 单元格区域，向右拖动 B45 单元格的填充柄，即可完成 C41∶F45 单元格区域的填充。

图 4-99 "插入函数"对话框

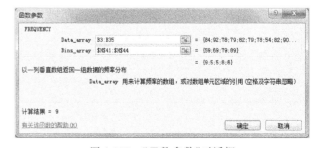

图 4-100 "函数参数"对话框

（3）插入两个新工作表，分别重命名为"排序"、"筛选"，并复制 Sheet1 工作表中 A2∶F35 单元格区域到新工作表的 A1 单元格开始处。

具体操作步骤如下：

① 单击工作表标签栏上的"插入工作表"按钮 ，可插入 Sheet2 工作表，再次单击该按钮，插入 Sheet3 工作表。

② 双击 Sheet2 工作表标签，将其修改为"排序"，双击 Sheet3 工作表标签，将其修改为"筛选"。

③ 选中 Sheet1 工作表的 A2:F35 单元格区域，按【Ctrl + C】组合键将其复制到剪贴板。

④ 单击"排序"工作表标签，选中 A1 单元格，按【Ctrl + V】组合键完成粘贴。单击"筛选"工作表标签，选中 A1 单元格，按【Ctrl + V】组合键完成粘贴。

完成后的 Sheet1 工作表如图 4-101 所示。

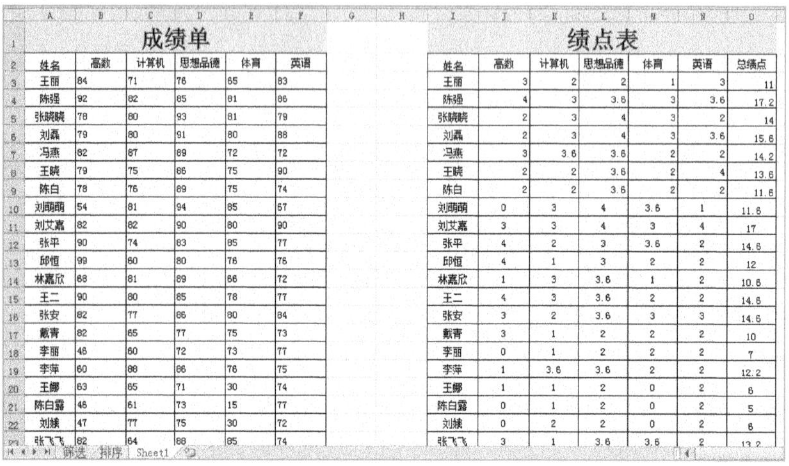

(a)

(b)

图 4-101 完成后的 Sheet1 工作表

(4) 将该文件以 Excel14I. xlsx 为文件名另存到 ExcelKt 文件夹中。

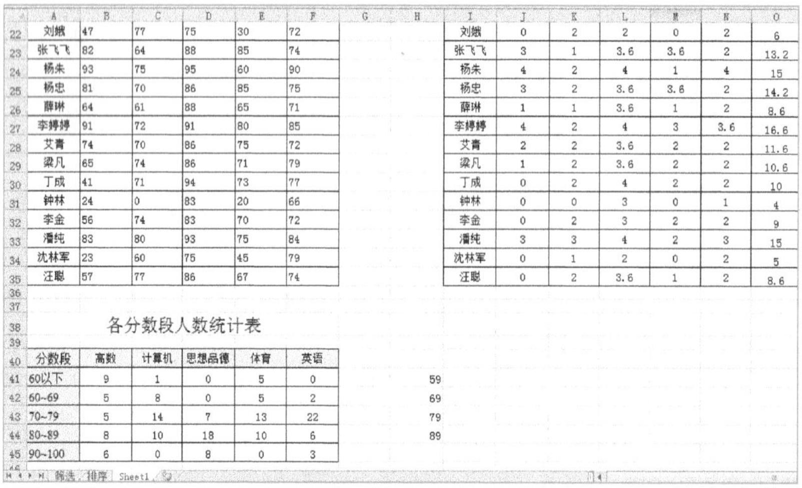

具体操作步骤如下：

① 单击"开始"选项卡，在打开的下拉列表中选择"另存为"命令，打开"另存为"对话框。

② 在"另存为"对话框中选择保存位置为 ExcelKt 文件夹，在"文件名"框内输入文件名"Excel14I. xlsx"，而后单击"保存"按钮。

2. 数据处理

A. 对"排序"工作表中的数据按"高数"降序、"英语"升序、"计算机"降序排序。

B. 对"筛选"工作表中的数据进行自动筛选，筛选出"高数"、"英语"、"计算机"均大于等于 80 的记录。

最后保存 Excel14I. xlsx 文件。

具体操作步骤如下：

（1）排序操作。

① 单击"排序"工作表标签，打开"排序"工作表。选中 A1:F34 单元格区域内的任意一个单元格，单击"数据"选项卡"排序和筛选"选项组中的"排序"按钮，打开"排序"对话框。

② 将"主要关键字"框设置为"高数"，"次序"设置为"降序"，而后单击"添加条件"按钮，将"次要关键字"框设置为"英语"，使用默认次序"升序"，再次单击"添加条件"按钮，将"次要关键字"框设置为"计算机"，"次序"设置为"降序"，如图 4-102 所示，最后单击"确定"按钮。排序结果如图 4-103 所示。

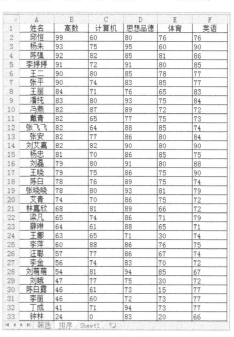

	A	B	C	D	E	F
1	姓名	高数	计算机	思想品德	体育	英语
2	邱恒	99	60	80	76	76
3	杨朱	93	75	95	60	90
4	陈强	92	82	85	81	86
5	李婷婷	91	72	91	80	85
6	王二	90	80	85	78	77
7	张平	90	74	83	85	77
8	王丽	84	71	76	65	83
9	潘纯	83	80	93	75	84
10	冯燕	82	87	89	72	72
11	戴青	82	65	77	75	73
12	张飞飞	82	64	88	85	74
13	张安	82	77	86	80	84
14	刘艾嘉	82	82	90	80	90
15	杨忠	81	70	86	85	75
16	刘磊	79	80	91	80	88
17	王晓	79	75	90	75	90
18	陈白	78	76	89	70	74
19	张晓晓	78	80	93	81	79
20	艾青	74	70	86	75	72
21	林嘉欣	68	81	89	66	72
22	梁凡	65	74	86	71	79
23	薛琳	64	61	88	65	71
24	王郦	63	65	71	30	74
25	李萍	60	88	86	76	75
26	汪聪	57	77	86	67	74
27	李金	56	74	83	70	72
28	刘萌萌	54	81	94	85	67
29	刘娜	47	77	75	30	72
30	陈白露	46	61	73	15	77
31	李丽	46	60	72	73	77
32	丁成	41	71	94	73	77
33	钟林	24	0	83	20	66

图 4-102　"排序"对话框　　　　　　　　　　　　图 4-103　排序结果

（2）自动筛选操作。

① 选择"筛选"工作表，单击 A1:F34 单元格区域内的任意一个单元格，而后单击"数据"选项卡"排序和筛选"选项组中的"筛选"按钮，此时 A1:F1 单元格右侧分别出现下拉按钮。

② 单击 B1 单元格右侧的下拉按钮，在打开的下拉列表中选择"数字筛选"，而后选择"大于或等于"命令，弹出"自定义自动筛选方式"对话框，图 4-104 所示。将"大于或等于"右侧的列表框内的值设置为 80，而后单击"确定"按钮，完成"高数"列的自动筛选。

③ 使用与步骤②相同的方法，分别单击 C1、F1 单元格右侧的下拉按钮，完成"英语"和"计算机"列的自动筛选。

自动筛选完成的结果如图 4-105 所示。

	A	B	C	D	E	F
1	姓名	高数	计算机	思想品行	体育	英语
3	陈强	92	82	85	81	86
10	刘艾嘉	82	82	90	80	90
32	潘纯	83	80	93	75	84
35						
36						

图 4-104　"自定义自动筛选方式"对话框　　　　　图 4-105　自动筛选结果

最后单击"快速访问工具栏"上的"保存"按钮，保存文件。

第 5 章　演示文稿制作软件 PowerPoint 2010

本章的学习目标是使学生熟练掌握电子演示文稿制作软件 PowerPoint 2010 的使用方法,并能够灵活地运用 PowerPoint 编排演示文稿。本章的主要内容包括 PowerPoint 2010 的基本操作、演示文稿外观设置、演示文稿放映设置操作等。

【实验 5-1】　PowerPoint 2010 演示文稿基本操作

一、实验目的

(1)掌握演示文稿的创建与打开。

(2)学习编辑演示文稿。

(3)学会在演示文稿中插入各种对象,如文本框、图片、图表等。

(4)掌握幻灯片的复制、移动、删除等基本操作。

二、实验示例

【例 5.1】　创建或打开演示文稿。

【解】　具体操作步骤如下:

(1)创建空演示文稿。

① 启动 PowerPoint 2010 后程序默认会新建一个空白的演示文稿,该演示文稿只包含一张幻灯片,采用默认的设计模板,版式为“标题幻灯片”,文件名为演示文稿 1. pptx,如图 5-1 所示。

图 5-1　空白的演示文稿

② 若 PowerPoint 应用程序已启动,选择“文件”→“新建”命令,在右侧打开的任务窗格中的“可用模板和主题”栏选择“空白演示文稿”选项,如图 5-2 所示。单击“创建”按钮,即可创建一个新的空白演示文稿。

说明：

　　创建空白演示文稿具有最大程度的灵活性，用户可以使用颜色、版式和一些样式特性，充分发挥自己的创造力。

　　（2）根据模板创建演示文稿。

　　① 使用内置模板。选择"文件"→"新建"命令，在右侧打开的任务窗格中的"可用模板和主题"栏选择"样本模板"选项，此时打开样本模板列表，如图5-3所示。从中选择合适的模板，然后单击"创建"按钮，即可创建一个基于该模板的演示文稿。

图 5-2　"新建"任务窗格

图 5-3　"样本模板"列表

　　② 使用 Office.com 模板网站上的模板。选择"文件"→"新建"命令，在打开的"可用模板和主题"栏中的"Office.com 模板"栏中选择所需的模板类型进行下载即可。

说明：

　　Office.com 的模板网站提供了许多模板，如贺卡、信封、日历等，可以根据自己的需要下载相应模板。

　　③ 使用本机上的模板。选择"文件"→"新建"命令，在右侧打开的任务窗格的"可用模板和主题"栏中选择"我的模板"选项，在打开的"新建演示文稿"对话框中选择所需的模板，然后单击"确定"按钮即可将该模板应用于演示文稿中。

　　（3）根据现有演示文稿创建新文稿。

　　在如图5-2所示的"新建"任务窗格中选择"根据现有新建"选项，在打开的"根据现有演示文稿新建"对话框中选择一个演示文稿,并将该选中的演示文稿调入当前的编辑环境。用户在该演示文稿的基础上编辑修改,即可完成在已有的演示文稿基础上创建新演示文稿的操作。

> 说明:
>   该种方法在直接利用已有的演示文稿创建新的演示文稿过程中,只是创建了原有演示文稿的副本,不会改变原文件的内容。

(4)根据主题创建演示文稿。

① 选择"文件"→"新建"命令,在右侧打开的任务窗格中的"可用模板和主题"栏中选择"主题"选项,打开"主题"列表框,如图 5-4 所示。

图 5-4 "主题"列表框

② 在"主题"列表框中选择合适的主题,然后单击"创建"按钮,即可创建一个基于该主题的演示文稿。

(5)打开 PowerPoint 实验素材库中的"xxx. pptx"演示文稿。

① 打开资源管理器,进入 PowerPoint 实验素材库所在文件夹,双击指定的演示文稿即可打开指定的演示文稿。

② 在 PowerPoint 窗口中选择"文件"→"打开"命令,在弹出的"打开"对话框中依次指定磁盘、文件夹,并进入 PowerPoint 实验素材库所在文件夹,选中所需的演示文稿后单击"打开"按钮,也可打开指定的演示文稿。

> 说明:
>   打开演示文稿可将选中的演示文稿调入 PowerPoint 窗口中,此时用户可以对该演示文稿进行编辑、修改等操作,并可以在 PowerPoint 环境中播放、演示该文稿。

【例 5.2】 完成演示文稿中幻灯片内容的如下编辑操作:

(1)文本的编辑与格式设置。

(2)对象及其操作。

【解】 具体操作步骤如下:

(1)文本的编辑与格式设置。

① 启动 PowerPoint 2010,打开新建的空白演示文稿(见图 5-1),在"单击此处添加标题"占位符处输入标题,在"单击此处添加副标题"占位符处输入副标题。

> **说明：**
>
> 如果用户使用的是带有文本占位符的幻灯片版式，单击文本占位符位置，就可在其中输入文本。

② 在"开始"选项卡下的"幻灯片"选项组中，单击"新建幻灯片"按钮，在当前幻灯片后插入一张新的幻灯片；单击"幻灯片"选项组中的"版式"下拉按钮，在弹出的下拉列表中为该新增幻灯片选择"空白"版式。

③ 单击"插入"选项卡中的"文本"选项组中的"文本框"按钮，在其下拉列表中选择文字排列方向，然后将鼠标移动到幻灯片中，按下鼠标拖动创建一个文本框，而后在该文本框中输入一段文本。

> **说明：**
>
> 在没有文本占位符的幻灯片版式中添加文本对象，要先插入文本框，然后在该文本框中输入文本。

④ 对刚输入的文本进行格式设置。先单击文本所在的文本框，选中其所包含的全部文本，然后利用"开始"选项卡"字体"选项组中的有关按钮进行文字的格式设置，包括字体、字号、字形、颜色等，也可以单击"字体"选项组右下角的⚙按钮，打开"字体"对话框进行设置。

⑤ 对刚输入的文本进行段落格式化设置。首先选择文本框或文本框中的某段文字，然后单击"开始"选项卡下"段落"选项组中的有关文本对齐按钮，进行文本对齐方式的设置；也可以单击"开始"选项卡下"段落"选项组右下角的⚙按钮，在打开的"段落"对话框中进行段前、段后及行距的设置，如图 5-5 所示。

图 5-5　"段落"对话框

（2）对象及其操作。

① 启动 PowerPoint 2010，打开新建空白的演示文稿，在"开始"选项卡的"幻灯片"选项组中单击"版式"下拉按钮，在弹出的下拉列表中选择"空白"版式。

② 插入文本框。选择"插入"选项卡"文本"选项组中的"文本框"按钮，在幻灯片合适位置上按鼠标左键拖出一个文本区域，在文本框区域中可以输入文本。

③ 插入图片。在"插入"选项卡中的"图像"选项组中单击"图片"按钮，打开"插入图片"对话框，如图 5-6 所示，在该对话框中选择所需的图片，单击"插入"按钮将选中的图片插入到当前幻灯片中。

④ 插入自选图形。选择"插入"选项卡下"插图"选项组中的"形状"按钮，打开如图 5-7 所示的下拉列表，从中选择合适的形状，而后在当前幻灯片中拖动鼠标绘制图形。

⑤ 插入艺术字。单击"插入"选项卡下"文本"选项组中的"艺术字"按钮，从弹出的下拉列表中选择合适的艺术字样式即可。

⑥ 插入表格和图表。单击"插入"选项卡下"表格"选项组中的"表格"按钮，在弹出的下拉列表中可设置插入表格的行、列数，也可以选择插入 Excel 电子表格；单击"插入"选项卡下"插图"选项组中的"图表"按钮，在打开的"插入图表"对话框中可以选择所需的图表类型进行插入。

图 5-6　"插入图片"对话框

图 5-7　"形状"下拉列表

⑦ 设置对象格式。选中需要设置格式的对象,在"图片工具"的"格式"选项卡或"绘图工具"的"格式"选项卡,也可以右击选中对象,在弹出的快捷菜单中选择"设置图片格式"或"设置形状格式"命令,打开相应对话框,在其中可对对象的大小、样式、填充颜色、线条颜色等格式进行设置。

【例 5.3】　对 PowerPoint 实验素材库中"微机导购指南 . pptx"演示文稿中的幻灯片进行如下操作:

(1)在"微机导购指南 . pptx"演示文稿的第 4 张幻灯片后插入一张幻灯片,并将其版式设为"标题和内容"。

(2)将"微机导购指南 . pptx"演示文稿的第 2、3 张幻灯片复制到第 5 张幻灯片后面。

(3)将"微机导购指南 . pptx"演示文稿的第 4、5 张幻灯片移动到第 8 张幻灯片后面。

(4)将"微机导购指南 . pptx"演示文稿的第 6、7 张幻灯片删除。

(5)在"微机导购指南 . pptx"演示文稿的第 4 张幻灯片后插入"微机硬件介绍 . pptx"演示文稿的第 3、5、6 张幻灯片。

【解】　具体操作步骤如下:

(1)在"微机导购指南 . pptx"演示文稿的第 4 张幻灯片后插入一张幻灯片,并将其版式设为"标题和内容"。

① 打开资源管理器,进入 PowerPoint 实验素材库所在文件夹,双击"微机导购指南 . pptx",打开该演示文稿,在左侧的"幻灯片"任务窗格中选中第 4 张幻灯片。

② 在"开始"选项卡下的"幻灯片"选项组中,单击"新建幻灯片"按钮,在当前幻灯片后插入一张新的幻灯片;单击"幻灯片"选项组中的"版式"下拉按钮,在弹出的下拉列表中为该新增幻灯片选择"标题和内容"版式。

(2)将"微机导购指南 . pptx"演示文稿的第 2、3 张幻灯片复制到第 5 张幻灯片后面。

① 打开"微机导购指南 . pptx"演示文稿,单击状态栏的"幻灯片浏览"按钮,进入幻灯片浏览视图。

② 按住【Ctrl】键,依次选择第 2、3 张幻灯片,然后按【Ctrl +C】组合键,将其复制到剪贴板。

③ 在第 5 张幻灯片后单击,确定复制位置,然后按【Ctrl +V】组合键,完成复制操作。

(3)将"微机导购指南 . pptx"演示文稿的第 4、5 张幻灯片移动到第 8 张幻灯片后面。

① 打开"微机导购指南 . pptx"演示文稿,单击状态栏的"幻灯片浏览"按钮,进入幻灯片浏览视图。

② 按住【Ctrl】键,依次选择第 4、5 张幻灯片,然后按【Ctrl +X】组合键,将其剪切到剪贴板。

③ 在第 8 张幻灯片后单击,确定移动位置,然后按【Ctrl +V】组合键,完成移动操作。

(4)将"微机导购指南 . pptx"演示文稿的第 6、7 张幻灯片删除。

① 打开"微机导购指南 . pptx"演示文稿,单击状态栏的"幻灯片浏览"按钮,进入幻灯片浏览视图。

② 按住【Ctrl】键,依次选择第 6、7 张幻灯片,然后按【Delete】键,将其删除。

说明：

　　对多张幻灯片的复制、移动和删除操作，在"幻灯片浏览"视图方式下比较容易进行。对幻灯片的复制、移动和删除操作，也可以在普通视图下，在"幻灯片"任务窗格中进行类似的操作来完成。幻灯片的复制、移动也可以通过鼠标来直接拖动进行操作。

　　（5）在"微机导购指南.pptx"演示文稿的第 4 张幻灯片后插入"微机硬件介绍.pptx"演示文稿的第 3、5、6 张幻灯片。

　　① 打开"微机导购指南.pptx"演示文稿，在左侧的"幻灯片"任务窗格中选中第 4 张幻灯片。

　　② 选择"开始"选项卡，在"幻灯片"选项组中单击"新建幻灯片"下拉按钮，在弹出的下拉列表中选择"重用幻灯片"命令，此时可打开"重用幻灯片"任务窗格。

　　③ 单击"浏览"按钮，在其下拉列表中选择"浏览其他文件"命令，在打开的"浏览"对话框中选择 Power-Point 实验素材库中的"微机硬件介绍.pptx"演示文稿，而后单击"打开"按钮。

　　④ 这时"重用幻灯片"任务窗格中列出了"微机硬件介绍.pptx"演示文稿中的所有幻灯片，如图 5-8 所示。单击其中的第 3、5、6 张幻灯片，将该幻灯片插入到当前幻灯片之后。若选中"保留源格式"复选框，则插入的幻灯片保留其原有格式。

图 5-8　"重用幻灯片"任务窗格

三、实验内容

【练习 5.1】　制作一个名为"PPT 作业 1_1.ppt"的演示文稿，它包含 4 张幻灯片，具体要求如下：

　　① 新建一个演示文稿文件，第 1 张幻灯片的版式为"标题幻灯片"。

　　② 依据素材库中"计算机的更新换代.docx"文件的第 1、2 行内容，添加标题和副标题。

　　③ 插入第 2 张幻灯片，版式为"标题和内容"，输入"计算机的更新换代.docx"文件的第 3、4 段内容。

　　④ 插入第 3 张幻灯片，版式为"两栏内容"，将"计算机的更新换代.docx"文件中的第 5 行作为标题，第 6 段作为文本插入到左侧占位符位置，将素材库中"第 1 台计算机.jpg"图片插入到右侧占位符位置。

　　⑤ 插入第 4 张幻灯片，版式为"空白"，将"计算机的更新换代.docx"文件中的第 7 段作为文本插入幻灯片中。

　　⑥ 对每张幻灯片中的对象进行格式化，包括位置、大小、颜色、字形、字体、字号等。

【练习 5.2】　以素材库中的素材为样本，创建演示文稿，名称为"PPT 作业 1_2.ppt"。

【练习 5.3】　自己命题创建演示文稿，如我的中学生活、新的大学生活、旅游日记、祖国的大好河山等，名称为"PPT 作业 1_3.ppt"。

【实验 5-2】 PowerPoint 2010 演示文稿外观设置

一、实验目的

(1)熟练掌握幻灯片版式的设定。

(2)掌握幻灯片背景的设置方法。

(3)学习为 PowerPoint 2010 演示文稿应用主题的操作。

二、实验示例

【例 5.4】 将 PowerPoint 实验素材库中"计算机科学与软件学院 1. pptx"演示文稿中第 4 张幻灯片的版式更改为"内容与标题"。

【解】 具体操作步骤如下:

① 打开"计算机科学与软件学院 1. pptx"演示文稿,在左侧的"幻灯片"任务窗格中选中第 4 张幻灯片。

② 单击"幻灯片"选项组中"版式"下拉按钮,打开如图 5-9 所示的下拉列表,选择"内容与标题"版式。

图 5-9 "版式"下拉列表

说明:

在创建新幻灯片时,可以使用 PowerPoint 2010 的幻灯片自动版式,在创建幻灯片后,如果发现版式不合适,也还可以更改该版式。

【例 5.5】 设置 PowerPoint 实验素材库中"计算机科学与软件学院 1. pptx"演示文稿中第 6 张幻灯片的背景。

【解】 具体操作步骤如下:

① 打开"计算机科学与软件学院 1. pptx"演示文稿,在左侧的"幻灯片"任务窗格中选中第 6 张幻灯片。

② 选择"设计"选项卡,单击"背景"选项组中的"背景样式"按钮,或者单击"背景"选项组右下角的 按钮,或者在要设置背景颜色的幻灯片中任意位置(占位符除外)右击,然后在弹出的快捷菜单中选择"设置背景格式"命令,打开"设置背景格式"对话框,如图 5-10 所示。

③ 在左侧窗格中选择"填充"选项卡,在右侧窗格中选择所需的背景设置。

• 选择"纯色填充"单选按钮,在"颜色"下拉列表中可以选取一种单一颜色作为背景,如图 5-10(a)所示。

• 选择"渐变填充"单选按钮,通过"预设颜色"、"类型"及"方向"下拉列表的选择,可以为幻灯片设置一种渐变的背景效果,如图 5-10(b)所示。

• 选择"图片或纹理填充"单选按钮,在"纹理"下拉列表中可以选取一种纹理作为背景;单击"文件"按钮,可以在打开的"插入图片"对话框中指定一个图片文件,将图片设置为幻灯片的背景,如

图 5-10(c)所示。

● 选择"图案填充"单选按钮,在给定的图案列表中可以选取一种图案作为背景,如图 5-10(d)所示。

（a）纯色填充

（b）渐变填充

（c）图片或纹理填充

（d）图案填充

图 5-10　"设置背景格式"对话框

说明:

完成上述操作后,单击"关闭"按钮,将背景格式应用于当前选定的幻灯片;如果单击"全部应用"按钮,则将背景格式应用于演示文稿中的所有幻灯片。

【例 5.6】　为演示文稿应用主题,完成如下操作:

(1)应用内置主题效果。

(2)通过指定主题文件为演示文稿应用主题效果。

【解】　具体操作步骤如下:

(1)应用内置主题效果。

① 在 PowerPoint 实验素材库中打开"计算机科学与软件学院 1. pptx"演示文稿。

② 在"设计"选项卡下的"主题"选项组中列出了一部分主题效果,单击"其他"按钮,打开"所有主题"

列表,如图 5-11 所示。

③ 在"内置"下列出了 PowerPoint 提供的所有主题,将鼠标指向某一主题,会弹出该主题的名称。选择"极目远眺"主题将其应用到当前演示文稿中。

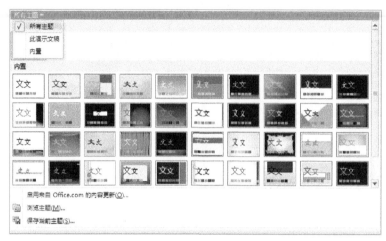

图 5-11　"所有主题"列表

(2)通过指定主题文件为演示文稿应用主题效果。

① 在 PowerPoint 实验素材库中打开"计算机科学与软件学院 2. pptx"演示文稿。

② 选择"设计"选项卡,单击"主题"选项组中的"其他"按钮，在弹出的下拉列表中选择"浏览主题"命令,打开"选择主题或主题文档"对话框。

③ 在对话框中指定 PowerPoint 实验素材库所在文件夹,选择主题文件"Mripple. potx",而后单击"应用"按钮。

三、实验内容

【练习 5.4】　将 PowerPoint 实验素材库中"计算机科学与软件学院 1. pptx"演示文稿中第 6 张幻灯片的版式更改为"内容与标题"。

【练习 5.5】　对 PowerPoint 实验素材库中"微机导购指南 . pptx"演示文稿进行以下背景设置:

① 第 1 张幻灯片的背景设为"标准色"栏中的"浅绿色"选项。

② 第 2 张幻灯片的背景设为预设颜色"茵茵绿草",类型为"射线",方向为"从右下角"。

③ 第 3 张幻灯片的背景设为纹理"编织物"。

④ 第 4 张幻灯片的背景设为"对角砖形"图案填充。

【练习 5.6】　为 PowerPoint 演示文稿应用主题。

① 为 PowerPoint 实验素材库中"计算机科学与软件学院 1. pptx"演示文稿应用主题,主题为 PowerPoint 内置主题:行云流水。

② 为 PowerPoint 实验素材库中"计算机科学与软件学院 2. pptx"演示文稿应用主题,主题为 PowerPoint 实验素材库中的主题文件"Mslit. potx"。

【实验 5-3】　PowerPoint 2010 演示文稿放映设置

一、实验目的

(1)熟练掌握设置幻灯片动画效果的基本方法。

(2)熟练掌握设置幻灯片切换效果的操作方法。

(3)熟练掌握 PowerPoint 2010 演示文稿中超链接的有关操作。

二、实验示例

【例 5.7】　设置动画效果,完成如下操作:

（1）为 PowerPoint 实验素材库中"计算机科学与软件学院 1. pptx"演示文稿的第 3 张幻灯片设置动画效果。标题的动画效果为：飞入，效果选项为"自左侧"；文本的动画效果为：擦除，效果选项为"自顶部"。

（2）为 PowerPoint 实验素材库中"计算机科学与软件学院 1. pptx"演示文稿的第 6 张幻灯片中的图片添加动画。动画效果：擦除，方向：自底部；开始时间：在前一动画之后延时 1 秒；动画播放后：下次单击后隐藏。

（3）为 PowerPoint 实验素材库中"计算机科学与软件学院 1. pptx"演示文稿的第 4 张幻灯片中的文本占位符添加动画。进入效果：基本缩放；效果选项：从屏幕中心放大；开始：单击鼠标时；动画播放后：下次单击后隐藏。

【解】 具体操作步骤如下：

（1）为 PowerPoint 实验素材库中"计算机科学与软件学院 1. pptx"演示文稿的第 3 张幻灯片设置动画效果。

① 在 PowerPoint 实验素材库中打开"计算机科学与软件学院 1. pptx"演示文稿，并选中第 3 张幻灯片中的标题。

② 选择"动画"选项卡，单击"动画"选项组中的"其他"按钮，在弹出的下拉列表中选择"进入"栏中的"飞入"选项。单击"动画"选项组中的"效果选项"按钮，在弹出的下拉列表中选择"自左侧"命令。

③ 继续在当前幻灯片中选中文本。

④ 选择"动画"选项卡，单击"动画"选项组中的"其他"按钮，在弹出的下拉列表中选择"进入"栏中的"擦除"选项。单击"动画"选项组中的"效果选项"按钮，在弹出的下拉列表中选择"自顶部"命令。

（2）为 PowerPoint 实验素材库中"计算机科学与软件学院 1. pptx"演示文稿的第 6 张幻灯片中的图片添加动画。

① 在 PowerPoint 实验素材库中打开"计算机科学与软件学院 1. pptx"演示文稿，并选中第 5 张幻灯片中的图片。

② 选择"动画"选项卡，单击"动画"选项组中的"其他"按钮，在弹出的下拉列表中选择"进入"栏中的"擦除"选项，单击"动画"选项组中的"效果选项"按钮，在弹出的下拉列表中选择"自底部"命令。

③ 在"计时"选项组中，单击"开始"下拉按钮，选择"上一动画之后"选项，将"延迟"微调框的值调整为 1 秒。

④ 单击"动画"选项组右下角的按钮，打开"擦除"对话框，如图 5-12 所示。选择"效果"选项卡，在"动画播放后"下拉列表中选择"下次单击后隐藏"选项，而后单击"确定"按钮。

（3）为 PowerPoint 实验素材库中"计算机科学与软件学院 1. pptx"演示文稿的第 4 张幻灯片中的文本占位符添加动画。

① 在 PowerPoint 实验素材库中打开"计算机科学与软件学院 1. pptx"演示文稿，并选中第 4 张幻灯片中的文本占位符。

② 选择"动画"选项卡，单击"动画"选项组中的"其他"按钮，在弹出的下拉列表中选择"更多进入效果"命令，打开"更改进入效果"对话框，如图 5-13 所示。选择"温和型"栏中的"基本缩放"选项，而后单击"确定"按钮。

图 5-12 "擦除"对话框

图 5-13 "更改进入效果"对话框

③ 单击"动画"选项组中的"效果选项"下拉按钮,在弹出的下拉列表中选择"从屏幕中心放大"选项。

④ 在"计时"选项组中,单击"开始"下拉按钮,在弹出的下拉列表中选择"单击时"选项。

⑤ 单击"动画"选项组右下角的 按钮,打开"基本缩放"对话框,如图5-14所示。选择"效果"选项卡,在"动画播放后"下拉列表中选择"下次单击后隐藏"选项,而后单击"确定"按钮。

【例5.8】 设置切换效果,完成如下操作:

(1)为PowerPoint实验素材库中"计算机科学与软件学院1.pptx"演示文稿的第2张幻灯片设置切换效果。切换方式设置为:棋盘;效果选项为:自顶部;单击鼠标时或每隔6秒时换片。

图5-14 "基本缩放"对话框

(2)设置PowerPoint实验素材库中"计算机科学与软件学院2.pptx"演示文稿所有幻灯片的切换效果为"随机水平线条"。

【解】 具体操作步骤如下:

(1)为PowerPoint实验素材库中"计算机科学与软件学院1.pptx"演示文稿的第2张幻灯片设置切换效果。

① 在PowerPoint实验素材库中打开"计算机科学与软件学院1.pptx"演示文稿,并选中第2张幻灯片。

② 选择"切换"选项卡,单击"切换到此幻灯片"选项组中的"其他"按钮 ,在弹出的下拉列表中选择"棋盘"命令,而后将"效果选项"设置为"自顶部"。

③ 分别选中"计时"选项组中的"单击鼠标时"复选框和"设置自动换片时间"复选框,并将其设置为6秒。

(2)设置PowerPoint实验素材库中"计算机科学与软件学院2.pptx"演示文稿所有幻灯片的切换效果为"随机水平线条"。

① 在PowerPoint实验素材库中打开"计算机科学与软件学院1.pptx"演示文稿,并选中任意一张幻灯片。

② 选择"切换"选项卡,选择"切换到此幻灯片"选项组中"切换方案"列表框中的"随机线条"选项,单击"效果选项"下拉按钮,在其下拉列表中选择"水平"选项。

③ 单击"计时"选项组中的"全部应用"按钮,将切换效果应用到所有幻灯片。

【例5.9】 演示文稿超链接设置,完成如下操作:

(1)为PowerPoint实验素材库中"计算机科学与软件学院1.pptx"演示文稿的第2张幻灯片中的文本"学科建设"添加超链接,链接到:第5张幻灯片。

(2)为PowerPoint实验素材库中"计算机科学与软件学院1.pptx"演示文稿的第1张幻灯片中的副标题"计算机科学与软件学院"添加超链接,链接到:http://www.scse.hebut.edu.cn。

(3)在PowerPoint实验素材库中"计算机科学与软件学院1.pptx"演示文稿第5张幻灯片的右下角添加自定义动作按钮,按钮高度:1.6 cm;宽度:3 cm;按钮文本为:返回;并为该按钮添加动作设置:鼠标单击时链接到第2张幻灯片。

【解】 具体操作步骤如下:

(1)为PowerPoint实验素材库中"计算机科学与软件学院1.pptx"演示文稿的第2张幻灯片中的文本"学科建设"添加超链接,链接到:第5张幻灯片。

① 在PowerPoint实验素材库中打开"计算机科学与软件学院1.pptx"演示文稿,并选中第2张幻灯片。

② 选中文本"学科建设",而后选择"插入"选项卡,单击"链接"选项组中的"动作"按钮,打开"动作设置"对话框,如图5-15所示。单击"超链接到"下拉按钮,在弹出的下拉列表中选择"幻灯片"选项,则打开

"超链接到幻灯片"对话框,如图5-16所示,从中选择幻灯片标题为"5. 学科建设"的幻灯片,而后单击"确定"按钮,返回"动作设置"对话框,如图5-17所示,单击"确定"按钮完成设置。

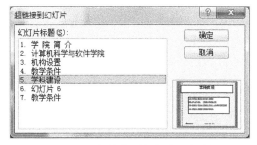

图5-15 "动作设置"对话框   图5-16 "超链接到幻灯片"对话框

（2）为 PowerPoint 实验素材库中"计算机科学与软件学院 1. pptx"演示文稿的第1张幻灯片中的副标题"计算机科学与软件学院"添加超链接,链接到：http://www.scse.hebut.edu.cn。

① 在 PowerPoint 实验素材库中打开"计算机科学与软件学院 1. pptx"演示文稿,并选中第1张幻灯片的副标题占位符。

② 选择"插入"选项卡,单击"链接"选项组中的"超链接"按钮,打开"插入超链接"对话框,如图5-18所示。在"地址"文本框中输入"http://www.scse.hebut.edu.cn",而后单击"确定"按钮。

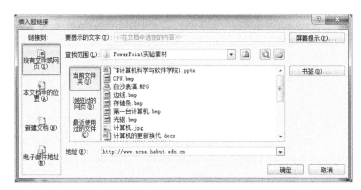

图5-17 设置完成的"动作设置"对话框   图5-18 "插入超链接"对话框

（3）在 PowerPoint 实验素材库中"计算机科学与软件学院 1. pptx"演示文稿第5张幻灯片的右下角添加自定义动作按钮。

① 在 PowerPoint 实验素材库中打开"计算机科学与软件学院 1. pptx"演示文稿,并选中第5张幻灯片。

② 选择"插入"选项卡,单击"插图"选项组中的"形状"下拉按钮,在弹出的下拉列表中选择"动作按钮"栏中的"自定义"命令。此时,鼠标变为十字形,在幻灯片上的右下角按下鼠标并拖动,即可添加一个动作按钮,并同时打开如图5-15所示的"动作设置"对话框。

③ 单击"超链接到"下拉按钮,在弹出的下拉列表中选择"幻灯片"选项,则打开"超链接到幻灯片"对话框,如图5-19所示,从中选择幻灯片标题为"2. 计算机科学与软件学院"的幻灯片,而后单击"确定"按钮,返

回"动作设置"对话框,单击"确定"按钮完成动作设置。

④ 右击动作按钮,在弹出的快捷菜单中选择"编辑文字"命令,然后在动作按钮中输入文字"返回"。

⑤ 右击动作按钮,在弹出的快捷菜单中选择"大小和位置"命令,打开"设置形状格式"对话框,将"尺寸和旋转"栏的"高度"和"宽度"微调框中的值分别调整为 1.6 cm 和 3 cm,如图 5-20 所示,而后单击"关闭"按钮。

图 5-19 "超链接到幻灯片"对话框

图 5-20 "设置形状格式"对话框

三、实验内容

【练习 5.7】 为 PowerPoint 实验素材库中"计算机科学与软件学院 1. pptx"演示文稿设置如下动画效果:

① 为 4 张幻灯片设置动画效果。标题的动画效果为:"进入"栏中的"形状",效果选项为:"放大"、菱形;文本的动画效果为:"进入"栏中的"浮入",效果选项为"下浮"。

② 为第 2 张幻灯片中的图片添加动画。动画效果:"进入"栏中的"劈裂",效果选项为"中央向上下展开";开始时间:在前一动画之后延时 1 秒;动画播放后:下次单击后隐藏。

③ 为第 7 张幻灯片中的文本占位符添加动画。进入效果:基本旋转;效果选项:垂直;开始:单击鼠标时;动画播放后:下次单击后隐藏。

【练习 5.8】 为 PowerPoint 实验素材库中的演示文稿设置如下切换效果:

① 为"计算机科学与软件学院 1. pptx"演示文稿的第 4 张幻灯片设置切换效果,切换方式设置为:百叶窗;效果选项为:水平;单击鼠标时或每隔 6 秒时换片。

② 设置"计算机科学与软件学院 2. pptx"演示文稿所有幻灯片的切换方式为"翻转";效果选项为:向左。

【练习 5.9】 为 PowerPoint 演示文稿设置如下超链接:

① 为 PowerPoint 实验素材库中"计算机科学与软件学院 1. pptx"演示文稿的第 2 张幻灯片中的文本"精品课展示"添加超链接,链接到:第 6 张幻灯片。

② 为 PowerPoint 实验素材库中"计算机科学与软件学院 1. pptx"演示文稿的第 6 张幻灯片中的图片添加超链接,链接到:http://www. sina. com. cn。

③ 在 PowerPoint 实验素材库中"计算机科学与软件学院 1. pptx"演示文稿第 6 张幻灯片的右下角添加自定义动作按钮,按钮高度:1.8 cm;宽度:3.5 cm;按钮文本为:返回;字体:楷体;字号:32;粗体,水平居中;并为该按钮添加动作设置:鼠标单击时链接到第 2 张幻灯片。

【实验 5-4】 上机练习系统典型试题讲解

一、实验目的

（1）掌握上机练习系统中 PowerPoint 2010 操作典型问题的解决方法。

（2）熟悉 PowerPoint2010 操作中各种综合应用的操作技巧。

（3）本实验的例题取自上机练习系统中的典型试题，读者若能配合使用与本书配套的上机练习系统，将会达到更好的效果。

二、实验示例

【模拟练习 A】

打开 PPTKT 文件夹下的 PPT14A.pptx 文件，进行如下操作。

A. 在第一张之前插入一张新的幻灯片，版式为"空白"，并在此幻灯片中插入艺术字，样式为第六行第三列的样式。艺术字设置如下：

- 文字：人口普查，字体格式为：隶书，80 磅。
- 文本效果："转换"中的"倒 V 形"。

B. 为第二张幻灯片（标题：我国的人口普查）中的图片添加超链接，单击时链接到：http://www.stats.gov.cn。

C. 为最后一张幻灯片中（标题：第六次全国人口普查）的内容占位符添加动画：

- 效果："进入"效果中的"劈裂"，效果选项："中央向上下展开"。
- 开始：上一动画之后。
- 延迟：1 秒。
- 持续时间为 3 秒。
- 声音：风铃。

D. 将所有幻灯片的切换效果设置为"闪耀"、持续 4 秒、5 秒后自动换片。

E. 将演示文稿的主题设置为 PPTKT 文件夹中的"跋涉.potx"。

最后将此演示文稿以原文件名存盘。

具体操作步骤如下：

（1）插入新幻灯片。

① 在普通视图下，单击左侧窗格中的"幻灯片"选项卡，将光标置于第 1 张之前。

② 单击"开始"选项卡"幻灯片"选项组中的"新建幻灯片"下拉按钮，在打开的下拉列表中选择"空白"选项。

（2）添加艺术字。

① 选择新添加的第 1 张幻灯片。

② 单击"插入"选项卡"文本"选项组中的"艺术字"按钮，在打开的下拉列表中选择第 6 行第 3 列的样式，而后将显示为"请在此放置您的文字"的艺术字修改为"人口普查"。

③ 选中艺术字，单击"开始"选项卡，分别单击"字体"选项组中的"字体"和"字号"下拉按钮，设置字体为隶书，80 磅。

④ 单击"绘图工具"下的"格式"选项卡，单击"艺术字样式"选项组中的"文本效果"下拉按钮，在打开的下拉列表中选择"转换"选项，而后选择"弯曲"下的"倒 V 形"选项。

（3）设置超链接。

① 选择第 3 张幻灯片（标题：我国的人口普查）。

② 选中图片，而后单击"插入"选项卡"链接"选项组中的"超链接"命令，打开"插入超链接"对话框，如图 5-21 所示。单击左侧"链接到"框中的"现有文件或网页"按钮，而后在"地址"框内输入"http://

www.stats.gov.cn",最后单击"确定"按钮。

图 5-21 "插入超链接"对话框

(4)设置动画效果。

① 选择最后一张幻灯片(即第 4 张幻灯片),而后选中标题下的内容占位符。

② 单击"动画"选项卡"动画"选项组中的"劈裂"效果,而后单击"效果选项"按钮,在打开的下拉列表中选择"中央向上下展开"。

③ 在"计时"选项卡中,单击"开始"下拉按钮,选择"上一动画之后"选项,将"延迟"框的值调整为 1 秒,"持续时间"框的值设置为 3 秒。

④ 单击"动画"选项组右下角的按钮 ,打开"劈裂"对话框,如图 5-22 所示,将"声音"框设置为"风铃",而后单击"确定"按钮。

(5)设置幻灯片的切换效果。

① 选中任意一张幻灯片。

② 单击"切换"选项卡"切换到此幻灯片"选项组中"切换方案"列表框中的"闪耀",将"计时"选项组中的"持续时间"框设置为 4 秒,将"单击鼠标时"复选按钮取消取中,选中"设置自动换片时间"复选按钮,并将其设置为 5 秒。

图 5-22 "劈裂"对话框

③ 单击"计时"选项组中的"全部应用"按钮,将切换效果应用到所有幻灯片。

(6)设置演示文稿的主题。

单击"设计"选项卡"主题"选项组中的"其他"按钮 ,在打开的下拉列表中选择"浏览主题"命令,则打开"选择主题或主题文档"对话框,从中选择 PPTKt 文件夹中的"跋涉.potx",而后单击"应用"按钮。

(7)保存文件。

单击"快速访问工具栏"上的"保存"按钮 ,将此演示文稿以原文件名存盘。

【模拟练习 B】

打开 PPTKT 文件夹下的 PPT14B. pptx 文件,进行如下操作。

A. 删除第一张幻灯片中写有"单击此处添加副标题"的占位符。

B. 将第二张幻灯片的版式修改为"两栏内容",并在右侧占位符中插入图片,图片来自于 PPTKT 文件夹下的图片文件:"茉莉 B. jpg"。

C. 为第二张幻灯片中的文本"医药价值"添加超级链接,单击时跳转到第五张幻灯片。

D. 为第六张幻灯片中的标题和文本添加动画。

• 动画效果:"进入"效果中的"楔入"。

• 开始:与上一动画同时开始。

• 持续时间:5 秒。

E. 将所有幻灯片的背景设置为:渐变填充,预设颜色中的"麦浪滚滚",类型:矩形,方向:中心辐射。

最后将此演示文稿以原文件名存盘。

具体操作步骤如下。

(1)删除占位符。

选择第 1 张幻灯片,选中写有"单击此处添加副标题"的占位符,而后按【Delete】键将其删除。

(2)修改版式并插入图片

① 选中第 2 张幻灯片,单击"开始"选项卡"幻灯片"选项组中的"版式"按钮,在打开的下拉列表中选择"两栏内容"。

② 单击右侧占位符中的"插入来自文件的图片"按钮,打开"插入图片"对话框,从中选择 PPTKT 文件夹中的图片文件"茉莉 B.jpg"。

(3)设置超链接。

选中第 2 张幻灯片中的文本"医药价值",而后单击"插入"选项卡"链接"选项组中的"超链接"命令,打开"插入超链接"对话框,如图 5-23 所示。单击左侧"链接到"框中的"本文档中的位置"按钮,而后单击"请选择文档中的位置"列表框中标题为"医药价值"的第 5 张幻灯片,最后单击"确定"按钮。

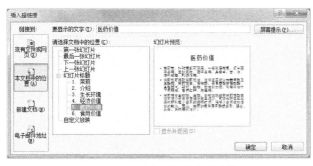

图 5-23 "插入超链接"对话框

(4)设置动画效果。

① 选择第 6 张幻灯片(标题:食用价值),先选中标题占位符,而后按【Ctrl】键再选中内容占位符,可将标题和内容占位符同时选中。

② 单击"动画"选项卡"动画"选项组中的"其他"按钮,在打开的下拉列表中选择"更多进入效果"命令,打开"更改进入效果"对话框,如图 5-24 所示,选择"基本型"下的"楔入",而后单击"确定"按钮。

③ 选择"计时"选项组,单击"开始"下拉按钮,选择"与上一动画同时",并将"持续时间"框设置为 5 秒。

(5)设置幻灯片背景。

① 单击"设计"选项卡"背景"选项组中的"背景样式"下拉按钮,在打开的下拉列表中选择"设置背景格式"命令,或右击任一张幻灯片的空白区域,在打开的快捷菜单中选择"设置背景格式"命令,均可打开"设置背景格式"对话框,如图 5-25 所示。

图 5-24 "更改进入效果"对话框

图 5-25 "设置背景格式"对话框

② 选择"填充"下的"渐变填充"单选按钮,然后单击"预设颜色"下拉按钮,在打开的下拉列表中选择"麦浪滚滚",将"类型"框设置为"矩形",将"方向"设置为"中心辐射",而后单击"全部应用"按钮,最后单击"关闭"按钮。

(6)保存文件。

单击"快速访问工具栏"上的"保存"按钮,将此演示文稿以原文件名存盘。

[模拟练习 C]

打开 PPTKT 文件夹下的"PPT14C. pptx"文件,进行如下操作。

A. 将第一张幻灯片的背景设置为渐变填充,预设颜色中的"雨后初晴"。

B. 将第二张幻灯片的版式修改为"垂直排列标题与文本"。

C. 将第三张幻灯片和第四张幻灯片位置互换。

D. 在第五张幻灯片的右下角添加动作按钮,自定义样式,单击时跳转到"第一张幻灯片",按钮上添加文本:再看一遍,字体为:隶书,20 磅。

E. 将所有幻灯片的切换方式设置为"揭开",效果选项为"自底部",持续时间 2 秒,风铃声,每隔 5 秒换片。

最后将此演示文稿以原文件名存盘。

具体操作步骤如下:

(1)设置幻灯片背景。

① 右击第一张幻灯片的空白区域,在打开的快捷菜单中选择"设置背景格式"命令,可打开"设置背景格式"对话框。

② 选择"填充"下的"渐变填充"单选按钮,然后单击"预设颜色"下拉按钮,在打开的下拉列表中选择"雨后初晴",而后单击"关闭"按钮。

(2)修改幻灯片的版式。

选择第 2 张幻灯片,单击"开始"选项卡"幻灯片"选项组中的"版式"按钮,在打开的下拉列表中选择"垂直排列标题与文本"选项。

(3)交换幻灯片位置。

在普通视图下,单击左侧窗格中的"幻灯片"选项卡,选中第 4 张幻灯片,并拖动其至第 3 张幻灯片之前。

(4)添加动作按钮。

① 选中第 5 张幻灯片。

② 单击"插入"选项卡"插图"选项组中的"形状"下拉按钮,在打开的下拉列表中选择"动作按钮"下的"自定义"形式的按钮。此时,鼠标变为十字形,在幻灯片上的右下角位置按下鼠标并拖动,即可添加一个动作按钮,并同时打开"动作设置"对话框。

③ 单击"单击鼠标"选项卡,选中"超链接到"单选按钮并单击下拉列表框按钮,在打开的下拉列表中选择"第一张幻灯片"选项,如图 5-26 所示,而后单击"确定"按钮。

④ 选中添加的动作按钮,输入文字"再看一遍",单击"开始"选项卡,分别选择"字体"选项组中的"字体"和"字号"下拉按钮,设置字体为隶书,20 磅。

图 5-26 "动作设置"对话框

(5)设置幻灯片的切换方式。

① 选中任意一张幻灯片。

② 单击"切换"选项卡"切换到此幻灯片"选项组中"切换方案"列表框中的"揭开",单击"效果选项"下拉按钮,选择"自底部"选项。

③ 单击"计时"选项组中的"声音"下拉按钮,在打开的下拉列表中选择"风铃",将"持续时间"框的值设置为 2 秒;取消"单击鼠标时"复选按钮的选中,将"设置自动换片时间"框的值设置为 5 秒。

④ 单击"计时"选项组中的"全部应用"按钮,将切换效果应用到所有幻灯片。

（6）保存文件。

单击"快速访问工具栏"上的"保存"按钮 ■,将此演示文稿以原文件名存盘。

【模拟练习 D】

打开 PPTKT 文件夹下的"PPT14D.pptx"文件,进行如下操作。

A. 将 PPTKT 文件夹下"赛龙舟 D.pptx"文件中的幻灯片插入到演示文稿的末尾。

B. 为第一张幻灯片中的文本"叼羊"添加超级链接,单击时跳转到第四张幻灯片。

C. 为第二张幻灯片中的图片添加动画。

- 动画效果:"进入"效果中的"弹跳"。
- 开始:与上一动画同时开始。
- 持续时间:4 秒。
- 动画播放后:下次单击后隐藏。

D. 将第四张幻灯片的版式修改为"两栏内容",为右边的占位符添加图片,图片来自于 PPTKT 文件夹下的图片文件:"叼羊 D.jpg";并为图片添加超链接,链接到:http://baike.baidu.com。

E. 将演示文稿的主题设置为 PPTKT 文件夹中的"Level.potx"。

最后将此演示文稿以原文件名存盘。

具体操作步骤如下:

（1）插入其他演示文稿的幻灯片。

① 选中最后一张幻灯片。

② 单击"开始"选项卡"幻灯片"选项组中的"新建幻灯片"下拉按钮,在打开的下拉列表中选择"重用幻灯片"命令,打开"重用幻灯片"窗格。

③ 单击"浏览"按钮,在打开的下拉列表中选择"浏览文件"命令,打开"浏览"对话框,从中选择"赛龙舟 D.pptx"文件,而后单击"插入"按钮,此时"重用幻灯片"窗格中列出了 1 张幻灯片。

④ 单击该窗格中列出的幻灯片,即可将其插入到该演示文稿的末尾。

（2）设置超级链接。

选中第 1 张幻灯片中的文本"叼羊",而后单击"插入"选项卡"链接"选项组中的"超链接"命令,打开"插入超链接"对话框,如图 5-27 所示。单击左侧"链接到"框中的"本文档中的位置"按钮,而后单击"请选择文档中的位置"列表框中标题为"叼羊"的第 4 张幻灯片,最后单击"确定"按钮。

（3）设置动画效果。

① 选择第 2 张幻灯片中的图片。

② 单击"动画"选项卡"动画"选项组中的"其他"按钮 ▾,在打开的下拉列表中选择"进入"下的"弹跳"。选择"计时"选项卡,单击"开始"下拉按钮,选择"与上一动画同时",并将"持续时间"框设置为 4 秒。

③ 单击"动画"选项组右下角的按钮 ⬔,打开"弹跳"对话框,如图 5-28 所示,单击"效果"选项卡,设置"动画播放后"下拉列表框为"下次单击后隐藏",而后单击"确定"按钮。

图 5-27　"插入超链接"对话框

图 5-28　"弹跳"对话框

（4）修改版式。

选中第4张幻灯片，单击"开始"选项卡"幻灯片"选项组中的"版式"按钮，在打开的下拉列表中选择"两栏内容"。

（5）插入图片并设置超级链接。

① 选择第4张幻灯片，单击右侧占位符中的"插入来自文件的图片"按钮，打开"插入图片"对话框，从中选择PPTKT文件夹中的图片文件"叼羊D.jpg"。

② 选中插入的图片，而后单击"插入"选项卡"链接"选项组中的"超链接"命令，打开"插入超链接"对话框，如图5-29所示。单击左侧"链接到"框中的"现有文件或网页"按钮，而后在"地址"框内输入"http://baike.baidu.com"，最后单击"确定"按钮。

（6）设置演示文稿的主题。

单击"设计"选项卡"主题"选项组中的"其他"按钮，在打开的下拉列表中选择"浏览主题"命令，则打开"选择主题或主题文档"对话框，从中选择PPTKt文件夹中的"Level.potx"，而后单击"应用"按钮。

（7）保存文件。

单击"快速访问工具栏"上的"保存"按钮，将此演示文稿以原文件名存盘。

图5-29 "插入超链接"对话框

【模拟练习E】

打开PPTKT文件夹下的"PPT14E.pptx"文件，进行如下操作。

A. 将第七张幻灯片（标题：简介）移动到第一张幻灯片的后面。

B. 为第一张幻灯片的标题占位符"国画四君子"设置动画。

- 动画效果："进入"效果中的"挥鞭式"。
- 持续时间：3秒。
- 开始：与上一动画同时开始。
- 动画文本：按字母。
- 动画播放后：其他颜色，自定义：红色255、绿色0、蓝色0。

C. 删除第五张幻灯片（标题：四君子）。

D. 在第六张幻灯片（标题：菊，丽而不娇）的右下角添加动作按钮，自定义样式，高1.5厘米，宽2.5厘米，单击时结束放映，按钮上添加文本：结束，设置文字格式为隶书、28磅。

E. 设置所有幻灯片的切换方式为"闪光"，持续时间1秒，风声，每隔5秒换片。

最后将此演示文稿以原文件名存盘。

具体操作步骤如下：

（1）移动幻灯片。

在普通视图下，单击左侧窗格中的"幻灯片"选项卡，选中第7张幻灯片，将其拖动其至第1张幻灯片之后。

（2）设置动画效果。

① 选择第1张幻灯片，选中标题占位符。

② 单击"动画"选项卡"动画"选项组中的"其他"按钮，在打开的下拉列表中选择"更多进入效果"命令，打开"更改进入效果"对话框，如图5-30所示，选择"华丽型"下的"挥鞭式"选项，而后单击"确定"按钮。

③ 单击"计时"选项卡，单击"开始"下拉按钮，选择"与上一动画同

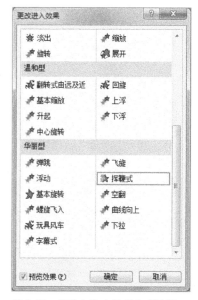

图5-30 "更改进入效果"对话框

时",并将"持续时间"框设置为 3 秒。

④ 单击"动画"选项组右下角的按钮█,打开"挥鞭式"对话框,如图 5-31 所示,单击"效果"选项卡,设置"动画文本"下拉列表框为"按字母"。单击"动画播放后"下拉按钮,在打开的下拉列表中选择"其他颜色",打开"颜色"对话框,如图 5-32 所示。单击"自定义"选项卡,分别将红色、绿色、蓝色框的值设置为 255、0、0,而后单击"确定"按钮。

图 5-31 "挥鞭式"对话框

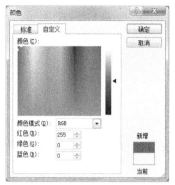

图 5-32 "颜色"对话框

（3）删除幻灯片。

在普通视图下,单击左侧窗格中的"幻灯片"选项卡,选中第 6 张幻灯片（标题:四君子）,按下【Delete】键将其删除。

（4）添加动作按钮。

① 选中第 6 张幻灯片（标题:菊,丽而不娇）。

② 单击"插入"选项卡"插图"选项组中的"形状"下拉按钮,在打开的下拉列表中选择"动作按钮"下的"自定义"形式的按钮。此时,鼠标变为十字形,在幻灯片上的右下角位置按下鼠标并拖动,即可添加一个动作按钮,并同时打开"动作设置"对话框。

③ 单击"单击鼠标"选项卡,选中"超链接到"单选按钮并单击下拉列表框按钮,在打开的下拉列表中选择"结束放映"选项,如图 5-33 所示,而后单击"确定"按钮。

④ 选中添加的动作按钮,输入文字"结束"。再次选中按钮,单击"开始"选项卡,分别选择"字体"选项组中的"字体"和"字号"下拉按钮,设置字体为隶书,28 磅。

（5）设置幻灯片的切换方式。

① 选中任意一张幻灯片。

② 单击"切换"选项卡"切换到此幻灯片"选项组中"切换方案"列表框中的"闪光"。

③ 单击"计时"选项卡中的"声音"下拉按钮,在打开的下拉列表中选择"风声",将"持续时间"框的值设置为 1 秒;取消"单击鼠标时"复选按钮的选中,将"设置自动换片时间"框的值设置为 5 秒。

图 5-33 "动作设置"对话框

④ 单击"计时"选项卡中的"全部应用"按钮,将切换效果应用到所有幻灯片。

（6）保存文件。

单击"快速访问工具栏"上的"保存"按钮█,将此演示文稿以原文件名存盘。

【模拟练习 F】

打开 PPTKT 文件夹下的"PPT14F.pptx"文件,进行如下操作。

A. 将第一张幻灯片的版式修改为"空白",并在此幻灯片中插入艺术字,样式为第四行第一列的样式。艺术字设置如下:

● 文字:保护环境,人人有责,字体格式为:华文新魏,60 磅。

● 文本效果:"转换"中的"波形2"。

B. 将 PPTKT 文件夹下"环境保护 F. pptx"文件中的所有幻灯片插入到演示文稿的末尾。

C. 为第三张幻灯片(标题:环境保护的三个层面)中的文本"对地球生物的保护"设置超链接,单击时跳转到第五张幻灯片。

D. 为第三张幻灯片中的内容占位符添加动画。

● 动画效果:"进入"效果中的"基本缩放",效果选项为"从屏幕中心放大"。

● 开始:上一动画之后。

● 延迟:1 秒。

● 持续时间:2 秒。

● 正文文本动画:所有段落同时。

● 声音:微风。

E. 将所有幻灯片的背景设置为:渐变填充,预设颜色中的"心如止水"。

最后将此演示文稿以原文件名存盘。

具体操作步骤如下:

(1)修改幻灯片的版式。

选中第 1 张幻灯片,单击"开始"选项卡"幻灯片"选项组中的"版式"下拉按钮,在打开的下拉列表中选择"空白"选项。

(2)添加艺术字。

① 选择第 1 张幻灯片。

② 单击"插入"选项卡"文本"选项组中的"艺术字"按钮,在打开的下拉列表中选择第 4 行第 1 列的样式,而后将显示为"请在此放置您的文字"的艺术字修改为"保护环境,人人有责"。

③ 选中艺术字,单击"开始"选项卡,分别选择"字体"选项组中的"字体"和"字号"下拉按钮,设置字体为华文新魏,60 磅。

④ 单击"绘图工具"下的"格式"选项卡,单击"艺术字样式"选项组中的"文本效果"下拉按钮,在打开的下拉列表中选择"转换"选项,而后选择"弯曲"下的"波形 2"选项。

(3)插入其他演示文稿的幻灯片。

① 选中最后一张幻灯片。

② 单击"开始"选项卡"幻灯片"选项组中的"新建幻灯片"下拉按钮,在打开的下拉列表中选择"重用幻灯片"命令,打开"重用幻灯片"窗格。

③ 单击"浏览"按钮,在打开的下拉列表中选择"浏览文件"命令,打开"浏览"对话框,从中选择"环境保护 F. pptx"文件,而后单击"插入"按钮,此时"重用幻灯片"窗格中列出了 3 张幻灯片。

④ 分别单击该窗格中列出的 3 张幻灯片,即可将其插入到该演示文稿的末尾。

(4)设置超链接。

选中第 3 张幻灯片中的文本"对地球生物的保护",而后单击"插入"选项卡"链接"选项组中的"超链接"命令,打开"插入超链接"对话框,如图 5-34 所示。单击左侧"链接到"框中的"本文档中的位置"按钮,而后单击"请选择文档中的位置"列表框中标题为"对地球生物的保护"的第 5 张幻灯片,最后单击"确定"按钮。

(5)设置动画效果。

① 选择第 3 张幻灯片,选中内容占位符。

② 单击"动画"选项卡"动画"选项组中的"其他"按钮，在打开的下拉列表中选择"更多进入效果"命令,打开"更改进入效果"对话框,从中选择"温和型"下的"基本缩放",而后单击"确定"按钮。单击"效果选项"下拉按钮,选中"从屏幕中心放大"。

图 5-34 "插入超链接"对话框

③ 选择"计时"选项卡,单击"开始"下拉按钮,选择"上一动画之后"选项,并将"延迟"框的值设置为 1 秒,将"持续时间"框的值设置为 2 秒。

④单击"动画"选项组右下角的按钮，打开"基本缩放"对话框,如图 5-35(a)所示,单击"效果"选项卡,设置"声音"下拉列表框为"微风"。单击"正文文本动画"选项卡,将"组合文本"下拉列表框设置为"所有段落同时",如图 5-35(b)所示,而后单击"确定"按钮。

(a)　　　　　　　　　　(b)

图 5-35　"基本缩放"对话框

(6)设置幻灯片背景。

① 单击"设计"选项卡"背景"选项组中的"背景样式"下拉按钮,在打开的下拉列表中选择"设置背景格式"命令,或右击任一张幻灯片的空白区域,在打开的快捷菜单中选择"设置背景格式"命令,均可打开"设置背景格式"对话框,如图 5-36 所示。

② 选择"填充"下的"渐变填充"单选按钮,然后单击"预设颜色"下拉按钮,在打开的下拉列表中选择"心如止水",而后单击"全部应用"按钮,最后单击"关闭"按钮。

图 5-36　"设置背景格式"对话框

(7)保存文件。

单击"快速访问工具栏"上的"保存"按钮，将此演示文稿以原文件名存盘。

【模拟练习 G】

打开 PPTKT 文件夹下的"PPT14G. pptx"文件,进行如下操作。

A. 为第一张幻灯片中的文本"更多信息"添加超链接,单击时链接到:mailto:fakesos@ 126. com。

B. 将第二张幻灯片中的标题占位符和内容占位符的动画效果均设置为:"进入"效果中的"随机线条",效果选项为"垂直"。而后对内容占位符的动画效果进行设置。

- 开始:上一动画之后。
- 延迟:1 秒。
- 动画文本:按字/词。
- 动画播放后:其他颜色,自定义:红:0,绿:0,蓝:255。

C. 在第三张幻灯片中的右下角添加动作按钮:前进或下一项,单击时链接到"下一张幻灯片"。

D. 为第四张幻灯片中右边的占位符添加图片,图片来自于 PPTKT 文件夹下的图片文件"水污染 G. jpg",设置图片的大小:缩放比例,高度、宽度:160%。

E. 将演示文稿的主题设置为 PPTKT 文件夹中的"mripple. potx"。

最后将此演示文稿以原文件名存盘。

具体操作步骤如下:

(1)设置超链接。

选中第 1 张幻灯片中的文本"更多信息",单击"插入"选项卡"链接"选项组中的"超链接"命令,打开"插入超链接"对话框,如图 5-37 所示。单击左侧"链接到"框中的"电子邮件地址"按钮,在"电子邮件地址"框内输入"fakesos@126.com",而后单击"确定"按钮。注意在输入电子邮件地址时,该框内会自动添加前缀"mailto:"。

图 5-37　"插入超链接"对话框

(2)设置动画效果。

① 同时选中第 2 张幻灯片中的标题和内容占位符。

② 单击"动画"选项卡"动画"选项组中的"其他"按钮，在打开的下拉列表中选择"进入"下的"随机线条",单击"效果选项"下拉按钮,将将方向设置为"垂直"。

③ 单击"计时"选项卡,单击"开始"下拉按钮,选择"上一动画之后",并设置"延迟"框为 1 秒。

图 5-38　"随机线条"对话框

图 5-39　"颜色"对话框

④ 单击"动画"选项组右下角的按钮，打开"随机线条"对话框,如图 5-38 所示。单击"效果"选项卡,单击"动画文本"下拉按钮,在打开的下拉列表中选择"按字词"。单击"动画播放后"下拉按钮,在打开的下拉列表中选择"其他颜色",打开"颜色"对话框,如图 5-39 所示。单击"自定义"选项卡,分别将红色、绿色、蓝色框的值设置为 0、0、255,而后单击"确定"按钮。

图 5-40　"动作设置"对话框

(3)添加动作按钮。

① 选中第 3 张幻灯片。

② 单击"插入"选项卡"插图"选项组中的"形状"下拉按钮,在打开的下拉列表中选择"动作按钮"下"前进或下一项"形式的按钮。此时,鼠标变为十字形,在幻灯片上的右下角位置按下鼠标并拖动,即可添加一个动作按钮,并同时打开"动作设置"对话框,如图 5-40 所示。

③ 此时,"超链接到"框已自动设置为"下一张幻灯片",单击"确定"按钮即可。

(4)插入图片并设置图片大小。

① 单击第 4 张幻灯片右侧占位符中的"插入来自文件的图片"按钮,打开"插入图片"对话框,从中选择 PPTKT 文件夹中的图片文件"水污染 G.jpg"。

② 右击图片,在打开的快捷菜单中选择"大小和位置"命令,或选中图片后,在"图片工具"的"格式"选项卡下,单击"大小"选项组右下角的按钮，均可打开"设置图片格式"对话框,如图 5-41 所示。

③ 将"缩放比例"下的"高度"和"宽度"框的值分别设置为160%,而后单击"关闭"按钮。

（5）设置演示文稿的主题。

单击"设计"选项卡"主题"选项组中的"其他"按钮，在打开的下拉列表中选择"浏览主题"命令,则打开"选择主题或主题文档"对话框,从中选择 PPTKt 文件夹中的"mripple. potx",而后单击"应用"按钮。

（6）保存文件。

单击"快速访问工具栏"上的"保存"按钮，将此演示文稿以原文件名存盘。

图 5-41　"设置图片格式"对话框

【模拟练习 H】

打开 PPTKT 文件夹下的"PPT14H. pptx"文件,进行如下操作。

A. 为第一张幻灯片中的文本"尚小云"设置超链接,单击时跳转到第三张幻灯片（标题:尚小云）。

B. 将第四张幻灯片的版式修改为"两栏内容",并在右侧的占位符中插入图片,图片来自 PPTKT 文件夹下的图片文件"程砚秋 H. jpg",并为图片设置动画效果:"进入"效果中的"飞入",效果选项为"自右侧"。

C. 将所有幻灯片的切换效果设置为"蜂巢",持续 3 秒,单击时或 4 秒自动换片。

D. 在末尾插入一张新幻灯片,"空白"版式。插入艺术字,样式为第三行第三列的样式,文字为"更多内容",并为艺术字设置超链接,单击时链接到"http://baike. baidu. com"。

E. 将演示文稿的主题设置为 PPTKT 文件夹中的"图钉 . potx"。

最后将此演示文稿以原文件名存盘。

具体操作步骤如下:

（1）设置超链接。

选中第 1 张幻灯片中的文本"尚小云",而后单击"插入"选项卡"链接"选项组中的"超链接"命令,打开"插入超链接"对话框,如图 5-42 所示。单击左侧"链接到"框中的"本文档中的位置"按钮,而后单击"请选择文档中的位置"列表框中标题为""的第 3 张幻灯片,最后单击"确定"按钮。

图 5-42　"插入超链接"对话框

（2）修改版式并插入图片。

① 选中第 4 张幻灯片,单击"开始"选项卡"幻灯片"选项组中的"版式"按钮,在打开的下拉列表中选择"两栏内容"。

② 单击右侧占位符中的"插入来自文件的图片"按钮,打开"插入图片"对话框,从中选择 PPTKT 文件夹中的图片文件"程砚秋 H. jpg"。

（3）设置动画效果。

选中第 4 张幻灯片中的图片,单击"动画"选项卡"动画"选项组中的"其他"按钮，在打开的下拉列表中选择"进入"下的"飞入",单击"效果选项"下拉按钮,将方向设置为"自右侧"。

（4）设置幻灯片的切换效果。

① 选中任意一张幻灯片。

② 单击"切换"选项卡，选择"切换到此幻灯片"选项组中"切换方案"列表框中的"蜂巢"，将"计时"选项组中的"持续时间"框设置为3，选中"换片方式"下的"单击鼠标时"复选按钮，并选中"设置自动换片时间"复选按钮，将其值设置为4秒。

③ 单击"计时"选项卡中的"全部应用"按钮，将切换效果应用到所有幻灯片。

（5）插入新幻灯片。

① 选择最后一张幻灯片。

② 单击"开始"选项卡"幻灯片"选项组中的"新建幻灯片"下拉按钮，在打开的下拉列表中选择"空白"选项。

（6）添加艺术字并设置超链接。

① 选择新添加的幻灯片。

② 单击"插入"选项卡"文本"选项组中的"艺术字"按钮，在打开的下拉列表中选择第3行第3列的样式，而后将显示为"请在此放置您的文字"的艺术字修改为"更多内容"。

③ 选中艺术字，而后选择"插入"选项卡，单击"链接"选项组中的"超链接"命令，打开"插入超链接"对话框，如图5-43所示。单击左侧"链接到"框中的"现有文件或网页"按钮，而后在"地址"框内输入"http://baike.baidu.com"，最后单击"确定"按钮。

图5-43 "插入超链接"对话框

（7）设置演示文稿的主题。

单击"设计"选项卡"主题"选项组中的"其他"按钮，在打开的下拉列表中选择"浏览主题"命令，则打开"选择主题或主题文档"对话框，从中选择PPTKt文件夹中的"图钉.potx"，而后单击"应用"按钮。

（8）保存文件。

单击"快速访问工具栏"上的"保存"按钮，将此演示文稿以原文件名存盘。

【模拟练习I】

打开PPTKT文件夹下的"PPT14I.pptx"文件，进行如下操作。

A. 将第三张幻灯片和第四张幻灯片位置互换。

B. 为最后一张幻灯片中的图片添加超链接，链接到http://www.firecn.net。

C. 为第七张幻灯片（标题：四、防火知识和方法）中的内容占位符添加动画。

• 动画效果："进入"效果中的"弹跳"。

• 持续时间：3秒。

• 动画文本：按字/词。

• 声音：鼓声。

• 动画播放后：下次单击后隐藏。

D. 将所有幻灯片的切换效果设置为"涟漪"，持续时间2秒，单击或10秒自动换片。

E. 将演示文稿的主题设置为PPTKT文件夹中的"纸张.potx"。

最后将此演示文稿以原文件名存盘。

具体操作步骤如下：

（1）交换幻灯片位置。

在普通视图下，单击左侧窗格中的"幻灯片"选项卡，选中第 4 张幻灯片，并拖动其至第 3 张幻灯片之前。

（2）设置超链接。

选中最后一张幻灯片中的图片，而后单击"插入"选项卡"链接"选项组中的"超链接"命令，打开"插入超链接"对话框，如图 5-44 所示。单击左侧"链接到"框中的"现有文件或网页"按钮，而后在"地址"框内输入"http://www.firecn.net"，最后单击"确定"按钮。

（3）设置动画效果。

① 选择第 7 张幻灯片，选中内容占位符。

② 单击"动画"选项卡"动画"选项组中的"其他"按钮，在打开的下拉列表中选择"更多进入效果"命令，在打开的"更改进入效果"对话框中选择"华丽型"下的"弹跳"，而后单击"确定"按钮。

③ 单击"计时"选项卡，将"持续时间"框设置为 3 秒。

④ 单击"动画"选项组右下角的按钮，打开"弹跳"对话框，如图 5-45 所示，单击"效果"选项卡，单击"声音"下拉按钮，在打开的下拉列表中选择"鼓声"选项，单击"动画播放后"下拉按钮，在打开的下拉列表中选择"下次单击后隐藏"选项，单击"动画文本"下拉按钮，在打开的下拉列表中选择"按字/词"选项，而后单击"确定"按钮。

图 5-44　"插入超链接"对话框　　　　　图 5-45　"弹跳"对话框

（4）设置幻灯片的切换方式。

① 选中任意一张幻灯片。

② 单击"切换"选项卡"切换到此幻灯片"选项组中"切换方案"列表框中的"涟漪"。

③ 设置"计时"选项卡中的"持续时间"框的值为 2 秒；选中"换片方式"下的"单击鼠标时"复选按钮，并将"设置自动换片时间"框的值设置为 10 秒。

④ 单击"计时"选项卡中的"全部应用"按钮，将切换效果应用到所有幻灯片。

（5）设置演示文稿的主题。

单击"设计"选项卡"主题"选项组中的"其他"按钮，在打开的下拉列表中选择"浏览主题"命令，则打开"选择主题或主题文档"对话框，从中选择 PPTKt 文件夹中的"纸张.potx"，而后单击"应用"按钮。

（6）保存文件。

单击"快速访问工具栏"上的"保存"按钮，将此演示文稿以原文件名存盘。

第6章 因特网技术与应用

本章的学习目标是使学生熟练掌握因特网的基本操作,并能够在使用因特网的过程中灵活运用所学知识。本章的主要内容包括 Internet 的浏览、Internet 的信息检索、Internet 的文件传输、通过 Internet 收发E-mail等。

【实验6-1】 网页浏览操作

一、实验目的

(1)掌握 Internet Explorer 浏览器的基本操作方法。

(2)掌握 Internet Explorer 浏览器的设置方法。

(3)掌握保存网页的操作方法。

二、实验示例

【例6.1】 完成 Internet Explorer 浏览器的如下设置:

(1)设置起始页。

(2)建立和使用个人收藏夹。

(3)设置临时文件夹加快访问速度。

【解】 具体操作步骤如下:

(1)设置起始页。

① 在工具栏菜单中选择"工具"→"Internet 选项"命令,打开"Internet 选项"对话框,在对话框中选择"常规"选项卡,如图6-1所示。

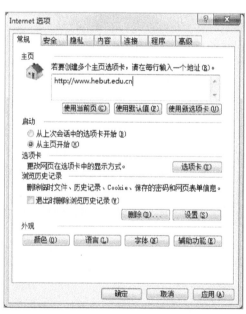

图6-1 "Internet 选项"对话框

② 在"地址"文本框中输入所选 Internet Explorer 起始页的 URL 地址,这里输入 http://www.hebut.edu.cn。

③ 设置完成后单击"确定"按钮。

进行上述设置后,每次启动 Internet Explorer 浏览器都将该网址对应的主页自动载入。

- 在该对话框中单击"使用当前页"按钮,可将当前正在浏览的网页设置为起始页面。
- 在该对话框中单击"使用默认页"按钮,可将微软公司的网站主页设置为起始页面。
- 在该对话框中单击"使用空白页"按钮,则在每次启动 Internet Explorer 浏览器时,不调用任何网站的页面,而只显示空白窗口。
- 如果想把存储在本地计算机磁盘上的某个主页指定为 IE 起始页,只要在"主页"文本框中输入该主页的路径和文件名即可。

(2)建立和使用个人收藏夹。

① 在 Internet Explorer 浏览器标题栏中单击"收藏夹"图标,在打开的收藏夹中选择"添加到收藏夹"命令,打开"添加收藏"对话框,如图 6-2 所示。

② 此时,"名称"文本框中显示了当前 Web 页的名称,也可以根据需要对"名称"文本框中的内容进行修改,为当前 Web 页起一个新的名称。

③ 单击"新建文件夹"按钮,可以在收藏夹中创建一个新的文件夹,便于按类管理收藏的网页。单击"创建位置"下拉按钮,列出收藏夹下的其他位置,选择某一位置(文件夹),可以将网页收藏在指定位置(文件夹)下。

④ 最后单击"添加"按钮,将 Web 页的 URL 地址存入到"收藏夹"中。

在建立好收藏夹后,再浏览网页时,可以打开收藏夹,从中选择要浏览的 Web 页。

(3)设置临时文件夹加快访问速度。

① 在 IE 浏览器窗口中选择"工具"→"Internet 选项"命令,打开"Internet 选项"对话框。

② 在"常规"选项卡的"浏览历史记录"栏中单击"设置"按钮,打开"Internet 临时文件和历史记录设置"对话框,如图 6-3 所示。

图 6-2　"添加到收藏夹"对话框

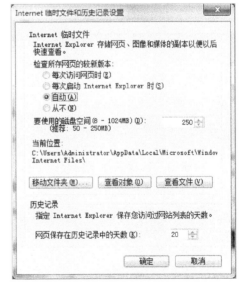

图 6-3　"Internet 临时文件和历史记录设置"对话框

③ 在"要使用的磁盘空间"微调框输入为临时文件设置的空间容量(这里输入 250M)。通过设置足够的磁盘空间存放临时文件,可以在访问常去的网站时,大量的网页信息只从本地临时文件夹中读取即可,而无须再去网站下载,从而提高访问速度。

④ 如果想查看临时文件,单击"查看文件"按钮,可以打开"Temporary Internet Files"窗口,在该窗口中列出了所有的临时文件。

【例 6.2】　保存网页内容。

【解】 具体操作步骤如下：

① 在工具栏菜单中选择"页面"→"另存为"命令，打开"保存网页"对话框。

② 在"保存类型"下拉列表中设置存储格式。网页保存为文件通常有下面4种格式。

- 网页、全部：可以保留布局和排版的全部信息以及页面中的图像，可以用 IE 进行脱机浏览。一般主文件名以 .htm 或 .html 作为文件扩展名，图像以及其他信息保存在以"主文件名 .files"命名的文件夹中。

- Web 档案、单一文件：将页面的布局排版和图像等信息保存在一个单一的文件中，扩展名为".mht"，可以用 IE 打开并脱机浏览此类型的文件。

- 网页，仅 HTML：可以保留全部文字信息；可以用 IE 进行脱机浏览，但不包括图像和其他相关信息。一般以 .htm 或 .html 作为文件扩展名。

- 文本文件：仅保存主页中的文字信息，多媒体信息全部丢失。一般以 .txt 作为文件扩展名。

③ 通过导航窗格或地址栏指定保存网页文件的位置(文件夹)。

④ 在"文件名"文本框中输入文件名，然后单击"保存"按钮。

【例 6.3】 保存网页图片。

【解】 具体操作步骤如下：

① 在网页图片上右击，在弹出的快捷菜单中选择"图片另存为"命令，打开"保存图片"对话框。

② 在"保存图片"对话框中选择要保存的目录，输入文件名称。根据网页中图片的格式，保存类型中会出现 GIF、JPG 或 BMP 等文件类型，从中选择一种图片格式，最后单击"保存"按钮。

【例 6.4】 保存网页部分文本。

【解】 具体操作步骤如下：

① 在浏览器窗口里的网页上选取部分文本，然后在菜单栏中选择"页面"→"复制"命令，或右击，在弹出的快捷菜单中选择"复制"命令，或直接按【Ctrl +C】组合键，将被选取的文本块复制到剪贴板。

② 在其他软件(如 Word)中把剪贴板里的文字粘贴并进行保存处理。

【实验 6-2】 因特网信息检索操作

一、实验目的

(1)了解因特网上各种检索信息的手段。

(2)掌握利用搜索引擎检索信息的方法。

(3)了解中文搜索引擎的用法。

二、实验示例

【例 6.5】 完成信息检索的如下应用：

(1)利用百度进行关键词检索。

(2)设置高级查询选项。

(3)专用搜索引擎的使用。

【解】 具体操作步骤如下：

(1)利用百度进行关键词检索。

① 启动 Internet Explorer 浏览器，在地址栏中输入"http://www. baidu. com"，窗口中就打开了百度的主页，如图 6-4 所示。

② 在百度主页的搜索框中输入需要查找的检索词，如"河北工业大学"，单击"百度一下"按钮或按【Enter】键开始查询。图 6-5 所示为百度检索完成后，所有包含"河北工业大学"的相关网站的索引信息。

(2)设置高级查询选项。

接步骤(1)中的操作，由于查询到的页面太多(9 020 000 个页面)，为此需要使用查询语法来缩小查询范围，假设需要查找河北工业大学计算机科学与软件学院近期关于研究生开题报告的相关信息，可以在百度主页的搜索框中输入使用空格或者逗号分隔开的关键字,例如"河北工业大学 计算机科学与软件学院 研究生 开题报告",单击"百度一下"按钮,此时就会得到详细的搜索结果,其中关键字会以红色来突出显示。

图 6-4　百度主页

图 6-5　关键词查询的结果

(3)专用搜索引擎的使用。

① 在图 6-4 所示百度主页中单击"音乐"链接(或在浏览器中输入"music. baidu. com"),打开百度音乐搜索引擎面,如图 6-6 所示。

② 在搜索框中输入要搜索的歌曲名称,例如"Rolling in the deep"。

③ 单击"百度一下"按钮,即可检索出所有与"Rolling in the deep"相关的歌曲,如图 6-7 所示。

图 6-6　百度的歌曲搜索

图 6-7　歌曲搜索结果

【实验 6-3】　文件下载操作

一、实验目的

（1）掌握从 FTP 网站下载文件的方法。

（2）了解从 WWW 网站下载文件的方法。

二、实验示例

【例 6.6】　从 FTP 网站下载文件。

【解】　具体操作步骤如下：

① 在 Internet Explorer 浏览器的地址栏中输入 FTP 网站的地址"ftp://ftp. cec. hebut. edu. cn"，按【Enter】键后即可打开 FTP 站点，如图 6-8 所示。打开 FTP 网页后，窗口中显示所有最高一层的文件夹列表。

② 依次打开"网络软件/网络浏览器/"文件夹，在此文件夹中有一个名为 IE6. zip 的文件。

③ 右击该文件，在弹出的快捷菜单中选择"复制到文件夹"命令，打开"浏览文件夹"对话框，如图 6-9 所示。

图 6-8　连接到 FTP 服务器

图 6-9　"浏览文件夹"对话框

④ 在"浏览文件夹"对话框中选择要复制（下载）到的文件夹，单击"确定"按钮，此时开始下载文件。

⑤ 待全部下载工作完成后，用户就可以在 E:\\abcd 中看到 IE6. zip 文件了，运行该文件即可打开该压缩文件。

> 说明：
>
> 　　也可以选中 IE6. zip 文件并进行"复制"操作（按【Ctrl +C】组合键），然后在本地打开一个文件夹窗口，再进行"粘贴"操作（按【Ctrl +V】组合键），即可将 IE6. zip 文件下载至指定的文件夹。

【例 6.7】　从 WWW 网站下载文件。

【解】　具体操作步骤如下：

① 启动 Internet Explorer 浏览器，在地址栏中输入"http：//www. onlinedown. net/"，打开网站的主页。

② 依次选择"分类"→"中文输入"→"搜狗拼音输入法"链接，打开"搜狗拼音输入法"下载页面，如图 6-10 所示。从页面中可了解到该软件的大小、功能简介、软件版本等信息。

③ 单击"立即下载"按钮，即可开始下载软件。

图 6-10　下载页面

【实验 6-4】　电子邮件操作

一、实验目的

（1）进一步掌握在因特网上收发 E-mail 的方法。

（2）掌握一般邮箱的操作方法。

二、实验示例

【例 6.8】　完成电子邮件的如下操作：

（1）登录邮箱。

（2）写邮件和发邮件。

（3）对收到的邮件进行处理。

【解】　具体操作步骤如下：

（1）登录邮箱。

① 启动 Internet Explorer，在地址栏中输入"http：//mail. 163. com"，打开网易主页，如图 6-11 所示。

图 6-11　网易电子邮箱登录界面

② 输入邮箱的账号和密码,进入自己的邮箱,界面如图 6-12 所示。

图 6-12　网易邮箱窗口

(2)写邮件和发邮件。

①在邮箱窗口中单击"写信"按钮,打开写邮件界面,如图 6-13 所示。

* "收件人"文本框:在该处输入对方的 E-mail 地址。如需将邮件同时发给几个人,可以在后面依次写上地址,地址中间用分号";"隔开。

* "抄送"文本框:如需将这封信抄送给某人,首先单击"添加抄送"链接,在打开的"抄送人"文本框中输入要抄送的地址。对于抄送人,所有收信人都能知道邮件同时抄送给了他。

* "密送"文本框:如需将这封信密送给某人,单击"添加密送"链接,在打开的"密送人"文本框中写好地址。选择密送,对其他收信人来说,表示不知道该邮件同时发给了密送的人。

* "主题"文本框:在该处输入邮件的主题。写清主题可以使收件人了解信件是哪方面的内容。

图 6-13　写邮件窗口

② 在邮件内容编辑区输入、编辑邮件的内容。

③ 单击"发送"按钮,即可将邮件发出,同时将邮件保存到"已发送"中。

④ 如果写好的邮件暂时不发送,单击"存草稿"按钮,将其暂时保存在"草稿箱"中。

(3)对收到的邮件进行处理。

① 在图 6-12 所示邮箱窗口中单击"收件箱"链接,即可看到收到的邮件列表。对于已经阅读过的邮件,用正常字体显示主题,对于没阅读过的邮件,以加粗的方式显示。如果邮件标题后面带有"回形针"标记,表示该邮件带有附件。

② 阅读邮件:选择需要阅读的邮件并单击邮件的主题,即可打开这封信,如图 6-14 所示。

图 6-14　阅读邮件窗口

③ 回复电子邮件:在阅读邮件窗口单击"回复"按钮,打开写信界面,此时"收件人"文本框中自动写上发来邮件人的地址,主题处在原邮件主题前加了"Re:"。在编辑邮件窗口中会带有原邮件的内容,输入回信内容后,单击"发送"按钮,完成信件回复。

④ 转发电子邮件:在阅读邮件窗口单击"转发"按钮,打开写信界面,此时"主题"文本框中在原邮件主题前加了"Fw:"。在"收件人"文本框中输入需要转发的地址,单击"发送"按钮,即可完成邮件转发。

⑤ 删除电子邮件:单击"删除"按钮,即可将当前邮件删除(放入到"已删除")。如果在"收件箱"的邮件列表中选中多个不需要的邮件,然后单击"删除"按钮,可以同时删除多个邮件。

【实验6-5】　上机练习系统典型试题讲解

一、实验目的

(1)掌握上机练习系统中网络操作典型问题的解决方法。

(2)熟悉网络操作中各种综合应用的操作技巧。

(3)本实验的例题取自上机练习系统中的典型试题,读者若能配合使用与本书配套的上机练习系统,将会达到更好的效果。

二、实验示例

【模拟练习A】　从模拟练习系统中启动浏览器 IE 和电子邮件客户端 Outlook Express,按如下要求进行操作。

2014 年 APEC 会议在中国成功召开,为此中国相关部门和人民群众做出了不小的贡献,很多人都从新闻中知道了 APEC 是亚太经合组织,那么这个组织现在都由哪些成员组成呢? 请使用"apec 成员国"关键字从 360 搜索引擎(http://www.so.com)上检索相关信息,然后将成员国的名称作为邮件内容通过 Outlook Express 发送给 nobody@some.org,邮件主题为"apec 成员国"。

具体操作步骤如下:

① 在模拟练习系统中单击 IE 浏览器按钮,打开模拟的 IE 浏览器。

② 在 IE 浏览器中输入 http://www.so.com/,在打开的搜索主页中输入"apec 成员国",单击"搜索"按钮。

③ 在打开的搜索页面上找到 apec 成员国的名称,拖动鼠标选中其内容,按【Ctrl + C】组合键复制到剪贴板。

④ 在模拟练习系统中单击 Outlook Express 按钮,打开模拟 Outlook Express 窗口。

⑤ 在窗口中单击"新建邮件",在打开的写信窗口中进行操作,收件人:nobody@some.org;主题:apec 成员国;按【Ctrl + V】组合键,将 apec 成员国的名称粘贴复制到邮件内容处。最后单击"发送邮件"。

【模拟练习 B】　从模拟练习系统中启动浏览器 IE 和电子邮件客户端 Outlook Express,按如下要求进行操作。

(1)随着网上购物的普及,使用信用卡支付成为了很多人的首选,但也成为了诈骗分子获取个人信息进行诈骗的突破口,冒充客服打电话提升信用额度,套取密码等诈骗方式层出不穷,因此,确认来电是否官方的客服电话是用户首先要留意的问题,请通过关键字"中国银行信用卡客服电话"在 360 搜索(http://www.so.com)上检索出官方客服电话,然后作为邮件内容通过 Outlook Express 发送给 somebody@ on. the. earth,邮件标题为"中国银行信用卡客服电话"。

(2)浏览器缓存可以加速网页的加载速度,但同时也占据了硬盘空间,遗留了可能的隐私信息,所以定期清空浏览器临时文件是个好习惯。请在 (1)的操作完成后删除浏览器临时文件。

具体操作步骤如下:

① 在模拟练习系统中单击 IE 浏览器按钮,打开模拟的 IE 浏览器。

② 在 IE 浏览器中输入 http://www.so.com/,在打开的搜索主页中输入"中国银行信用卡客服电话",单击"搜索"按钮。

③ 在打开的搜索页面上找到中国银行信用卡的客服电话,拖动鼠标选中其内容,按【Ctrl + C】组合键复制到剪贴板。

④ 在模拟练习系统中单击 Outlook Express 按钮,打开模拟 Outlook Express 窗口。

⑤ 在窗口中单击"新建邮件",在打开的写信窗口中进行操作,收件人:somebody@ on. the. earth;主题:中国银行信用卡客服电话;按【Ctrl + V】组合键,将中国银行信用卡的客服电话粘贴复制到邮件内容处。最后单击"发送邮件"。

⑥ 在模拟练习系统中单击 IE 浏览器按钮,打开模拟的 IE 浏览器。

⑦ 在"工具"菜单中选择"internet 选项",打开"internet 选项"对话框,在"常规"标签中单击"删除文件"按钮,然后单击"确定"按钮。

【模拟练习 C】　从模拟练习系统中启动浏览器 IE 和电子邮件客户端 Outlook Express,按如下要求进行操作。

(1)网页浏览器的种类可谓成百上千种,但如果按照浏览器核心进行分类,它们只有几种:Trident、Gecko、WebKit 和 Presto。火狐浏览器(Firefox)是跨平台的浏览器,它使用的是哪种内核呢?请通过关键字"火狐浏览器的内核"在 http://www.so.com 检索出结果,然后将答案通过 outlook express 发送电子邮件给 somebody@ some. space ,标题为"火狐浏览器的内核"。

(2)如果每次使用浏览器都从固定的网站开始,那么可以将该网站设置为浏览器的起始页,这样浏览器启动时即可自动打开该网站,请将网站 http://www.so.com 设置为浏览器的起始页。

具体操作步骤如下:

① 在模拟练习系统中单击 IE 浏览器按钮,打开模拟的 IE 浏览器。

② 在 IE 浏览器中输入 http://www.so.com/,在打开的搜索主页中输入"火狐浏览器的内核",单击"搜索"按钮。

③ 在打开的搜索页面上找到关于火狐浏览器内核的内容,拖动鼠标选中其内容,按【Ctrl + C】组合键复制到剪贴板。

④ 在模拟练习系统中单击 Outlook Express 按钮,打开模拟 Outlook Express 窗口。

⑤ 在窗口中单击"新建邮件",在打开的写信窗口中进行操作,收件人:somebody@ some. space;主题:火狐浏览器的内核;按【Ctrl + V】组合键,将火狐浏览器内核的内容粘贴复制到邮件内容处。最后单击"发送邮件"。

⑥ 在 IE 浏览器中输入 http://www.so.com/,打开相应主页。

⑦ 在"工具"菜单中选择"internet 选项",打开"internet 选项"对话框,在"常规"标签中单击"使用当前页",然后单击"确定"按钮。

【模拟练习 D】　从模拟练习系统中启动浏览器 IE 和电子邮件客户端 Outlook Express,按如下要求进行操作。

(1)近几年"物联网"这个词频繁出现在 IT 领域相关的新闻报道中,请利用 360 搜索引擎(http://www. so. com)以关键词"物联网"检索并查找对应的英文缩写词 IOT 是哪些单词的缩写,然后将其作为邮件内容通过 Outlook Express 发送给 who@ no. where,邮件标题为"IOT 含义"

(2)网页上加载显示图片的方式各异,因而保存图片的方式也不尽相同。请考生访问 http://www. hetang. cn ,将页面背景图片设法保存到考生目录下的 NetKt 文件夹下,名称为"荷塘月色 . jpg"。

具体操作步骤如下:

① 在模拟练习系统中单击 IE 浏览器按钮,打开模拟的 IE 浏览器。

② 在 IE 浏览器中输入 http://www. so. com/,在打开的搜索主页中输入"物联网",单击"搜索"按钮。

③ 在打开的搜索页面上找到英文缩写词 IOT 所对应的单词,拖动鼠标选中其内容,按【Ctrl + C】组合键复制到剪贴板。

④ 在模拟练习系统中单击 Outlook Express 按钮,打开模拟 Outlook Express 窗口。

⑤ 在窗口中单击"新建邮件",在打开的写信窗口中进行操作,收件人:who@ no. where;主题:IOT 含义;按【Ctrl + V】组合键,将英文缩写词 IOT 所对应的单词粘贴复制到邮件内容处。最后单击"发送邮件"。

⑥ 在 IE 浏览器中输入 http://www. hetang. cn,打开相应主页。

⑦ 在页面上右击背景图片,在弹出的快捷菜单中选择"背景另存为"命令,将背景图片保存在 netkt 目录下,名称为"荷塘月色 . jpg"。

【模拟练习 E】　从模拟练习系统中启动浏览器 IE 和电子邮件客户端 Outlook Express,按如下要求进行操作。

(1)DNS 服务器是联入互联网必不可少的设置参数,其功能是将用户输入的域名转化为 IP 地址,那么您知道著名的公共 DNS 服务器 114. 114. 114. 114 是在哪个城市为用户提供服务的吗? 请通过搜索引擎(http://www. so. com)利用关键字"114. 114. 114. 114"查询获取答案,然后将查询到的城市通过 Outlook Express 发送电子邮件告诉张三,他的邮箱地址为:zhangsan@ unknown. space ,邮件标题为"DNS 服务器查询结果"

(2)将经常访问的网站加入浏览器的收藏夹是个好习惯,一方面可以不必记忆复杂的地址快速打开该页面,另外也可以方便的导入导出这些网页地址,请浏览网站 http://www. so. com 并用"搜索引擎"的名字将其加入浏览器的收藏夹。

具体操作步骤如下:

① 在模拟练习系统中单击 IE 浏览器按钮,打开模拟的 IE 浏览器。

② 在 IE 浏览器中输入 http://www. so. com/,在打开的搜索主页中输入"114. 114. 114. 114",单击"搜索"按钮。

③ 在打开的搜索页面上找到该 DNS 服务器所在的城市,拖动鼠标选中其内容,按【Ctrl + C】组合键复制到剪贴板。

④ 在模拟练习系统中单击 Outlook Express 按钮,打开模拟 Outlook Express 窗口。

⑤ 在窗口中单击"新建邮件",在打开的写信窗口中进行操作,收件人:zhangsan@ unknown. space;主题:DNS 服务器查询结果;按【Ctrl + V】组合键,将该 DNS 服务器所在的城市粘贴复制到邮件内容处。最后单击"发送邮件"。

⑥ 在 IE 浏览器中输入 http://www. so. com,打开 360 搜索引擎的主页。在"收藏"菜单中选择"添加到收藏夹",在弹出的"添加到收藏夹"对话框中输入:"搜索引擎"。

【模拟练习 F】　从模拟练习系统中启动浏览器 IE 和电子邮件客户端 Outlook Express,按如下要求进行操作。

(1)小李最近总被广告骚扰,好在他的工作就在计算机旁,于是他在接电话前总是通过搜索引擎先确认下电话的来源,如果不是他所在城市的就直接拒接,效果还不错。现在电话来了,号码显示为:15346561387,

请通过搜索引擎(http://www.so.com)帮其查询下该电话号码所属城市,然后将其作为电子邮件内容通过 Outlook Express 发送给互联网垃圾电话的举报邮箱,地址为 abuse@12321.cn,邮件标题为"骚扰电话"

(2)浏览网页时,可以将网页保存下来以便离线查看,只保存网页文本去掉乱七八糟的格式,专注于内容,请访问 http://www.hetang.cn ,并将页面保存为文本文件放置在考生目录下的 Netkt 文件夹下,文件名为"荷塘月色.txt"。

具体操作步骤如下:

① 在模拟练习系统中单击 IE 浏览器按钮,打开模拟的 IE 浏览器。

② 在 IE 浏览器中输入 http://www.so.com/,在打开的搜索主页中输入"15346561387",单击"搜索"按钮。

③ 在打开的搜索页面上找到该电话号码所在的城市,拖动鼠标选中其内容,按【Ctrl + C】组合键复制到剪贴板。

④ 在模拟练习系统中单击 Outlook Express 按钮,打开模拟 Outlook Express 窗口。

⑤ 在窗口中单击"新建邮件",在打开的写信窗口中进行操作,收件人:abuse@12321.cn;主题:骚扰电话;按【Ctrl + V】组合键,将选中的内容粘贴复制到邮件内容处。最后单击"发送邮件"。

⑥ 在 IE 浏览器中输入 http://www.hetang.cn,打开相应主页。

⑦ 在"文件"菜单中选择"另存为"命令,指定保存位置为 netkt;保存类型为"文本文件(* .txt)",文件名称为"荷塘月色.txt"。

【模拟练习 G】 从模拟练习系统中启动浏览器 IE 和电子邮件客户端 Outlook Express,按如下要求进行操作。

(1)小王最近胃总是不舒服,想吃点"吗丁啉"来给胃增加点动力,在药箱里翻来翻去发现一盒"多潘立酮",他不确认这是不是就是吗丁啉,请在搜索引擎 (http://www.so.com) 以关键字 "多潘立酮" 帮其搜索确认下,然后将搜索结果页面以 "多潘立酮.txt" 保存在 Netkt 文件夹下。

(2)在某些特定时候需要将电子邮件保存下来在其他地方查看,电子邮件客户端 Outlook Express 就具备这种功能,不仅可以保存邮件本身,还可以单独保存邮件附件,请浏览收件箱中发送给考生的电子邮件并将其附件保存到考生目录下的 Netkt 文件夹下,名称为"附件.zip"。

具体操作步骤如下:

① 在模拟练习系统中单击 IE 浏览器按钮,打开模拟的 IE 浏览器。

② 在 IE 浏览器中输入 http://www.so.com/,在打开的搜索主页中输入"多潘立酮",单击"搜索"按钮,打开相应的搜索页面。

③ 在"文件"菜单中选择"另存为"命令,指定保存位置为 netkt;保存类型为"文本文件(* .txt)",文件名称为"多潘立酮.txt"。

④ 在模拟练习系统中单击 Outlook Express 按钮,打开模拟 Outlook Express 窗口。

⑤ 在 Outlook Express 窗口左侧单击"收件箱",在收件箱中选中收到的邮件。

⑥ 单击收件箱右侧黄色"回形针"图标,在弹出的菜单中选择"保存附件",然后指定保存位置为 netkt,文件名称为"附件.zip"。

【模拟练习 H】 从模拟练习系统中启动浏览器 IE 和电子邮件客户端 Outlook Express,按如下要求进行操作。

(1)一些网页使用 javascript 屏蔽了右键菜单,所以如果想保存网页内容,传统的复制粘贴就无效了,不过,将网页保存为文本文件即可轻松的获取网页中的文本,请浏览 http://www.hetang.cn ,用上述方法将散文"荷塘月色"的正文保存到 Netkt 文件夹下,名为:荷塘月色.txt ,然后将其中内容通过 Outlook Express 发送给 someone@on.the.space ,邮件标题为"荷塘月色"。

(2)请在 (1) 的操作完成后,清除浏览器的临时文件。

具体操作步骤如下:

① 在模拟练习系统中单击 IE 浏览器按钮,打开模拟的 IE 浏览器。

② 在 IE 浏览器中输入 http://www. hetang. cn/,打开相应主页。

③ 在"文件"菜单中选择"另存为"命令,指定保存位置为 netkt;保存类型为"文本文件(* . txt)",文件名称为"荷塘月色 . txt"。

④ 在 netkt 文件夹下双击"荷塘月色 . txt",打开该文本文件,按【Ctrl + A】组合键选中全部文本内容,然后再按【Ctrl + C】组合键复制到剪贴板。

⑤ 在模拟练习系统中单击 Outlook Express 按钮,打开模拟 Outlook Express 窗口。

⑥ 在窗口中单击"新建邮件",在打开的写信窗口中进行操作,收件人:someone@ on. the. space;主题:荷塘月色;按【Ctrl + V】组合键,将选中的内容粘贴复制到邮件内容处。最后单击"发送邮件"。

⑦ 在模拟练习系统中单击 IE 浏览器按钮,打开模拟的 IE 浏览器。

⑧ 在"工具"菜单中选择"internet 选项",打开"internet 选项"对话框,在"常规"标签中单击"删除文件"按钮,然后单击"确定"按钮。

【模拟练习 I】　从模拟练习系统中启动浏览器 IE 和电子邮件客户端 Outlook Express,按如下要求进行操作。

在一些标准的搜索引擎上,如果需要定制搜索结果,可以使用 A － B 这种形式作为关键字,其中 A 后有空格,减号即表示从包含 A 的检索结果中去掉包含 B 的页面。请利用上述特性通过搜索引擎(http://www. so. com)查询包含"河北省计算机等级考试"但不包含"职称"的页面,然后将该检索结果保存为 Netkt 文件夹下的 octs. mht 并作为邮件附件,通过 Outlook Express 发送给 admin@ octs. cn ,邮件标题和内容均为"河北省计算机等级考试检索结果"。

具体操作步骤如下:

① 在模拟练习系统中单击 IE 浏览器按钮,打开模拟的 IE 浏览器。

② 在 IE 浏览器中输入 http://www. so. com/,在打开的搜索主页中输入"河北省计算机等级考试 － 职称",单击"搜索"按钮。

③ 在打开搜索页面的"文件"菜单中选择"另存为"命令,指定保存位置为 netkt;保存类型为"Web 档案,单个文件(* . mht)",文件名称为"octs. mht"。

④ 在模拟练习系统中单击 Outlook Express 按钮,打开模拟 Outlook Express 窗口。

⑤ 在窗口中单击"新建邮件",在打开的写信窗口中进行操作,收件人:admin@ octs. cn;主题:河北省计算机等级考试检索结果;内容:河北省计算机等级考试检索结果。

⑥ 在"插入"菜单中选择"文件附件",在打开的对话框中指定 netkt 文件夹并选中"octs. mht"文件,将其作为邮件附件。最后单击"发送邮件"。

第7章 综合应用实验

本章设置的实验任务均涉及多个应用的要求,其目的是培养学生综合应用的能力,使学生熟练掌握素材的搜索,并能够灵活地运用 Word 或 Excel 软件对搜索的素材进行加工处理。本章的主要内容包括网络搜索与 Word 或 Excel 相结合的应用的操作。

【实验 7-1】 网络搜索与 Word 相结合应用的试题讲解

一、实验目的

(1)掌握上机练习系统中网络搜索与 Word 相结合应用的典型问题的解决方法。

(2)熟悉网络搜索与 Word 相结合应用中各种综合应用的操作技巧。

(3)本实验的例题取自上机练习系统中的典型试题,读者若能配合使用与本书配套的上机练习系统,将会达到更好的效果。

二、实验示例

【模拟综合练习 A】

参照考生目录"ZHKT"文件夹下的"综合模块样文 14A. jpg",按照如下要求进行操作。

A. 从考试系统中启动浏览器 IE,打开 360 搜索引擎的主页 http://www. so. com,搜索与"双十一"相关的页面,找到文字素材。

B. 在 360 搜索引擎 http://www. so. com,搜索"双十一图片",找到相关图片素材。

C. 将搜索到的文字素材复制到 word 文档中;将搜索到的图片插入到 word 文档中,然后按照样文,完成文档,最后将完成的文档以"ZHWord14A. docx"为名,保存到考生目录的"ZHKT"文件夹下。

关于样文,请注意如下说明。

(1)纸张大小为 A4;上、下、左、右页边距均为 2. 5 cm。

(2)大标题字号为小一号字,颜色为标准色中的紫色。

(3)正文中的一级小标题[一,二,三,…]字号为小四号字,颜色为标准色中的蓝色,段前 0. 5 行。

(4)正文中除大标题和小标题外的文字均为五号字,正文中所有段落首行缩进 2 个字符。

(5)正文中除小标题外的文字若有颜色设置,则为标准色中的红色、加粗。

(6)页眉、页脚文字为小五号字。

(7)插入的图片,通过文本框添加图注文字,适当调整大小后进行组合,而后进行四周型环绕设置。

具体操作步骤如下:

(1)下载文字素材并保存文件。

① 从考试系统启动 IE 浏览器,在 IE 浏览器的地址栏内输入 http://www. so. com,按【Enter】键后打开 360 搜索引擎的主页,在搜索框内输入"双十一",而后单击"搜索"按钮。

② 选中所找到的文字,按【Ctrl + C】组合键将其复制到剪贴板。

③ 单击"开始"菜单中的"记事本"应用程序,新建一个文本文件,按【Ctrl + V】组合键进行粘贴。再次选中所有文字,按【Ctrl + C】组合键进行复制。

注：

将网页中的文字先复制到记事本中,可将其中的一些网页格式去除。

④ 新建 Word 文档,按【Ctrl + V】组合键进行粘贴。

(2)插入图片并保存文档。

① 从考试系统启动 IE 浏览器,在 IE 浏览器的地址栏内输入 http://www. so. com,按【Enter】键后打开 360 搜索引擎的主页,在搜索框内输入“双十一图片”,而后单击“搜索”按钮。

② 找到所需图片,并在图片上右击,从打开的快捷菜单中选择“复制”命令。

③ 将光标置于 ZHWord14A. docx 文档中,按【Ctrl + V】组合键可将图片插入到当前文档中。

④ 单击“开始”选项卡,在打开的下拉列表中选择“保存”命令,在打开的“另存为”对话框中选择 ZHKT 文件夹,文件名设置为 ZHWord14A. docx,而后单击“保存”按钮。

(3)设置页面格式。

① 单击“页面布局”选项卡“页面设置”选项组右下角的![]按钮,打开“页面设置”对话框。

② 单击“页边距”选项卡,设置上、下、左、右页边距均为 2.5 cm。

③ 单击“纸张”选项卡,在“纸张大小”下拉列表框中选择 A4 选项。

④ 单击“确定”按钮,完成页面设置。

(4)设置标题格式。

① 选中文章标题“双十一”。

② 单击“开始”选项卡“字体”选项组“字号”框右侧的下拉按钮,在打开的下拉列表中选择“小一”选项;单击“字体颜色”下拉按钮,在打开的下拉列表中选择“标准色”下的“紫色”选项。

(5)设置一级小标题格式。

① 首先选中小标题“一、发展历史”,而后按住【Ctrl】键,再分别选择小标题“二、阿里注册”、“三、社会影响”、“四、工商局约谈”,将 4 个小标题全部选中,最后释放【Ctrl】键。

② 设置字体格式。

分别单击“开始”选项卡“字体”选项组中的“字号”“字体颜色”按钮设置小标题的格式为小四号、标准色蓝色。

③ 设置段落格式。

单击“段落”选项组右下角的按钮![],打开“段落”对话框。设置“段前”框的值为 0.5 行,而后单击“确定”按钮完成设置。

(6)设置正文格式。

① 将光标移动至文档左侧选定栏,首先选中除标题和小标题外的第一个段落,然后按住【Ctrl】键,分别选择其他段落,最后释放【Ctrl】键。

② 设置字体格式。

单击“开始”选项卡“字体”选项组中的“字号”框下拉按钮,在打开的下拉列表中选择“五号”选项。

③ 设置段落格式。

单击“段落”选项组右下角的![]按钮,打开“段落”对话框。在“特殊格式”下拉列表框中选择“首行缩进”选项,设置“磅值”框的值为“2 字符”,而后单击“确定”按钮。

(7)查找与替换。

① 单击“开始”选项卡“编辑”选项组中的“替换”按钮,打开“查找和替换”对话框。在“查找内容”框中输入“天猫”,在“替换为”框中输入“天猫”,而后单击“更多”按钮,将该对话框展开,如图 7-1 所示。

② 将光标置于“替换为”框内,单击“格式”按钮,在打开的下拉列表中选择“字体”命令,打开“替换字体”对话框,如图 7-2 所示。在“字形”框设置为“加粗”,单击“字体颜色”下拉按钮,在打开的下拉列表中选择标准色红色,而后单击“确定”按钮,返回“查找和替换”对话框,此时在“替换为”框下增加了格式的设置,

如图 7-3 所示。

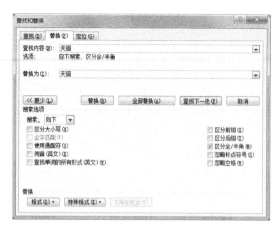

图 7-1 "查找和替换"对话框

图 7-2 "替换字体"对话框

③ 单击"全部替换"按钮,在弹出的提示框中单击"确定"按钮,返回"查找和替换"对话框,而后将"查找和替换"对话框关闭。

(8)设置页眉与页脚。

① 单击"插入"选项卡"页眉和页脚"选项组中的"页眉"按钮,在打开的下拉列表中选择"编辑页眉"选项,而后输入页眉文字"网购狂欢节"。选中页眉文字,单击"开始"选项卡"字体"选项组中的"字号"下拉按钮,选择"小五"选项。

② 单击"页眉和页脚工具"的"设计"选项卡,单击"导航"选项组中的"转至页脚"按钮,则可转到页脚编辑区,输入"双十一"。选中页脚文字,单击"开始"选项卡"字体"选项组中的"字号"下拉按钮,选择"小五"选项。

③ 单击"开始"选项卡"段落"选项组中的"居中"按钮,设置页脚文字水平居中。

④ 单击"页眉和页脚工具"的"设计"选项卡,单击"关闭"选项组中的"关闭页眉和页脚"按钮,退出页眉和页脚的编辑状态。

(9)设置分栏。

① 选中标题下的第一个段落。

② 单击"页面布局"选项卡,单击"页面设置"选项组中的"分栏"按钮,在打开的下拉列表中选择"两栏"命令。

(10)设置首字下沉。

① 将光标置于小标题"一、发展历史"下的正文段落中。

② 单击"插入"选项卡"文本"选项组中的"首字下沉"按钮,在打开的下拉列表中选择"首字下沉选项"命令,打开"首字下沉"对话框,如图 7-4 所示。

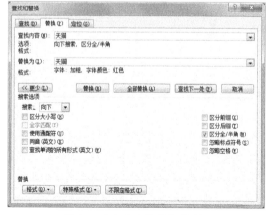

图 7-3 "查找和替换"对话框

图 7-4 "首字下沉"对话框

③ 选中"下沉",将"下沉行数"微调框的值设置为3,而后单击"确定"按钮。

(11)图文混排。

① 调整图片的大小并设置图片的环绕方式。

选中图片,单击"图片工具"的"格式"选项卡,单击"大小"选项组右下角的⬚按钮,打开"布局"对话框,如图7-5所示,将"缩放"下的"高度"和"宽度"微调框的值设置为80%,而后单击"确定"按钮。

图7-5 "布局"对话框

单击"排列"选项组中的"自动换行"下拉按钮,在打开的下拉列表中选择"四周型环绕"选项。

② 插入文本框。

单击"插入"选项卡"文本"选项组中的"文本框"按钮,在打开的下拉列表中选择"绘制文本框"选项,此时鼠标显示为十字形,在图片下方拖动鼠标,则可插入一个文本框,而后在文本框内输入文字"购物狂欢节"。

③ 设置文本框的格式。

单击文本框的边框,可选中文本框,单击"开始"选项卡"段落"选项组中的"居中"按钮,可将文本框内的文字水平居中显示。

单击"绘图工具"的"格式"选项卡,单击"形状样式"选项组中的"形状填充"下拉按钮,在打开的下拉列表中选择"无填充颜色"选项;单击"形状轮廓"下拉按钮,在打开的下拉列表中选择"无轮廓"选项。

④ 设置图片和文本框的相对位置。

选中图片,而后按住【Shift】键再单击文本框,可同时选中图片和文本框。单击"绘图工具"的"格式"选项卡,单击"排列"选项组中的"对齐"下拉按钮,在打开的下拉列表中选择"左右居中"命令,可使图片和文本框在水平方向相对居中。

⑤ 组合。

选中图片,而后按住【Shift】键再单击文本框,可同时选中图片和文本框。单击"绘图工具"的"格式"选项卡,单击"排列"选项组中的"组合"下拉按钮,在打开的下拉列表中选择"组合"命令,即可将图片和文本框组合为一个对象。

⑥ 设置组合对象的格式。

选中组合后的对象,单击"绘图工具"的"格式"选项卡,单击"排列"选项组中的"位置"按钮,在打开的下拉列表中选择"中间居中,四周型文字环绕"选项。

(12)保存文件。

单击"快速访问工具栏"上的"保存"按钮⬚,保存文件。而后单击"标题栏"右侧的"关闭"按钮,退出Word应用程序。

【模拟综合练习B】

参照考生目录"ZHKT"文件夹下的"综合模块样文14B.jpg",按照如下要求进行操作。

A. 从考试系统中启动浏览器 IE，打开 360 搜索引擎的主页 http://www.so.com，搜索与"凤凰古城"相关的页面，找到文字素材。

B. 在 360 搜索引擎 http://www.so.com，搜索"凤凰古城图片"，找到相关图片素材。

C. 将搜索到的文字素材复制到 word 文档中；将搜索到的图片插入到 word 文档中，然后按照样文，完成文档，最后将完成的文档以"ZHWord14B.docx"为名，保存到考生目录的"ZHKT"文件夹下。

关于样文，请注意如下说明。

（1）纸张大小为 A4；上、下、左、右页边距均为 2.5 cm。

（2）大标题字号为小一号字，颜色为标准色中的紫色。

（3）正文中的一级小标题［一，二，三，…］字号为小四号字，颜色为标准色中的蓝色，段前 0.5 行。

（4）正文中除大标题和小标题外的文字均为五号字，正文中所有段落首行缩进 2 个字符。

（5）正文中除小标题外的文字若有颜色设置，则为标准色中的红色、加粗。

（6）页眉、页脚文字为小五号字。

（7）插入的图片，通过文本框添加图注文字，适当调整大小后进行对齐设置并组合，而后进行四周型环绕设置。

具体操作步骤如下：

（1）下载文字素材并保存文件。

① 从考试系统启动 IE 浏览器，在 IE 浏览器的地址栏内输入 http://www.so.com，按【Enter】键后打开 360 搜索引擎的主页，在搜索框内输入"凤凰古城"，而后单击"搜索"按钮。

② 选中所找到的文字，按【Ctrl + C】组合键将其复制到剪贴板。

③ 单击"开始"菜单中的"记事本"应用程序，新建一个文本文件，按【Ctrl + V】组合键进行粘贴。再次选中所有文字，按【Ctrl + C】组合键进行复制。注：将网页中的文字先复制到记事本中，可将其中的一些网页格式去除。

④ 新建 Word 文档，按【Ctrl + V】组合键进行粘贴。

（2）插入图片并保存文档。

① 从考试系统启动 IE 浏览器，在 IE 浏览器的地址栏内输入 http://www.so.com，按【Enter】键后打开 360 搜索引擎的主页，在搜索框内输入"凤凰古城图片"，而后单击"搜索"按钮。

② 找到所需图片，并在图片上右击，从打开的快捷菜单中选择"复制"命令。

③ 将光标置于 ZHWord14B.docx 文档中，按【Ctrl + V】组合键可将图片插入到当前文档中。

④ 单击"开始"选项卡，在打开的下拉列表中选择"保存"命令，在打开的"另存为"对话框中选择 ZHKT 文件夹，文件名设置为 ZHWord14B.docx，而后单击"保存"按钮。

（3）设置页面格式。

① 单击"页面布局"选项卡，单击"页面设置"选项组右下角的 ▣ 按钮，打开"页面设置"对话框。

② 单击"页边距"选项卡，设置上、下、左、右页边距均为 2.5 cm。

③ 单击"纸张"选项卡，在"纸张大小"下拉列表框中选择 A4 选项。

④ 单击"确定"按钮，完成页面设置。

（4）设置标题格式。

① 选中文章标题"凤凰古城"。

② 单击"开始"选项卡，在"字体"选项组中单击"字号"框右侧的下拉按钮，在打开的下拉列表中选择"小一"选项；单击"字体颜色"下拉按钮，在打开的下拉列表中选择"标准色"下的"紫色"选项。

（5）设置一级小标题格式。

① 首先选中小标题"一、地理环境"，而后按住【Ctrl】键，再分别选择小标题"二、风俗习惯"、"三、景观景点"，将 3 个小标题全部选中，最后释放【Ctrl】键。

② 设置字体格式。

分别单击"开始"选项卡"字体"选项组中的"字号"、"字体颜色"按钮设置小标题的格式为小四号、标准色蓝色。

③ 设置段落格式。

单击"段落"选项组右下角的按钮，打开"段落"对话框。设置"段前"框的值为 0.5 行,而后单击"确定"按钮完成设置。

(6)设置正文格式。

① 将光标移动至文档左侧选定栏,首先选中除标题和小标题外的第一个段落,然后按住【Ctrl】键,分别选择其他段落,最后释放【Ctrl】键。

② 设置字体格式。

单击"开始"选项卡"字体"选项组中的"字号"框下拉按钮,在打开的下拉列表中选择"五号"选项。

③ 设置段落格式。

单击"段落"选项组右下角的按钮,打开"段落"对话框。在"特殊格式"下拉列表框中选择"首行缩进"选项,设置"磅值"框的值为"2 字符",而后单击"确定"按钮。

(7)查找与替换。

① 单击"开始"选项卡"编辑"选项组中的"替换"按钮,打开"查找和替换"对话框。在"查找内容"框中输入"沱江",在"替换为"框中输入"沱江",而后单击"更多"按钮,将该对话框展开,如图 7-6 所示。

② 将光标置于"替换为"框内,单击"格式"按钮,在打开的下拉列表中选择"字体"命令,打开"替换字体"对话框,如图 7-7 所示。在"字形"框设置为"加粗",单击"字体颜色"下拉按钮,在打开的下拉列表中选择标准色红色,而后单击"确定"按钮,返回"查找和替换"对话框,此时在"替换为"框下增加了格式的设置,如图 7-8 所示。

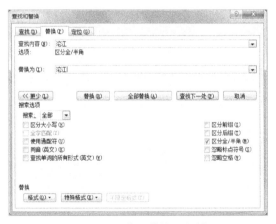

图 7-6 "查找和替换"对话框

图 7-7 "替换字体"对话框

③ 单击"全部替换"按钮,在弹出的提示框中单击"确定"按钮,返回"查找和替换"对话框,而后将"查找和替换"对话框关闭。

(8)设置页眉与页脚。

① 单击"插入"选项卡"页眉和页脚"选项组中的"页眉"按钮,在打开的下拉列表中选择"编辑页眉"选项,而后输入页眉文字"中国最美丽的小城"。选中页眉文字,单击"开始"选项卡"字体"选项组中的"字号"下拉按钮,选择"小五"选项。

② 单击"页眉和页脚工具"的"设计"选项卡,单击"导航"选项组中的"转至页脚"按钮,则可转到页脚编辑区,输入"凤凰古城"。选中页脚文字,单击"开始"选项卡"字体"选项组中的"字号"下拉按钮,选择"小五"选项。

③ 单击"开始"选项卡"段落"选项组中的"文本右对齐"按钮,设置页脚文字靠右对齐。

④ 单击"页眉和页脚工具"的"设计"选项卡,单击"关闭"选项组中的"关闭页眉和页脚"按钮,退出页

眉和页脚的编辑状态。

(9)设置分栏。

① 选中"3. 凤凰沱江跳岩"后的所有段落。

② 单击"页面布局"选项卡"页面设置"选项组中的"分栏"按钮,在打开的下拉列表中选择"更多分栏"命令,打开"分栏"对话框,如图7-9所示。选中"预设"下的"两栏",并选中"分隔线"复选按钮,而后单击"确定"按钮。

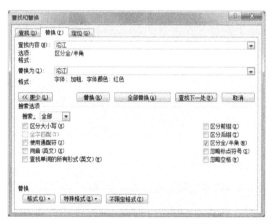

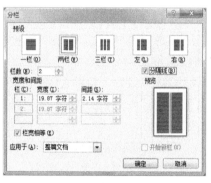

图7-8 "查找和替换"对话框   图7-9 "分栏"对话框

(10)设置首字下沉。

① 将光标置于文章大标题"凤凰古城"下的正文段落中。

② 单击"插入"选项卡"文本"选项组中的"首字下沉"按钮,在打开的下拉列表中选择"首字下沉选项"命令,打开"首字下沉"对话框,如图7-10所示。

③ 选中"下沉",将"下沉行数"微调框的值设置为3,而后单击"确定"按钮。

(11)图文混排。

① 调整图片的大小并设置图片的环绕方式。

选中图片,单击"图片工具"的"格式"选项卡,单击"大小"选项组右下角的按钮,打开"布局"对话框,如图7-11所示,将"缩放"下的"高度"和"宽度"选项框的值设置为80%,而后单击"确定"按钮。

图7-10 "首字下沉"对话框

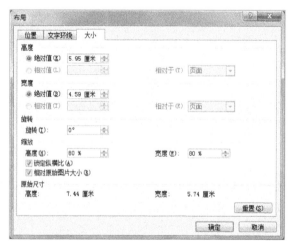

图7-11 "布局"对话框

单击"排列"选项组中的"自动换行"下拉按钮,在打开的下拉列表中选择"四周型环绕"选项。

② 插入文本框。

单击"插入"选项卡"文本"选项组中的"文本框"按钮,在打开的下拉列表中选择"绘制竖排文本框"选项,

此时鼠标显示为十字形,在图片中部拖动鼠标,则可插入一个文本框,而后在文本框内输入文字"边城凤凰"。

③ 设置文本框的格式。

单击文本框的边框,可选中文本框,单击"开始"选项卡"段落"选项组中的"居中"按钮,可将文本框内的文字水平居中显示。

单击"绘图工具"的"格式"选项卡,单击"形状样式"选项组中的"形状填充"下拉按钮,在打开的下拉列表中选择"无填充颜色"选项;单击"形状轮廓"下拉按钮,在打开的下拉列表中选择"无轮廓"选项。

④ 设置图片和文本框的相对位置。

选中图片,而后按住【Shift】键再单击文本框,可同时选中图片和文本框。单击"绘图工具"的"格式"选项卡,单击"排列"选项组中的"对齐"下拉按钮,在打开的下拉列表中选择"左右居中"命令。再次单击"对齐"下拉按钮,在打开的下拉列表中选择"顶端对齐"命令,可使图片和文本框在水平方向相对居中、垂直方向为顶端对齐。

⑤ 组合。

同时选中图片和文本框,而后选择"绘图工具"的"格式"选项卡,单击"排列"选项组中的"组合"下拉按钮,在打开的下拉列表中选择"组合"命令,即可将图片和文本框组合为一个对象。

⑥ 设置组合对象的格式。

选中组合后的对象,单击"绘图工具"的"格式"选项卡,单击"排列"选项组中的"位置"按钮,在打开的下拉列表中选择"中间居右,四周型文字环绕"选项。

(12)保存文件。

单击"快速访问工具栏"上的"保存"按钮 🔲 ,保存文件。而后单击"标题栏"右侧的"关闭"按钮,退出 Word 应用程序。

【模拟综合练习 C】

参照考生目录"ZHKT"文件夹下的"综合模块样文 14C.jpg",按照如下要求进行操作。

A. 从考试系统中启动浏览器 IE,打开 360 搜索引擎的主页 http://www.so.com,搜索与"甄嬛体"相关的页面,找到文字素材。

B. 在 360 搜索引擎 http://www.so.com,搜索"甄嬛体图片",找到相关图片素材。

C. 将搜索到的文字素材复制到 word 文档中;将搜索到的图片插入到 word 文档中,然后按照样文,完成文档,最后将完成的文档以"ZHWord14C.docx"为名,保存到考生目录的"ZHKT"文件夹下。

关于样文,请注意如下说明。

(1)纸张大小为 A4;上、下、左、右页边距均为 2.5 cm。

(2)大标题字号为小一号字,颜色为标准色中的紫色。

(3)正文中的一级小标题[一,二,三,…]字号为小四号字,颜色为标准色中的蓝色,段前 0.5 行。

(4)正文中除大标题和小标题外的文字均为五号字,正文中所有段落首行缩进 2 个字符。

(5)正文中除小标题外的文字若有颜色设置,则为标准色中的红色、加粗。

(6)页眉、页脚文字为小五号字。

(7)插入的图片,通过艺术字添加图注文字,适当调整大小后进行对齐设置并组合,而后进行四周型环绕设置。

具体操作步骤如下:

(1)下载文字素材并保存文件。

① 从考试系统启动 IE 浏览器,在 IE 浏览器的地址栏内输入 http://www.so.com,按【Enter】键后打开 360 搜索引擎的主页,在搜索框内输入"甄嬛体",而后单击"搜索"按钮。

② 选中所找到的文字,按【Ctrl + C】组合键将其复制到剪贴板。

③ 单击"开始"菜单中的"记事本"应用程序,新建一个文本文件,按【Ctrl + V】组合键进行粘贴。再次选中所有文字,按【Ctrl + C】组合键进行复制。

> 注:
>
> 将网页中的文字先复制到记事本中,可将其中的一些网页格式去除。

④ 新建 Word 文档,按【Ctrl + V】组合键进行粘贴。

(2)插入图片并保存文档。

① 从考试系统启动 IE 浏览器,在 IE 浏览器的地址栏内输入 http://www.so.com,按【Enter】键后打开 360 搜索引擎的主页,在搜索框内输入"甄嬛体图片",而后单击"搜索"按钮。

② 找到所需图片,并在图片上右击,从打开的快捷菜单中选择"复制"命令。

③ 将光标置于 ZHWord14C.docx 文档中,按【Ctrl + V】组合键可将图片插入到当前文档中。

④ 单击"开始"选项卡,在打开的下拉列表中选择"保存"命令,在打开的"另存为"对话框中选择 ZHKT 文件夹,文件名设置为 ZHWord14C.docx,而后单击"保存"按钮。

(3)设置页面格式。

① 单击"页面布局"选项卡"页面设置"选项组右下角的 按钮,打开"页面设置"对话框。

② 单击"页边距"选项卡,设置上、下、左、右页边距均为 2.5 cm。

③ 单击"纸张"选项卡,在"纸张大小"下拉列表框中选择 A4 选项。

④ 单击"确定"按钮,完成页面设置。

(4)设置标题格式。

① 选中文章标题"甄嬛体"。

② 单击"开始"选项卡"字体"选项组"字号"框右侧的下拉按钮,在打开的下拉列表中选择"小一"选项;单击"字体颜色"下拉按钮,在打开的下拉列表中选择"标准色"下的"紫色"选项。

(5)设置一级小标题格式。

① 首先选中小标题"一、创意来源",而后按住【Ctrl】键,再分别选择小标题"二、文体风格"、"三、句式举例"、"四、不同版本",将 4 个小标题全部选中,最后释放【Ctrl】键。

② 设置字体格式。

分别单击"开始"选项卡"字体"选项组中的"字号"、"字体颜色"按钮设置小标题的格式为小四号、标准色蓝色。

③ 设置段落格式。

单击"段落"选项组右下角的按钮 ,打开"段落"对话框。设置"段前"框的值为 0.5 行,而后单击"确定"按钮完成设置。

(6)设置正文格式。

① 将光标移动至文档左侧选定栏,首先选中除标题和小标题外的第一个段落,然后按住【Ctrl】键,分别选择其他段落,最后释放【Ctrl】键。

② 设置字体格式。

单击"开始"选项卡"字体"选项组中的"字号"框下拉按钮,在打开的下拉列表中选择"五号"选项。

③ 设置段落格式。

单击"段落"选项组右下角的 按钮,打开"段落"对话框。在"特殊格式"下拉列表框中选择"首行缩进"选项,设置"磅值"框的值为"2 字符",而后单击"确定"按钮。

(7)查找与替换。

① 单击"开始"选项卡"编辑"选项组中的"替换"按钮,打开"查找和替换"对话框。在"查找内容"框中输入"语言",在"替换为"框中输入"语言",而后单击"更多"按钮,将该对话框展开,如图 7-12 所示。

② 将光标置于"替换为"框内,单击"格式"按钮,在打开的下拉列表中选择"字体"命令,打开"替换字体"对话框,如图 7-13 所示。在"字形"框设置为"加粗",单击"字体颜色"下拉按钮,在打开的下拉列表中选择标准色红色,而后单击"确定"按钮,返回"查找和替换"对话框,此时在"替换为"框下增加了格式的设置,

如图7-14所示。

③ 单击"全部替换"按钮,在弹出的提示框中单击"确定"按钮,返回"查找和替换"对话框,而后将"查找和替换"对话框关闭。

图7-12　"查找和替换"对话框

图7-13　"替换字体"对话框

(8)设置页眉与页脚。

① 单击"插入"选项卡"页眉和页脚"选项组中的"页眉"按钮,在打开的下拉列表中选择"编辑页眉",而后输入页眉文字"甄嬛体"。选中页眉文字,单击"开始"选项卡"字体"选项组中的"字号"下拉按钮,选择"小五"选项。

② 单击"页眉和页脚工具"的"设计"选项卡,单击"导航"选项组中的"转至页脚"按钮,则可转到页脚编辑区,输入"流潋紫作品"。选中页脚文字,单击"开始"选项卡"字体"选项组中的"字号"下拉按钮,选择"小五"选项。

③ 单击"开始"选项卡"段落"选项组中的"居中"按钮,设置页脚文字水平居中。

④ 单击"页眉和页脚工具"的"设计"选项卡,单击"关闭"选项组中的"关闭页眉和页脚"按钮,退出页眉和页脚的编辑状态。

(9)设置分栏。

① 选中小标题"四、不同版本"后的所有段落。

② 单击"页面布局"选项卡"页面设置"选项组中的"分栏"按钮,在打开的下拉列表中选择"更多分栏"命令,打开"分栏"对话框,如图7-15所示。选中"预设"下的"两栏",并选中"分隔线"复选按钮,而后单击"确定"按钮。

图7-14　"查找和替换"对话框

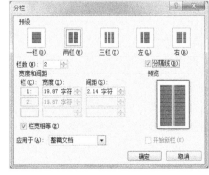

图7-15　"分栏"对话框

(10)设置首字下沉。

① 将光标置于大标题"甄嬛体"下的正文段落中。

② 单击"插入"选项卡"文本"选项组中的"首字下沉"按钮,在打开的下拉列表中选择"首字下沉选项"命令,打开"首字下沉"对话框,如图7-16所示。

③ 选中"下沉",将"下沉行数"微调框的值设置为3,而后单击"确定"按钮。

(11)图文混排。

① 调整图片的大小并设置图片的环绕方式。

选中图片,单击"图片工具"的"格式"选项卡,单击"大小"选项组右下角的 按钮,打开"布局"对话框,如图7-17所示,将"缩放"下的"高度"和"宽度"微调框的值设置为80%,而后单击"确定"按钮。

单击"排列"选项组中的"自动换行"下拉按钮,在打开的下拉列表中选择"四周型环绕"选项。

图 7-16 "首字下沉"对话框

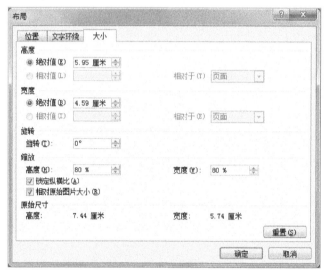

图 7-17 "布局"对话框

② 插入艺术字。

单击"插入"选项卡"文本"选项组中的"艺术字"按钮,在打开的下拉列表中选择第6行第2列的样式,即可插入艺术字,将其中的文字修改为"甄嬛传"。

③ 设置图片和艺术字的相对位置。

选中图片,而后按住【Shift】键再单击艺术字,可同时选中图片和艺术字。单击"绘图工具"的"格式"选项卡,单击"排列"选项组中的"对齐"下拉按钮,在打开的下拉列表中选择"上下居中"命令。再次单击"对齐"下拉按钮,在打开的下拉列表中选择"左对齐"命令,可使图片和艺术字在垂直方向相对居中、水平方向靠左对齐。

④ 组合。

同时选中图片和艺术字,单击"绘图工具"的"格式"选项卡,单击"排列"选项组中的"组合"下拉按钮,在打开的下拉列表中选择"组合"命令,即可将图片和艺术字组合为一个对象。

⑤ 设置组合对象的格式。

选中组合后的对象,单击"绘图工具"的"格式"选项卡,单击"排列"选项组中的"位置"按钮,在打开的下拉列表中选择"中间居左,四周型文字环绕"选项。

(12)保存文件。

单击"快速访问工具栏"上的"保存"按钮,保存文件。而后单击"标题栏"右侧的"关闭"按钮,退出Word 应用程序。

【模拟综合练习 D】

参照考生目录"ZHKT"文件夹下的"综合模块样文14D. jpg",按照如下要求进行操作。

A. 从考试系统中启动浏览器 IE,打开 360 搜索引擎的主页 http://www. so. com,搜索与"京剧"相关的页面,找到文字素材。

B. 在 360 搜索引擎 http://www.so.com,搜索"京剧图片",找到相关图片素材。

C. 将搜索到的文字素材复制到 word 文档中;将搜索到的图片插入到 word 文档中,然后按照样文,完成文档,最后将完成的文档以"ZHWord14D. docx"为名,保存到考生目录的"ZHKT"文件夹下。

关于样文,请注意如下说明。

(1)纸张大小为 A4;上、下、左、右页边距均为 2.5 cm。

(2)大标题字号为小一号字,颜色为标准色中的紫色。

(3)正文中的一级小标题[一,二,三,…]字号为小四号字,颜色为标准色中的蓝色,段前 0.5 行。

(4)正文中除大标题和小标题外的文字均为五号字,正文中所有段落首行缩进 2 个字符。

(5)正文中除小标题外的文字若有颜色设置,则为标准色中的红色、加粗。

(6)页眉、页脚文字为小五号字。

(7)插入的图片,通过艺术字添加图注文字,适当调整大小后进行对齐设置并组合,而后进行四周型环绕设置。

具体操作步骤如下:

(1)下载文字素材并保存文件。

① 从考试系统启动 IE 浏览器,在 IE 浏览器的地址栏内输入 http://www.so.com,按【Enter】键后打开 360 搜索引擎的主页,在搜索框内输入"京剧",而后单击"搜索"按钮。

② 选中所找到的文字,按【Ctrl + C】组合键将其复制到剪贴板。

③ 单击"开始"菜单中的"记事本"应用程序,新建一个文本文件,按【Ctrl + V】组合键进行粘贴。再次选中所有文字,按【Ctrl + C】组合键进行复制。注:将网页中的文字先复制到记事本中,可将其中的一些网页格式去除。

④ 新建 Word 文档,按【Ctrl + V】组合键进行粘贴。

(2)插入图片并保存文档。

① 从考试系统启动 IE 浏览器,在 IE 浏览器的地址栏内输入 http://www.so.com,按【Enter】键后打开 360 搜索引擎的主页,在搜索框内输入"京剧图片",而后单击"搜索"按钮。

② 找到所需图片,并在图片上右击,从打开的快捷菜单中选择"复制"命令。

③ 将光标置于 ZHWord14D. docx 文档的第 2 页中,按【Ctrl + V】组合键可将图片插入到当前文档中。

④ 单击"开始"选项卡,在打开的下拉列表中选择"保存"命令,在打开的"另存为"对话框中选择 ZHKT 文件夹,文件名设置为 ZHWord14D. docx,而后单击"保存"按钮。

(3)设置页面格式。

① 单击"页面布局"选项卡"页面设置"选项组右下角的 按钮,打开"页面设置"对话框。

② 单击"页边距"选项卡,设置上、下、左、右页边距均为 2.5 cm。

③ 单击"纸张"选项卡,在"纸张大小"下拉列表框中选择 A4 选项。

④ 单击"确定"按钮,完成页面设置。

(4)设置标题格式。

① 选中文章标题"京剧"。

② 单击"开始"选项卡"字体"选项组"字号"框右侧的下拉按钮,在打开的下拉列表中选择"小一"选项;单击"字体颜色"下拉按钮,在打开的下拉列表中选择"标准色"下的"紫色"选项。

(5)设置一级小标题格式。

① 首先选中小标题"一、表现手法",而后按住【Ctrl】键,再分别选择小标题"二、行当分类"、"三、京剧脸谱"、"四、唱腔分类"和"五、舞台道具",将 5 个小标题全部选中,最后释放【Ctrl】键。

② 设置字体格式。

分别单击"开始"选项卡"字体"选项组中的"字号"、"字体颜色"按钮设置小标题的格式为小四号、标准色蓝色。

③ 设置段落格式。

单击"段落"选项组右下角的按钮 ，打开"段落"对话框。设置"段前"框的值为 0.5 行，而后单击"确定"按钮完成设置。

（6）设置正文格式。

① 将光标移动至文档左侧选定栏，首先选中除标题和小标题外的第一个段落，然后按住【Ctrl】键，分别选择其他段落，最后释放【Ctrl】键。

② 设置字体格式。

单击"开始"选项卡"字体"选项组中的"字号"框下拉按钮，在打开的下拉列表中选择"五号"选项。

③ 设置段落格式。

单击"段落"选项组右下角的 按钮，打开"段落"对话框。在"特殊格式"下拉列表框中选择"首行缩进"选项，设置"磅值"框的值为"2 字符"，而后单击"确定"按钮。

（7）查找与替换。

① 单击"开始"选项卡"编辑"选项组中的"替换"按钮，打开"查找和替换"对话框。在"查找内容"框中输入"表演"，在"替换为"框中输入"表演"，而后单击"更多"按钮，将该对话框展开，如图 7-18 所示。

② 将光标置于"替换为"框内，单击"格式"按钮，在打开的下拉列表中选择"字体"命令，打开"替换字体"对话框，如图 7-19 所示。在"字形"框设置为"加粗"，单击"字体颜色"下拉按钮，在打开的下拉列表中选择标准色红色，而后单击"确定"按钮，返回"查找和替换"对话框，此时在"替换为"框下增加了格式的设置，如图 7-20 所示。

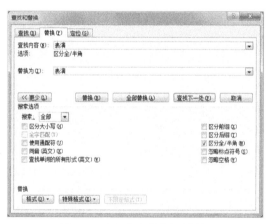

图 7-18　"查找和替换"对话框

图 7-19　"替换字体"对话框

③ 单击"全部替换"按钮，在弹出的提示框中单击"确定"按钮，返回"查找和替换"对话框，而后将"查找和替换"对话框关闭。

（8）设置页眉与页脚。

① 单击"插入"选项卡"页眉和页脚"选项组中的"页眉"按钮，在打开的下拉列表中选择"编辑页眉"选项，而后输入页眉文字"中国国粹艺术介绍"。选中页眉文字，单击"开始"选项卡"字体"选项组中的"字号"下拉按钮，选择"小五"选项。

② 单击"页眉和页脚工具"的"设计"选项卡，单击"导航"选项组中的"转至页脚"按钮，则可转到页脚编辑区，输入"京剧"。选中页脚文字，单击"开始"选项卡"字体"选项组中的"字号"下拉按钮，选择"小五"选项。

③ 单击"开始"选项卡"段落"选项组中的"文本右对齐"按钮，设置页脚文字靠右对齐。

④ 单击"页眉和页脚工具"的"设计"选项卡，单击"关闭"选项组中的"关闭页眉和页脚"按钮，退出页眉和页脚的编辑状态。

（9）设置分栏。

① 选中小标题"二、行当分类"和"三、京剧脸谱"之间的所有段落。

② 单击"页面布局"选项卡"页面设置"选项组中的"分栏"按钮，在打开的下拉列表中选择"更多分栏"

命令,打开"分栏"对话框,如图 7-21 所示。选中"预设"下的"两栏",并选中"分隔线"复选按钮,而后单击"确定"按钮。

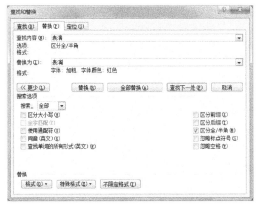

图 7-20 "查找和替换"对话框

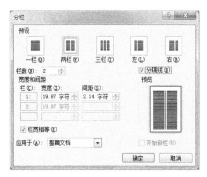

图 7-21 "分栏"对话框

（10）设置首字下沉。

① 将光标置于大标题"京剧"下的正文段落中。

② 单击"插入"选项卡"文本"选项组中的"首字下沉"按钮,在打开的下拉列表中选择"首字下沉选项"命令,打开"首字下沉"对话框,如图 7-22 所示。

③ 选中"下沉",将"下沉行数"微调框的值设置为 3,而后单击"确定"按钮。

（11）图文混排。

① 调整图片的大小并设置图片的环绕方式。

选中图片,单击"图片工具"的"格式"选项卡,单击"大小"选项组右下角的按钮,打开"布局"对话框,如图 7-23 所示,将"缩放"下的"高度"和"宽度"微调框的值设置为 80%,而后单击"确定"按钮。

图 7-22 "首字下沉"对话框

单击"排列"选项组中的"自动换行"下拉按钮,在打开的下拉列表中选择"四周型环绕"选项。

图 7-23 "布局"对话框

② 插入艺术字。

单击"插入"选项卡"文本"选项组中的"艺术字"按钮,在打开的下拉列表中选择第 6 行第 3 列的样式,即可插入艺术字,将其中的文字修改为"国粹京剧"。

③ 设置图片和艺术字的相对位置。

选中图片,而后按住【Shift】键再单击文本艺术字可同时选中图片和艺术字。单击"绘图工具"的"格式"选项卡,单击"排列"选项组中的"对齐"下拉按钮,在打开的下拉列表中选择"左右居中"命令。再次单击"对齐"下拉按钮,在打开的下拉列表中选择"底端对齐"命令,可使图片和艺术字在水平方向相对居中、垂直方向为靠下对齐。

④ 组合。

同时选中图片和艺术字,单击"绘图工具"的"格式"选项卡,单击"排列"选项组中的"组合"下拉按钮,在打开的下拉列表中选择"组合"命令,即可将图片和艺术字组合为一个对象。

⑤ 设置组合对象的格式。

选中组合后的对象,单击"绘图工具"的"格式"选项卡,单击"排列"选项组中的"位置"按钮,在打开的下拉列表中选择"中间居右,四周型文字环绕"选项。

(12)保存文件。

单击"快速访问工具栏"上的"保存"按钮■,保存文件。而后单击"标题栏"右侧的"关闭"按钮,退出 Word 应用程序。

【模拟综合练习 E】

参照考生目录"ZHKT"文件夹下的"综合模块样文 14E. jpg",按照如下要求进行操作。

A. 从考试系统中启动浏览器 IE,打开 360 搜索引擎的主页 http://www.so.com,搜索与"梦的解析"相关的页面,找到文字素材。

B. 在 360 搜索引擎 http://www.so.com,搜索"梦的解析图片",找到相关图片素材。

C. 将搜索到的文字素材复制到 word 文档中;将搜索到的图片插入到 word 文档中,然后按照样文,完成文档,最后将完成的文档以"ZHWord14E. docx"为名,保存到考生目录的"ZHKT"文件夹下。

关于样文,请注意如下说明:

(1)纸张大小为 A4;上、下、左、右页边距均为 2.5 cm。

(2)大标题字号为小一号字,颜色为标准色中的紫色。

(3)正文中的小标题[1,2,3,…]字号为小四号字,颜色为标准色中的蓝色,段前 0.5 行。

(4)正文中除大标题和小标题外的文字均为五号字,正文中所有段落首行缩进 2 个字符。

(5)正文中除小标题外的文字若有颜色设置,则为标准色中的红色、加粗。

(6)页眉、页脚文字为小五号字。

(7)插入的图片,通过文本框添加图注文字,适当调整大小后进行对齐设置并组合,而后进行四周型环绕设置。

具体操作步骤如下:

(1)下载文字素材并保存文件。

① 从考试系统启动 IE 浏览器,在 IE 浏览器的地址栏内输入 http://www.so.com,按【Enter】键后打开 360 搜索引擎的主页,在搜索框内输入"梦的解析",而后单击"搜索"按钮。

② 选中所找到的文字,按【Ctrl + C】组合键将其复制到剪贴板。

③ 单击"开始"菜单中的"记事本"应用程序,新建一个文本文件,按【Ctrl + V】组合键进行粘贴。再次选中所有文字,按【Ctrl + C】组合键进行复制。

> 注:
> 将网页中的文字先复制到记事本中,可将其中的一些网页格式去除。

④ 新建 Word 文档,按【Ctrl + V】组合键进行粘贴。

(2)插入图片并保存文档。

① 从考试系统启动 IE 浏览器,在 IE 浏览器的地址栏内输入 http://www.so.com,按【Enter】键后打开 360 搜索引擎的主页,在搜索框内输入"梦的解析图片",而后单击"搜索"按钮。

② 找到所需图片,并在图片上右击,从打开的快捷菜单中选择"复制"命令。

③ 将光标置于 ZHWord14E. docx 文档中,按【Ctrl + V】组合键可将图片插入到当前文档中。

④ 单击"开始"选项卡,在打开的下拉列表中选择"保存"命令,在打开的"另存为"对话框中选择 ZHKT 文件夹,文件名设置为 ZHWord14E. docx,而后单击"保存"按钮。

（3）设置页面格式。

① 单击"页面布局"选项卡"页面设置"选项组右下角的▣按钮，打开"页面设置"对话框。

② 选择"页边距"选项卡，设置上、下、左、右页边距均为 2.5 cm。

③ 选择"纸张"选项卡，在"纸张大小"下拉列表框中选择 A4 选项。

④ 单击"确定"按钮，完成页面设置。

（4）设置标题格式。

① 选中文章标题"梦的解析"。

② 单击"开始"选项卡"字体"选项组"字号"框右侧的下拉按钮，在打开的下拉列表中选择"小一"选项；单击"字体颜色"下拉按钮，在打开的下拉列表中选择"标准色"下的"紫色"选项。

（5）设置一级小标题格式。

① 首先选中小标题"1、作者介绍"，而后按住【Ctrl】键，再分别选择小标题"2、内容简介"、"3、创作背景"、"4、作品影响"和"5、作品评价"，将 5 个小标题全部选中，最后释放【Ctrl】键。

② 设置字体格式。

分别单击"开始"选项卡"字体"选项组中的"字号"、"字体颜色"按钮设置小标题的格式为小四号、标准色蓝色。

③ 设置段落格式。

单击"段落"选项组右下角的按钮▣，打开"段落"对话框。设置"段前"框的值为 0.5 行，而后单击"确定"按钮完成设置。

（6）设置正文格式。

① 将光标移动至文档左侧选定栏，首先选中除标题和小标题外的第一个段落，然后按住【Ctrl】键，分别选择其他段落，最后释放【Ctrl】键。

② 设置字体格式。

单击"开始"选项卡"字体"选项组中的"字号"框下拉按钮，在打开的下拉列表中选择"五号"选项。

③ 设置段落格式

单击"段落"选项组右下角的▣按钮，打开"段落"对话框。在"特殊格式"下拉列表框中选择"首行缩进"选项，设置"磅值"框的值为"2 字符"，而后单击"确定"按钮。

（7）查找与替换。

① 单击"开始"选项卡"编辑"选项组中的"替换"按钮，打开"查找和替换"对话框。在"查找内容"框中输入"弗洛伊德"，在"替换为"框中输入"弗洛伊德"，而后单击"更多"按钮，将该对话框展开，如图 7-24 所示。

② 将光标置于"替换为"框内，单击"格式"按钮，在打开的下拉列表中选择"字体"命令，打开"替换字体"对话框，如图 7-25 所示。在"字形"框设置为"加粗"，单击"字体颜色"下拉按钮，在打开的下拉列表中选择标准色红色，而后单击"确定"按钮，返回"查找和替换"对话框，此时在"替换为"框下增加了格式的设置，如图 7-26 所示。

图 7-24　"查找和替换"对话框

图 7-25　"替换字体"对话框

③ 单击"全部替换"按钮,在弹出的提示框中单击"确定"按钮,返回"查找和替换"对话框,而后将"查找和替换"对话框关闭。

(8)设置页眉与页脚。

① 单击"插入"选项卡"页眉和页脚"选项组中的"页眉"按钮,在打开的下拉列表中选择"编辑页眉"选项,而后输入页眉文字"梦的解析"。选中页眉文字,单击"开始"选项卡"字体"选项组中的"字号"下拉按钮,选择"小五"选项。

② 单击"页眉和页脚工具"的"设计"选项卡,单击"导航"选项组中的"转至页脚"按钮,则可转到页脚编辑区,输入"弗洛伊德作品"。选中页脚文字,单击"开始"选项卡"字体"选项组中的"字号"下拉按钮,选择"小五"选项。

③ 单击"开始"选项卡,单击"段落"选项组中的"居中"按钮,设置页脚文字水平居中。

④ 单击"页眉和页脚工具"的"设计"选项卡,单击"关闭"选项组中的"关闭页眉和页脚"按钮,退出页眉和页脚的编辑状态。

(9)设置分栏。

① 选中小标题标题"4、作品影响"和"5、作品评价"之间的所有段落。

② 单击"页面布局"选项卡"页面设置"选项组中的"分栏"按钮,在打开的下拉列表中选择"更多分栏"命令,打开"分栏"对话框,如图7-27所示。选中"预设"下的"两栏",并选中"分隔线"复选按钮,而后单击"确定"按钮。

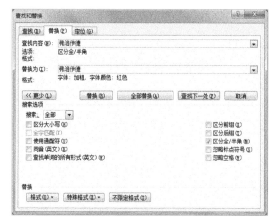

图7-26 "查找和替换"对话框

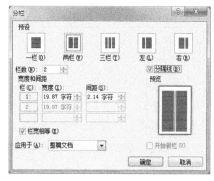

图7-27 "分栏"对话框

(10)设置首字下沉。

① 将光标置于文章大标题"梦的解析"下的正文段落中。

② 单击"插入"选项卡"文本"选项组中的"首字下沉"按钮,在打开的下拉列表中选择"首字下沉选项"命令,打开"首字下沉"对话框,如图7-28所示。

③ 选中"下沉",将"下沉行数"微调框的值设置为3,而后单击"确定"按钮。

(11)图文混排。

① 调整图片的大小并设置图片的环绕方式。

选中图片,单击"图片工具"的"格式"选项卡,单击"大小"选项组右下角的按钮,打开"布局"对话框,如图7-29所示,将"缩放"下的"高度"和"宽度"微调框的值设置为80%,而后单击"确定"按钮。

图7-28 "首字下沉"对话框

单击"排列"选项组中的"自动换行"下拉按钮,在打开的下拉列表中选择"四周型环绕"选项。

② 插入文本框。

单击"插入"选项卡"文本"选项组中的"文本框"按钮,在打开的下拉列表中选择"绘制文本框"选项,此时鼠标显示为十字形,在图片下方拖动鼠标,则可插入一个文本框,而后在文本框内输入文字"弗洛伊德"。

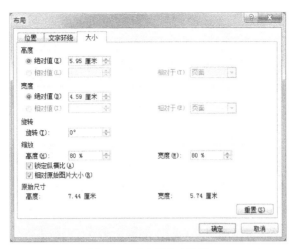

图 7-29　"布局"对话框

③ 设置文本框的格式。

单击文本框的边框,可选中文本框,单击"开始"选项卡"段落"选项组中的"居中"按钮,可将文本框内的文字水平居中显示。单击"绘图工具"的"格式"选项卡,单击"形状样式"选项组中的"形状填充"下拉按钮,在打开的下拉列表中选择"无填充颜色"选项;单击"形状轮廓"下拉按钮,在打开的下拉列表中选择"无轮廓"选项。

④ 设置图片和文本框的相对位置。

选中图片,而后按住【Shift】键再单击文本框,可同时选中图片和文本框。单击"绘图工具"的"格式"选项卡,单击"排列"选项组中的"对齐"下拉按钮,在打开的下拉列表中选择"左右居中"命令,使图片和文本框在水平方向相对居中。

⑤ 组合。

选中图片,而后按住【Shift】键再单击文本框,可同时选中图片和文本框。单击"绘图工具"的"格式"选项卡,单击"排列"选项组中的"组合"下拉按钮,在打开的下拉列表中选择"组合"命令,即可将图片和文本框组合为一个对象。

⑥ 设置组合对象的格式。

选中组合后的对象,单击"绘图工具"的"格式"选项卡,单击"排列"选项组中的"位置"按钮,在打开的下拉列表中选择"中间居中,四周型文字环绕"选项。

(12)保存文件。

单击"快速访问工具栏"上的"保存"按钮 ,保存文件。而后单击"标题栏"右侧的"关闭"按钮,退出 Word 应用程序。

【实验 7-2】　网络搜索与 Excel 相结合应用的试题讲解

一、实验目的

(1)掌握上机练习系统中网络搜索与 Excel 相结合应用的典型问题的解决方法。

(2)熟悉网络搜索与 Excel 相结合应用中各种综合应用的操作技巧。

(3)本实验的例题取自上机练习系统中的典型试题,读者若能配合使用与本书配套的上机练习系统,将会达到更好的效果。

二、实验示例

【模拟综合练习 F】

参照考生目录"ZHKT"文件夹下的"综合模块样文 14F－1.jpg、综合模块样文 14F－2.jpg、综合模块样文 14F－3.jpg",按照如下要求进行操作。

A. 从考试系统中启动浏览器 IE,打开 360 搜索引擎的主页 http://www.so.com,搜索与"销售业绩表"相关的页面,找到相应数据素材。将搜索到的数据素材复制到 Excel 工作簿的 Sheet1 工作表中。

B. 然后按照样文,进行相应操作,最后将完成的文件以"ZHExcel14F.xlsx"为名,保存到考生目录的"ZHKT"文件夹下。

关于样文,请注意如下说明。

(1)根据样文,对 Sheet1 工作表中的数据进行必要的填充。

● "编号"列:从 10010 开始,按 3 递增。

● "总销售量"列为 6 个月的销售量之和。

● "奖金"列:根据"总销售量"列进行填充,总销售量大于等于 500 的为 2000,470~499 的为 1500,450~469 的为 1000,小于 450 的为 500。

(2)根据 Sheet1 工作表中的数据插入图表,将图表位于"销售对比图表"工作表。

(3)"销售对比图表"工作表中图表标题为宋体、20 磅,颜色为标准色中的红色;图例的字体为宋体、12 磅;两坐标轴文字为宋体、12 磅、颜色为标准色中的蓝色。

具体操作步骤如下:

(1)下载数据并保存文件。

① 在 IE 浏览器的地址栏内输入 http://www.so.com,按【Enter】键后打开 360 搜索引擎的主页,在搜索框内输入"销售业绩表",而后单击"搜索"按钮。

② 选中所找到的数据,按【Ctrl + C】组合键将其复制到剪贴板。

③ 新建 Excel 工作簿文件,打开 Sheet1 工作表,选中 A1 单元格,按【Ctrl + V】组合键进行粘贴。

④ 单击"开始"选项卡,在打开的下拉列表中选择"保存"命令,在打开的"另存为"对话框中选择 ZHKT 文件夹,文件名设置为 ZHExcel14F.xlsx,而后单击"保存"按钮。

(2)插入"编号"列、"总销售量"和"奖金"列。

① 选择 Sheet1 工作表,单击工作表顶端的列号 A,选中"姓名"列,右击选中区域,在弹出的快捷菜单中选择"插入"命令,即可在"姓名"列的左侧(即最左端)插入空白列。选中 A1 单元格,输入文字"编号"。

② 选中 J1 单元格,输入"总销售量";选中 K1 单元格,输入"奖金"。

(3)数据填充"编号"列。

① 选中 A2 单元格,输入 10010。

② 选中 A2:A44 单元格区域,单击"开始"选项卡"编辑"选项组中的"填充"按钮,在打开的下拉列表中选择"序列",打开"序列"对话框,将"步长值"框的值设置为 3,如图 7-30 所示,而后单击"确定"按钮,完成数据的填充。

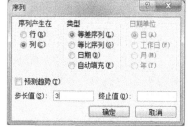

图 7-30 "序列"对话框

(4)公式计算"总销售量"列。

选中 D2:J2 单元格区域,单击"开始"选项卡"编辑"选项组中的"自动求和"按钮。或选中 J2 单元格,输入" = SUM(D2:I2)"后按【Enter】键确定。选中 J2 单元格,拖动右下角的填充柄直到 J44 单元格或双击 J2 的填充柄完成其他单元格的填充。

(5)公式计算"奖金"列。

选中 K2 单元格,输入" = IF(J2 > = 500,2000,IF(J2 > = 470,1500,IF(J2 > = 450,1000,500)))",而后按【Enter】键确定。选中 K2 单元格,拖动右下角的填充柄直到 K44 单元格或双击 K2 的填充柄完成其他单元格的填充。

(6)分类汇总。

① 选中"部门"列中的任意一个单元格,单击"数据"选项卡"排序和筛选"选项组中的"升序"或"降序"按钮,对"部门"列进行排序。

② 选中 A1:K44 单元格区域内的任意一个单元格,单击"分级显示"选项组中的"分类汇总"按钮,打开"分类汇总"对话框,如图 7-31 所示。

③ 将"分类字段"框设置为"部门","汇总方式"框设置为"平均值",在"选定汇总项"框中,分别选中"一月"、"二月"、"三月"、"四月"、"五月"、"六月"复选按钮,而后单击"确定"按钮。

(7)插入图表。

① 首先选中 C1：I2 单元格区域,而后按住【Ctrl】键再分别选中 C16：I16、C31：I31、C47：I47 单元格区域,而后单击"插入"选项卡,"图表"选项组中的"柱形图"下拉按钮,在打开的下拉列表中选择二维簇状柱形图,此时在 Sheet1 工作表中即可插入一个图表。

② 选中图表,而后单击"图表工具"下的"设计"选项卡,单击"图表样式"选项组中的"移动图表"按钮,打开"移动图表"对话框,如图 7-32 所示。选中"新工作表"单选按钮,并输入"销售对比图表",而后单击"确定"按钮,即可将图表移动到"销售对比图表"工作表中。

图 7-31　"分类汇总"对话框　　　　　　图 7-32　"移动图表"对话框

(8)在"销售对比图表"工作表中设置图表格式。

① 输入图表标题:单击"图表工具"下的"布局"选项卡,单击"标签"选项组中的"图表标题"按钮,在打开的下拉列表中选择"图表上方"选项,此时在图表的上方添加了图表标题,将其中的文字修改为"上半年各销售部销售对比图"。

② 设置图表标题的格式:选中图表标题,单击"开始"选项卡,分别单击"字体"选项组中的的"字体"和"字号"下拉按钮,将字体设置为宋体、20 磅,单击"字体颜色"下拉按钮,选择标准色红色。

③ 设置图例的格式:选中图例,单击"开始"选项卡,分别单击"字体"选项组中的的"字体"和"字号"下拉按钮,将字体设置为宋体、12 磅。

④ 设置坐标轴格式:分别单击水平轴和垂直轴,选择"字体"选项组中的的"字体"和"字号"下拉按钮,将字体设置为宋体、12 磅,单击"字体颜色"下拉按钮,选择标准色蓝色。

(9)保存文件。

单击"快速访问工具栏"上的"保存"按钮 ▣,保存文件。而后单击"标题栏"右侧的"关闭"按钮,退出 Excel 应用程序。

【模拟综合练习 G】

参照考生目录"ZHKT"文件夹下的"综合模块样文 14G－1.jpg、综合模块样文 14G－2.jpg、综合模块样文 14G－3.jpg",按照如下要求进行操作。

A. 从考试系统中启动浏览器 IE,打开 360 搜索引擎的主页 http://www.so.com,搜索与"学生成绩表"相关的页面,找到相应数据素材。将搜索到的数据素材复制到考生目录的"ZHKT"文件夹下的"ZHExcel14G.xlsx"工作簿的 Sheet1 工作表中。

B. 然后按照样文,进行相应操作,最后将完成的文件以原文件名保存到"ZHKT"文件夹下。

关于样文,请注意如下说明。

(1)根据样文,对 Sheet1 工作表中的数据进行必要的填充。

• "平时成绩"列:前 5 项平时成绩之和。

- "期末成绩"列为平时成绩的30% 与考试成绩的70%之和。数据格式为：数值型,负数第四种,1 位小数。
- "等级"列：期末成绩大于等于 90 的为"优",80 ~ 89 的为"良",70 ~ 79 的为"中",60 ~ 69 的为"及格",小于 60 的为"不及格"。
- 使用公式统计成绩等级的分布情况,填充至 O2:O6 单元格区域。

（2）根据不同等级的学生人数制作图表,图表位于"成绩分布图表"工作表中。

（3）"成绩分布图表"工作表中图表标题为宋体、20 磅,颜色为标准色中的红色;图例文字为宋体、12 磅,颜色为标准色中的蓝色。

具体操作步骤如下：

（1）下载数据并保存文件。

① 在 IE 浏览器的地址栏内输入 http://www.so.com,按【Enter】键后打开 360 搜索引擎的主页,在搜索框内输入"学生成绩表",而后单击"搜索"按钮。

② 选中所找到的数据,按【Ctrl + C】组合键将其复制到剪贴板。

③ 打开 ZHKT 文件夹下的 ZHExcel14G.xlsx 工作簿文件,打开 Sheet1 工作表,选中 A1 单元格,按【Ctrl + V】组合键进行粘贴。

（2）公式填充"平时成绩"列。

① 在 J1 单元格内输入"平时成绩"。

② 选中 E2:J2 单元格区域,单击"开始"选项卡"编辑"选项组中的"自动求和"按钮,或在 J2 单元格内输入" = SUM(E2:I2)"。

③ 选中 J2 单元格,双击其填充柄完成其他单元格的填充。

（3）公式填充"期末成绩"列。

① 在 K1 单元格内输入"期末成绩"。

② 选中 K2 单元格区域,在 K2 单元格内输入" = D2 * 70% + J2 * 30%",按【Enter】键确定。

③ 选中 K2 单元格,双击其填充柄完成其他单元格的填充。

（4）公式填充"等级"列。

① 在 L1 单元格内输入"等级"。

② 选中 L2 单元格区域,在 L2 单元格内输入" = IF(K2 > = 90,"优",IF(K2 > = 80,"良",IF(K2 > = 70,"中",IF(K2 > =60,"及格","不及格")))))",按【Enter】键确定。

③ 选中 L2 单元格,双击其填充柄完成其他单元格的填充。

（5）统计成绩等级的分布情况。

① 选中 O2 单元格,单击编辑栏左侧的"插入函数"按钮，打开"插入函数"对话框,如图 7-33 所示。在"或选择类别"下拉列表框中选择"全部"选项,在"选择函数"列表框中选择"COUNTIF"选项,而后单击"确定"按钮,则打开"函数参数"对话框,如图 7-34 所示。

图 7-33 "插入函数"对话框

图 7-34 "函数参数"对话框

② 将光标放置在"Range"框内,选中 L2:L61 单元格区域,然后按【F4】键将其修改为绝对地址 $ L $ 2:$ L $ 61,而后将光标放置在"Criteria"框内,选中 N2 单元格,最后单击"确定"按钮。

③ 双击 O2 单元格的填充柄,则可将此公式复制到其他单元格中。

（6）插入图表。

① 首先选中 N2:O6 单元格区域,而后单击"插入"选项卡"图表"选项组中的"饼图"下拉按钮,在打开的下拉列表中选择分离型三维饼图,此时在 Sheet1 工作表中即可插入一个图表。

② 选中图表,而后单击"图表工具"下的"设计"选项卡,单击"图表样式"选项组中的"移动图表"按钮,打开"移动图表"对话框,如图 7-35 所示。选中"新工作表"单选按钮,并输入"成绩分布图表",而后单击"确定"按钮,即可将图表移动到"成绩分布图表"工作表中。

图 7-35 "移动图表"对话框

（7）在"成绩分布图表"工作表中设置图表格式。

① 输入图表标题:单击"图表工具"下的"布局"选项卡,单击"标签"选项组中的"图表标题"按钮,在打开的下拉列表中选择"图表上方"选项,此时在图表的上方添加了图表标题,将其中的文字修改为"成绩分布图"。

② 设置图表标题的格式:选中图表标题,单击"开始"选项卡,分别单击"字体"选项组中的的"字体"和"字号"下拉按钮,将字体设置为宋体、20 磅,单击"字体颜色"下拉按钮,选择标准色红色。

③ 设置图例的格式:选中图例,单击"开始"选项卡,分别单击"字体"选项组中的的"字体"和"字号"下拉按钮,将字体设置为宋体、12 磅,单击"字体颜色"下拉按钮,选择标准色蓝色。

④ 设置图例位置:选中图例,单击"图表工具"下的"布局"选项卡,单击"标签"选项组中的"图例"下拉按钮,在打开的下拉列表中选择"在顶部显示图例"选项。

⑤ 设置数据标签格式:单击"图表工具"下的"布局"选项卡,单击"标签"选项组中的"数据标签"下拉按钮,在打开的下拉列表中选择"其他数据标签选项"选项,则打开"设置数据标签格式"对话框,如图 7-36 所示。首先将"标签包括"下的"值"复选框取消选中,选中"百分比"复选框,再选中"标签位置"下的"数据标签外"单选按钮,而后单击"关闭"按钮。

（8）保存文件。

单击"快速访问工具栏"上的"保存"按钮，保存文件。而后单击"标题栏"右侧的"关闭"按钮,退出 Excel 应用程序。

【模拟综合练习 H】

参照考生目录"ZHKT"文件夹下的"综合模块样文 14H-1.jpg、综合模块样文 14H-2.jpg、综合模块样文 14H-3.jpg",按照如下要求进行操作。

A. 从考试系统中启动浏览器 IE,打开 360 搜索引擎的主页 http://www.so.com,搜索与"人力资源统计表"相关的页面,找到相应数据素材。将搜索到的数据素材复制到 Excel 工作簿的 Sheet1 工作表中。

B. 然后按照样文,进行相应操作,最后将完成的文件以"ZHExcel14H.xlsx"为名,保存到考生目录的"ZHKT"文件夹下。

关于样文,请注意如下说明。

图 7-36 "设置数据标签格式"对话框

（1）根据样文,对 Sheet1 工作表中的数据进行必要的填充。

● 填充"应纳税工资额"列:起征税为 3000,若基本工资在起征税以内,不需纳税;若超过起征税,应纳税工资额为基本工资与起征税之差。

● 填充"应交税费"列:应交税费 = 应纳税工资额 * 税率。税率的计算方法:若应纳税工资额小于等于 1500 元,税率为 3%,若大于 1500 小于等于 4500,税率为 6%,大于 4500 小于等于 9000 税率为 10%,大于 9000 的为 20%。

● "实发工资"列为基本工资与应交税费之差。

(2)制作数据透视表,透视表位于"人力资源透视表"工作表中。

具体操作步骤如下:

(1)下载数据并保存文件。

① 在 IE 浏览器的地址栏内输入 http://www.so.com,按【Enter】键后打开 360 搜索引擎的主页,在搜索框内输入"人力资源统计表",而后单击"搜索"按钮。

② 选中所找到的数据,按【Ctrl + C】组合键将其复制到剪贴板。

③ 新建 Excel 工作簿文件,打开 Sheet1 工作表,选中 A1 单元格,按【Ctrl + V】组合键进行粘贴。

④ 单击"开始"选项卡,在打开的下拉列表中选择"保存"命令,在打开的"另存为"对话框中选择 ZHKT 文件夹,文件名设置为 ZHExcel14H. xlsx,而后单击"保存"按钮。

(2)插入"入职年龄"列、"应纳税工资额"列、"应交税费"列、"实发工资"列。

① 选择 Sheet1 工作表,单击工作表顶端的列号 I,选中"基本工资(元)"列,右击选中区域,在弹出的快捷菜单中选择"插入"命令,即可在"基本工资(元)"列的左侧(即最左端)插入空白列。选中 I1 单元格,输入文字"入职年龄"。

② 分别在 K1、L1、M1 单元格内输入"应纳税工资额"、"应交税费"和"实发工资"。

(3)公式填充"入职年龄"列。

选中 I2 单元格,输入" = H2 – YEAR(G2)",而后按【Enter】键确定。选中 I2 单元格,双击其填充柄完成其他单元格的填充。

(4)公式填充"应纳税工资额"列。

选中 K2 单元格,输入" = IF(J2 > 3000,J2 – 3000,0)",而后按【Enter】键确定。选中 K2 单元格,双击其填充柄完成其他单元格的填充。

(5)公式填充"应交税费"列。

选中 L2 单元格,输入" = IF(K2 < = 1500,K2 * 3%,IF(K2 < = 4500,K2 * 6%,IF(K2 < = 9000,K2 * 10%,20%)))",而后按【Enter】键确定。选中 L2 单元格,双击其填充柄完成其他单元格的填充。

(6)公式填充"实发工资"列。

选中 M2 单元格,输入" = J2 – L2",而后按【Enter】键确定。选中 M2 单元格,双击其填充柄完成其他单元格的填充。

(7)制作数据透视表。

① 选中 A1:M65 单元格区域内的任一单元格,单击"插入"选项卡"表格"选项组中的"数据透视表"按钮,打开"创建数据透视表"的对话框,如图 7-37 所示。此时,"表/区域"框内默认显示为"Sheet1!$A$1:$M$65","选择放置数据透视表的位置"为"新工作表",而后单击"确定"按钮。此时,自动添加了 Sheet4 工作表。

图 7-37 "创建数据透视表"对话框

② 在 Sheet4 工作表中显示的"数据透视表字段列表"窗格中,将"选择要添加到报表的字段"列表中的"所属部门"拖动到"报表筛选"框,将"学历"字段拖动到"列标签"框,将"职位"字段添加到"行标签"框,将"实发工资"字段添加到"数值"框内,此时"数值"框内显示为"求和项:实发工资",如图 7-38 所示。

③ 单击"求和项:实发工资"右侧的下拉按钮,在打开的下拉列表中选择"值字段设置"命令,打开"值字段设置"对话框,如图 7-39 所示,在"选择用于汇总所选字段数据的计算类型"列表框中选择"平均值",而后单击"数字格式"按钮,打开"设置单元格格式对话框",如图 7-40 所示。在"分类"框内选择"数值",将"小数位数"设置为 1,选择"负数"框内的第四种,而后单击"确定"按钮,关闭该对话框,返回图 7-39 所示的"值字段设置"对话框,再次单击"确定"按钮,完成设置,此时"数据透视表字段列表"窗格内的"数值"框显示为"平均值项:实发工资",如图 7-41 所示。

④ 双击 Sheet4 工作表标签,将工作表重命名为"人力资源透视表"。

图 7-38　"数据透视表字段列表"窗格　　　　图 7-39　"值字段设置"对话框

图 7-40　"设置单元格格式对话框"　　　　图 7-41　完成设置后的"数据透视表字段列表"窗格

（8）保存文件。

单击"快速访问工具栏"上的"保存"按钮 ，保存文件。而后单击"标题栏"右侧的"关闭"按钮，退出 Excel 应用程序。

【模拟综合练习 I】

参照考生目录"ZHKT"文件夹下的"综合模块样文 14I－1. jpg、综合模块样文 14I－2. jpg"，按照如下要求进行操作。

A. 从考试系统中启动浏览器 IE，打开 360 搜索引擎的主页 http://www. so. com，搜索与"汽车销售表"相关的页面，找到相应数据素材。将搜索到的数据素材复制到考生目录的"ZHKT"文件夹下的"ZHExcel14i. xlsx"工作簿的 Sheet1 工作表中。

B. 然后按照样文，进行相应操作，最后将完成的文件以原文件名保存到"ZHKT"文件夹下。

关于样文，请注意如下说明。

（1）根据样文，对 Sheet1 工作表中的数据进行必要的填充。

●公式填充"各车型最高销售量"，结果存放到 L2:L4 单元格区域。

●公式填充"销售冠军"：根据"销量"列数据，"销售冠军"列（按"宝马 5 系"、"君威"、"高尔夫"顺序判断）：宝马 5 系销量最高的填充"宝马冠军"、君威销量最高的填充"君威冠军"、高尔夫销量最高的填充"高尔夫冠军"，其余显示空白。

（2）制作数据透视表，透视表位于"销售量透视表"工作表中。

具体操作步骤如下：

（1）下载数据并保存文件。

① 在 IE 浏览器的地址栏内输入 http://www. so. com，按【Enter】键后打开 360 搜索引擎的主页，在搜索框内输入"汽车销售表"，而后单击"搜索"按钮。

② 选中所找到的数据,按【Ctrl + C】组合键将其复制到剪贴板。

③ 打开 ZHKT 文件夹下的 ZHExcel14I. xlsx 工作簿文件,打开 Sheet1 工作表,选中 A1 单元格,按【Ctrl + V】组合键进行粘贴。

(2)添加"销售金额(万)"列和"销售冠军"列。

分别在 G1、H1 单元格中输入"销售金额(万)"、"销售冠军"。

(3)公式填充"销售金额(万)"列。

选中 G2 单元格,输入" = E2 ∗ F2",而后按【Enter】键确定。选中 G2 单元格,双击其填充柄完成其他单元格的填充。

(4)公式填充"各车型最高销售量"。

① 选中 L2 单元格,输入" = MAX(F2:F10)",而后按【Enter】键确定。

② 选中 L3 单元格,输入" = MAX(F11:F19)",而后按【Enter】键确定。

③ 选中 L4 单元格,输入" = MAX(F20:F28)",而后按【Enter】键确定。

(5)公式填充"销售冠军"列。

选中 H2 单元格,输入" = IF(F2 =$L$2,"宝马冠军",IF(F2 =$L$3,"君威冠军",IF(F2 =$L$4,"高尔夫冠军","")))",而后按【Enter】键确定。选中 H2 单元格,双击其填充柄完成其他单元格的填充。

(6)制作数据透视表。

① 选中 A1:H28 单元格区域内的任一单元格,单击"插入"选项卡"表格"选项组中的"数据透视表"按钮,打开"创建数据透视表"的对话框,如图 7-42 所示。此时,"表/区域"框内默认显示为"Sheet1 !$A$1:$H$28","选择放置数据透视表的位置"为"新工作表",而后单击"确定"按钮。此时,自动添加了 Sheet4 工作表。

② 在 Sheet4 工作表中显示的"数据透视表字段列表"窗格中,将"选择要添加到报表的字段"列表中的"销售月份"拖动到"报表筛选"框,将"销售分公司"字段拖动到"列标签"框,将"厂家"字段添加到"行标签"框,将"销量"字段添加到"数值"框内,如图 7-43 所示。

图 7-42 "创建数据透视表"对话框　　图 7-43 "数据透视表字段列表"窗格

③ 双击 Sheet4 工作表标签,将工作表重命名为"销售量透视表"。

(7)保存文件。

单击"快速访问工具栏"上的"保存"按钮 ,保存文件。而后单击"标题栏"右侧的"关闭"按钮,退出 Excel 应用程序。